PATHS TO A GREEN WORLD
by Jennifer Clapp and Peter Dauvergne
Copyright © 2005 by Massachusetts Institute of Technology
Japanese translation published by arrangement with
The MIT Press through The English Agency (Japan) Ltd.

日本語版への序文

『地球環境の政治経済学（原題：Paths to a Green World）』の日本語版をお届けできることは喜びにたえない。これは，極めて野心的な本である。本書は，地球環境のポリティカルエコノミーを専門に扱う初めてのもので，国際的な政策という「現実の世界」と，理論という「学問の世界」の中での論争を統合しようと努めている。本書は，国際会議場での，路上の反グローバル化運動での，そして，国際機関やNGO，さらに産業団体の会議室の中での，政治，経済，及び環境に関する見解を捉えようとすることにおいて，国際条約や国際制度に焦点を当てる従来の研究を凌駕している。その過程において，本書はグローバル化，環境保護主義，経済成長，貧困，消費，貿易，企業による投資，及び国際金融を巡る論争を，経済的，政治的，生態学的，及び社会的な，様々な角度から吟味している。

本書は，地球環境の健全性にどのように政治と経済が関係するかについて，特定の見解を主張するものではない。そうではなく，本書は，様々な論争を分類するために，世界観に関する独自の類型を示すものである。この類型は，読者が重要な論旨を理解しやすいように，かなり単純化しているが，活発な論争を喚起できるほどに類型の違いを十分示していると我々は思っている。本書は又，地球環境の変化に関する文献での非常に重要な間隙を塞ぐものであると考えている。本書は，地球環境についてのポリティカルエコノミーを包括的に扱うことにより，地球環境政治の領域における昨今の需要に応えるものである。本書で我々が提案する類型は又，遥かに大きい需要——すなわち，学者，官僚，企業家，活動家が共通の言葉を使うことで対話を容易にすること——を満たすだろうと願っている。この後者の目標は，多分あまりにも野心的で，無謀でさえあるかもしれない。しかしながら，そのような対話を容易にしようと奮闘することは，不遜であることは重々承知の上ではあるが，学問分野の境界を横切

る我々の能力に関し，傲慢とも思われるようなリスクに見合うものである。

　我々は，学術的専門用語を使うことなく，地球環境の変化に関するポリティカルエコノミーの複雑な様相を説明するのに最善の努力を払ってきた。勿論，本書は学術用語を使ってはいる。そうしなければ，中核をなす論争の表面を撫でるだけになってしまうからである。しかし，事あるごとに，我々は学問分野を越えるような方法で論争を説明し，用語を定義づけるように努めた。様々な教育的背景——開発研究，経済学，環境学，地理学，人間生態学，国際法，哲学，政治学，及び社会学を含めて——を持つ人たちが，中核的な論争の鳥瞰図を理解するために，本書が役に立つことを我々は願っている。

　『地球環境の政治経済学』は又，ポリティカルエコノミーと地球環境変化との共通領域に関する論争を紹介する大学の教科書としても十分役立つだろう。本書を教科書として使う指導教員は，個々の地球環境問題の事例研究を付け加えていただいてもよい。我々が教える際には，例えば，気候変動，森林減少，食糧安全保障，再生不可能な資源の抽出，オゾン減少，残留性有機汚染物質，有害廃棄物貿易などのポリティカルエコノミーに関する講義や文献講読を付け加えている。しかし，それ以外の地球環境問題——酸性雨，生物多様性の喪失，砂漠化，エネルギー利用，魚の乱獲，遺伝子組換え作物，絶滅危惧種の貿易，越境汚染，捕鯨，その他諸々——も同様に役立つだろう。

　指導教員は又，自分たちの学問分野で地球環境変化のポリティカルエコノミーを分析するために使う特定の専門用語と研究方法を学生に教えるために，ある学問分野にさらに焦点を当てて文献を統合したいと思われることもあるだろう。例えば，我々2人のうち1人は政治学部で教えているが，国際関係論と地球環境政治の領域における用語と論争に触れている文献を使って，本書を補っている。もう1人は，環境学部と国際開発学部の両方で教えているが，それぞれの教育課程で学生が学ぶ内容を反映している文献を使って本書を補足している。学生に学問分野を超えて考えるように励ますことは大切であると我々は考えている。しかしながら，1つないし2つの学問領域に，ある程度学習したことをはめ込むのも重要だということもよくある。というのも，そうすることで，ある特定の学術分野における核心的な問題をもっと学術的な分析にかけること

ができるからである。

　本書を続けて読まれる読者は——本書を読み始めた理由の如何を問わず——真摯な学究の好奇心を抱いてこの日本語版を読まれれば，やがて，様々な世界観の1つ1つが，本書がこれから進める分析の中で，等しく生気を帯びてくるものと我々は確信する。

　2008年3月

　　　　　　　　　　　　　　　　　　　　　ジェニファー・クラップ
　　　　　　　　　　　　　　　　　　　　　ピーター・ドーヴァーニュ

目　次

日本語版への序文

第1章　危機なのか，それとも繁栄なのか？
地球環境の変化に関する世界観を整理する …………… 1

環境に関する4つの世界観　3
市場自由主義者　5
制度主義者　8
生物環境主義者　10
ソーシャル・グリーン主義者　13
結　論　17

第2章　グローバル化による環境への影響 ……………… 20

グローバル化とは何か　21
グローバル化と地球環境　28
結　論　45

第3章　環境保護主義のグローバル化 …………………… 49

環境と開発に関する世界的な言説の展開　50
地球環境ガバナンス　75
結　論　86

第4章　富と貧困の世界での経済成長 …………………… 88

市場自由主義者と制度主義者から見た富と貧困　88
批判：生物環境主義者とソーシャル・グリーン主義者
　　　106
結　論　124

第5章　国際貿易と環境 …………………………………… 127

グローバル化と貿易　129
貿易による環境への影響：3つの見解　131

v

国際貿易協定のグリーン化？　143
        地域貿易協定——もっとグリーンなモデルが生まれるチャンス？　158
        結　論　162

第6章　国際投資と環境 …………………………………… 164
        グローバル化と多国籍企業　166
        基準に差がある：ポリューション・ヘイブン（汚染逃避地），産業逃避，二重の基準？　168
        TNCと現地での慣例　178
        グリーニング，それともグリーンウォッシュ？　183
        TNC，投資と環境のグローバル・ガバナンス　188
        結　論　196

第7章　国際融資と環境 …………………………………… 198
        国際金融の規模と傾向　199
        多国間融資：世界銀行とIMF　206
        多国間環境援助とGEF　217
        ２国間融資：ODAと輸出信用機関　221
        民間融資と環境　225
        結　論　228

第8章　グリーンワールドへの道？
　　　　健全な地球環境への４つの見解 …………………………… 233
        市場自由主義者の見解　234
        制度主義者の見解　240
        生物環境主義者の見解　244
        ソーシャル・グリーン主義者の見解　248
        見解の対立？　253

注
参照文献
訳者あとがき

略語一覧

【A】
AIDS	Acquired immune deficiency syndrome	後天性免疫不全症候群
AoA	Agreement on Agriculture	農業協定
APEC	Asia Pacific Economic Cooperation	アジア太平洋経済協力閣僚会議

【B】
BAN	Basel Action Network	バーゼル・アクション・ネットワーク
BASD	Business Action for Sustainable Development	持続可能な開発のためのビジネスアクション
BECC	Border Environment Cooperation Commission	国境環境協力委員会
BIS	Bank for International Settlements	国際決済銀行

【C】
CBD	Convention on Biological Diversity	生物の多様性に関する条約
CDIC	Canadian Development Investment Corporation	カナダ開発投資公社
CEC	Commission on Environmental Cooperation	環境協力委員会
CEO	Chief executive officer	最高経営責任者
CFC	Chlorofluorocarbon	クロロフルオロカーボン〔フロンガス〕
CIDA	Canadian International Development Agency	カナダ国際開発局
CIS	Commonwealth of Independent States	独立国家共同体
CITES	Convention on International Trade in Endangered Species of Wild Flora and Fauna	絶滅のおそれのある野生動植物の種の国際取引に関する条約
CO_2	Carbon dioxide	二酸化炭素
COP	Conference of the Parties	気候変動枠組条約締約国会議
CPR	Common property regime	共有形態
CSD	UN Commission on Sustainable Development	国連持続可能な開発委員会
CSR	Corporate social responsibility	企業の社会的責任
CTE	Committee on Trade and Environment	貿易と環境委員会

【D】
DAC	OECD Development Assistance Committee	OECD 開発援助委員会
DCSD	Danish Committee on Scientific Dishonesty	デンマーク科学的不正行為委員会

DDT	Dichlorodiphenyltrichloroethane	ディーディーティー
DPRK	Democratic People's Republic of Korea	朝鮮民主主義人民共和国

【E】

ECA	Export credit agency	輸出信用機関
ECGD	Export Credit Guarantee Department (UK)	(英国) 輸出信用保証局
ECOSOC	UN Economic and Social Council	国連経済社会理事会
EFIC	Australian Export Finance and Insurance Corporation	オーストラリア輸出金融保険公社
EIA	Energy Information Administration	エネルギー情報局
EKC	Environmental Kuznets curve	環境クズネッツ曲線
EPA	Environmental Protection Agency (U.S.)	(米国) 環境保護庁
ESCAP	UN Economic and Social Commission for Asia and the Pacific	国連アジア太平洋経済社会委員会
EU	European Union	欧州連合

【F】

FAO	Food and Agriculture Organization	国連食糧農業機関
FCCC	UN Framework Convention on Climate Change	気候変動に関する国際連合枠組条約
FDA	Food and Drug Administration (U.S.)	(米国) 食品医薬品局
FDI	Foreign direct investment	海外直接投資
FOE	Friends of the Earth	地球の友
FOEI	Friends of the Earth International	地球の友インターナショナル
FSC	Forest Stewardship Council	森林管理協議会

【G】

G-77	Group of 77	77カ国グループ
GAST	General Agreement on Sustainable Trade	持続可能な貿易に関する一般協定
GATS	General Agreement on Trade in Services	サービスの貿易に関する一般協定
GATT	General Agreement on Tariffs and Trade	関税および貿易に関する一般協定
GDP	Gross domestic product	国内総生産
GEF	Global Environment Facility	地球環境ファシリティー
GEMI	Global Environmental Management Initiative	世界環境管理発議
GEO	Global Environment Outlook	地球環境概況

略語一覧

GMO	Genetically modified organism	遺伝子組換え作物
GNI	Gross national income	国民総所得
GNP	Gross national product	国民総生産
GPI	Genuine progress indicator	真の進歩指標

【H】

HDI	Human development index	人間開発指数
HIPC	Heavily indebted poor countries	重債務貧困国
HIV	Human immunodeficiency virus	ヒト免疫不全ウイルス

【I】

IBRD	International Bank for Reconstruction and Development	国際復興開発銀行
ICC	International Chamber of Commerce	国際商業会議所
ICSID	International Center for the Settlement of Investment Disputes	国際投資紛争解決センター
IDA	International Development Association	国際開発協会
IFC	International Finance Corporation	国際金融公社
IFG	International Forum on Globalization	グローバリゼーションに関する国際フォーラム
IIC	International Insolvency Court	国際破産裁判所
IISD	International Institute for Sustainable Development	国際持続可能な開発研究所
IMF	International Monetary Fund	国際通貨基金
IPCC	Intergovernmental Panel on Climate Change	気候変動に関する政府間パネル
ISEW	Index of sustainable economic welfare	持続可能経済福祉指数
ISO	International Organization for Standardization	国際標準化機構
ITU	International Telecommunications Union	国際電気通信連合
IUCN	International Union for Conservation of Nature and Natural Resources	国際自然保護連合

【J】

JBIC	Japan Bank for International Cooperation	〔日本〕国際協力銀行

【L】

LETS	Local exchange trading systems	地域交換取引制度

LPI	Living planet index	生きている地球指数

【M】

MAI	Multilateral Agreement on Investment	多国間投資協定
MARPOL	Convention for the Prevention of Pollution by Ships	船舶による汚染の防止のための国際条約
MEA	Multilateral Environmental Agreement	多国間環境協定
MFN	Most favored nation	最恵国
MIGA	Multilateral Investment Guarantee Agency	多数国間投資保証機関
MMPA	Marine Mammal Protection Act (U.S.)	（米国）海棲哺乳類保護法

【N】

NAAEC	North American Agreement on Environmental Cooperation	北米環境協力協定
NAFTA	North American Free Trade Agreement	北米自由貿易協定
NASA	National Aeronautics and Space Administration	〔米国〕航空宇宙局
NGO	Nongovernmental organization	非政府組織
NIEO	New International Economic Order	新国際経済秩序

【O】

ODA	Official Development Assistance	政府開発援助
OECD	Organization for Economic Cooperation and Development	経済協力開発機構
OPEC	Organization of Petroleum Exporting Countries	石油輸出国機構
OPIC	Overseas Private Investment Corporation (U.S.)	（米国）海外民間投資公社

【P】

PCB	Polychlorinated biphenyl	ポリ塩化ビフェニル
POPs	Persistent Organic pollutants	残留性有機汚染物質
PPM	Production and processing method	生産工程方法
PPP	Polluter pays principle	汚染者負担の原則
PVC	Polyvinyl chloride	ポリ塩化ビニル

【S】

SAL	Structural adjustment loan	構造調整融資

略語一覧

SAP	Structural adjustment program	構造調整計画
SPS	Agreement on the Application of Sanitary and Phytosanitary Measures	衛生植物検疫措置の適用に関する協定
SUV	Sports utility vehicle	スポーツ多目的車

【T】

TBT	Agreement on Technical Barriers to Trade	貿易の技術的障害に関する協定
TNC	Transnational corporation	多国籍企業
TRIPS	Trade Related Intellectual Property Rights Agreement	知的所有権の貿易関連の側面に関する協定
TWN	Third World Network	第3世界ネットワーク

【U】

UK	United Kingdom	英国
UN	United Nations	国際連合〔国連〕
UNCED	UN Conference on Environment and Development	環境と開発に関する国連会議
UNCTAD	UN Commission on Trade and Development	国連貿易開発会議
UNDP	UN Development Programme	国連開発計画
UNEP	UN Environment Programme	国連環境計画
UNFPA	UN Population Fund	国連人口基金
U.S.	United States	米国
USAID	U.S. Agency for International Development	米国国際開発庁

【W】

WBCSD	World Business Council for Sustainable Development	持続可能な発展のための世界経済人会議
WCED	World Commission on Environment and Development	環境と開発に関する世界委員会
WDI	World Development Indicators	世界開発指標
WEO	World Environment Organization	世界環境機関
WHO	World Health Organization	世界保健機関
WICE	World Industry Council for the Environment	世界産業環境協議会
WLO	World Localization Organization	世界地方化機関
WRI	World Resources Institute	世界資源研究所

WWF	WWF Network	世界自然保護基金 （前 World Wildlife Fund／World Wide Fund for Nature）
WWW	World Wide Web	ワールド・ワイド・ウェブ

第1章

危機なのか，それとも繁栄なのか？
地球環境の変化に関する世界観を整理する

　太陽は約70億か80億年後，多分地球を飲み込むだろう。「それで？」と読者は肩をすくめるかもしれない。「人間の時間の枠を越えた太陽の死滅など馬鹿げたもので，想像にも値しない。」にもかかわらず，環境問題専門家の中には，もっと小さな災害の波は——地球温暖化，森林の減少，生物多様性の喪失のような——，すでに地球を破壊していると信じている人もいる。世界で最も貧しい人々の多くが，すでに太陽の照り，病気による死，飢餓，戦争，虐待にさらされてきたのも又，間違いない。終わりの始まりはもう我々に降りかかっているのだと，こういう環境問題専門家は嘆く。種としての我々は，地球の環境収容力を超えており，これはグローバル化の時代に加速されている傾向である。我々が今すぐ断固として犠牲をいとわず行動しなければ，ほんの100年かそこらのうちに，人類自身が地球を飲み込むだろう。未来は差し迫った危機の中にある。

　多くの環境問題専門家は，このような破局的な見方に反対している。確かに，オゾン層の減少，河や湖の汚染，漁業資源の喪失のような，否定できない環境問題はあるが，しかし，多少の環境変動は避けられないもので，多くは善意と協力によって直すことができる。危機はないし，うす気味悪く迫る難局もない。つまり，そんな風に考えるのは，人類の進歩の歴史を読み誤るものだ。人類の進歩の歴史は，障害を乗り越え，ますます大きくなる自由と豊かさ——それがあってこそ，より良い自然環境を確保することができる——を作り出すプラス思考なり，人間の創意工夫を信頼することの重要性を示している。グローバル化は，単に人類の進歩の最新の——多分最強だろうが——エンジンにすぎない。

未来は繁栄の中にある。

　どっちが正しいのだろうか。悲観主義者にはプロザック〔抗鬱剤〕が必要なのだろうか。楽観主義者は発展途上国の有毒廃棄物のゴミ捨て場を歩いてみる必要があるのだろうか。少し落ち着いて考えてみると，この2つの両極端の考えにあって，中間的な立場とはどのようなものなのだろうか。地球環境の変化の原因と結果とは何だろうか。環境問題は，ある人たちが言うように本当に深刻なのだろうか。こういう問題が積み重なったことで危機になるのだろうか。国際社会はこういう問題をどう扱っているのだろうか。ある問題解決が，他の問題解決よりもうまく行くのは何故なのか。世界のある地域で，環境問題がより深刻なのは何故か。そして，グローバルな政治・経済活動との関係とはどういったものなのか。こういう問題は厄介で，筆者は絶対の確信を持って答えを知っているというふりなどしない。こういう問題に対する典型的な答えをちょっと見回しても，相容れない説明と証拠がほとんど無限に連なっているということが分かる。それぞれの答えは，非常に論理的で説得力があるように見える。そこで，思慮深く「客観的な」人は，多くの場合，落胆したり混乱することになる。

　だとすると，一体どうやったら地球環境の変化を理解できるようになるのだろうか。特定の環境問題の徹底的な調査にすぐに取り掛かるよりも，全体像から始めた方が役に立つ，と筆者は考える。我々の見解では，環境問題の特定の原因と結果の様々な解釈を十分理解できるようになる前に，この全体像を理解することの方が必要である。情報と専門家でぎゅうぎゅう詰めの世界で，知識と役割を捜し求める際に，あまりにもしょっちゅう，このもっと大きな全体像は無視されている——あるいは，少なくとも十分理解されてはいない。地球環境のような複雑な問題では，こういった状態は，ごたまぜになった分析とぞんざいに組み立てられた勧告を導きかねない。このような広い見方がなければ，例えば，1つの問題を「解決」しても，関係する他の問題を無視することになったり，あるいは，どこかでもっと大きい問題を作り出しかねない。

　政府や社会が財源，人的資源，及び天然資源をどう分配するかは，地元の，国家の，そして最終的には地球の環境を我々がどう管理するのかに直接影響を

与える．グローバル・ポリティカルエコノミーと環境との間の関係を明らかにする問題は，当然のことながら，大抵は専門的で科学的である．しかし，そういう問題は，多くの場合，社会経済的で，政治的でもある．我々が望んでいるのは，できる限り大きく眺めて，社会経済的及び政治的原因についての議論と仮説を描くことにより，地球環境の変化を取り巻く論争を理解するだけでなく，環境変化の原因と結果を理解するという息の長い旅の中で，読者のお役に立ちたいということである．このことは，こういう問題のいくつかを最終的に解決し，あるいは少なくとも進行を遅らせるための，小さくはあるが，しかし，必要不可欠なステップである．[1] こういったテーマを扱うために，我々は地球環境の変化に関するポリティカルエコノミーついて，いくつかの世界観を新たに分類しようと思う[2]．

♠ 環境に関する4つの世界観

　我々は地球環境の変化，及びグローバル・ポリティカルエコノミーとその関係についての主な4つの見方を取り上げる．それらは，市場自由主義者，制度主義者，生物環境主義者，ソーシャル・グリーン主義者の世界観である．こういう肩書きは意図的に学問分野を超えたものである．地球環境に関する多くの本は，1つの学問領域の分析に留まっている——例えば，政治学の理論や経済モデルに限定することで．こういう状況は，あまりにも多くの問題に正しく答えておらず，実に多くの問題を問わないままにしている．けれども，我々もいくつか選ばざるを得なかった．当然のことながら，一冊の本の中ですべての学問の見解をカバーするのは無理である．我々の場合は，政治学，経済学，開発研究，環境研究，政治地理学，そして社会学のツールを主に頼りにすることにした．この手法は，こういう研究領域における文献を公平に評価するにはかなり視野が狭いが，その一方で，環境変化の原因と環境変化を管理するための可能な選択——理論と実践の両方——に新しい洞察を加えるには十分広いと我々は確信している．

　以下に述べるものは「典型的」カテゴリーであって，おのおのを区別しやす

くするために誇張されている。こういうカテゴリーは，雪崩のように押し寄せる，一見すると管理できないような，相容れない情報と分析を分かりやすくするのに役立つ方法として考えられたものである。我々は，それぞれのカテゴリーの中に，大体共通した仮定と結論を持つ論者——学者だけでなく，政権担当者，活動家も同様に——を1つにまとめようとした。こうすると，「現実の」世界——つまり，教室の中だけでなく，官僚組織，閣議，国際交渉，企業の重役室の中——で論争した感じを与えられるのではないかと我々は思っている。我々のアプローチは，ある意味で，環境についてのポリティカルエコノミーの理論を巡る単なる学問上の論争よりは，環境とポリティカルエコノミーについての社会的な論争を把握しようとするものである。

　当然のことながら，我々がつけた肩書きぐらいでは，それぞれのカテゴリーの中で，その肩書きを巡って一致しないことが多く出てくる。我々は，主な4つの世界観の，それぞれの下でまとめられた見解の枠組みを示そうとしてきた。そうは言っても，この本を最後まで読んでみて，それでも読者自身の考えと主張がこれらカテゴリーのどれにもうまく入り込まないと感じるかもしれない。あるいは，自分はいろいろな見解を混ぜ合わせたものを持っていると感じるかもしれない——例えば，市場自由主義者とソーシャル・グリーン主義者のように，一見したところ正反対の側に見えるようなものを合わせたものまで——。このことは，我々のカテゴリーが間違っていることを意味するのではない。あるいは，読者に首尾一貫性がない訳でも，あるいは偽善的な訳でもない。あるいは，読者は自分の見解を1つのカテゴリーに無理してでも入れるべきだということを意味するものでもない。そうではなく，それはただ，いろいろな問題を巡って個人の見解の複雑さと多様性を示しているにすぎないのである。

　さらに，我々の分類は，あらゆる見解を網羅している訳ではないが，数多くの肩書きを作るのを意識的に避けてきたと同時に，妥当な枠組みを作ろうともしている。我々は，環境保護論者であり物を考える人々——つまり，我々の周りの環境を維持したり改善しようと物を書き，話し，労をとる人々——だけを扱う。これには，いわゆる環境保護活動家とかラディカル・グリーンズ〔急進的な環境保護主義者〕に極めて批判的な人も入る。我々の見解では，世界銀行〔以下，

世銀とする〕のエコノミストが,自分はより良い環境（その定義が何であれ）のために働いていると信じている限り,グリーンピースのボランティアに劣らず環境保護論者なのである。さらに,我々は主に経済的,政治的な議論に焦点を当て,哲学的,道徳的な議論にはあまり注意を払っていない。政治的,経済的文献の枠内において,我々は地球環境の変化を説明しようとする議論や理論に重点を置いている——つまり,ある環境問題を見つめ,何が起こっているのか,何が原因か,そして何ができるかを問う文献に注目する。

　こういう前書きをつけて,分類を始めることにする。

♠ 市場自由主義者

　市場自由主義者の分析は,新古典派経済学と科学的研究に基づいている。市場自由主義者は,経済成長と1人当たりの所得が高いことこそ,人類の幸福と持続可能な開発の維持に欠かせないものだと確信している。持続可能な開発は,1987年の環境と開発に関する世界委員会（WCED）の考えに沿った論者によって一般に定義されている。つまり,「将来の世代のニーズを満たす能力を損なうことなく,現在の世代のニーズを満たすような開発」を言う[3]。地球環境を改善するということに関し,市場自由主義者は,経済成長（生産と消費）がより高い収入をもたらし,それが次に,環境を改善するための財源と政治的意志を作り出すと論じる。急速な発展は不平等を悪化させるかもしれない——金持ちが超金持ちになるように——,しかし,長期的にはすべての人が豊かになるだろう。言い換えれば,上げ潮に乗ってすべての船が浮かぶだろう。こういう考えに沿った市場自由主義者の分析は,『エコノミスト』誌（*The Economist*）のような出版物のメディアだけではなく,例えば,世銀,世界貿易機関（WTO）,持続可能な発展のための世界経済人会議（WBCSD）の刊行物の中に広く見受けられる。

　市場自由主義者は,グローバル化は世界的な統合だけでなく経済成長を促進するので,これを良い力として見ている。市場自由主義者は,国家が経済成長を追及すると,環境の状況は——例えば,空気や水の質——悪化するかもしれ

ないということは認める。というのも，政府も市民も短期的な利益を追求するように企業に機会を一層与え，従って，さらなる経済成長を刺激するからである。しかし，一旦社会が豊かになると，市民（そして，次に政府とビジネス）は，環境についての基準と期待を上げるだろう。『エコノミスト』誌は，以下のように世界的なパターンを語っている。「経済成長が起こったほとんどの所——つまり，豊かな国家——では，環境はよりきれいになり，より健全になってきた。空気と水の汚染が健康に対しますます危険なものになっているのは，一般にこれまで成長が乏しい，貧しい国の中で起こっている。[4]」重要な点は，すべての国で経済成長は環境を改善させる良い政策なのだ，と市場自由主義者は主張する。

　市場自由主義者によれば，環境悪化をもたらす主なものは，経済成長がないこと，貧困，市場の歪み及び市場の失敗，そして悪い政策である。貧しい者は無関心であるとか，無知だとは見られていない。それどころか，生き延びるために——食べるために，家を建てるために，生活費を稼ぐために——，彼らは身の周りの天然資源を利用しなければならない。世銀によれば，彼らは「環境破壊の犠牲者でもあり，加害者」でもある。[5] 貧しい者に，将来の世代のために，自らが生き延びることの影響を考えろと問うのは，現実的ではないし，不当でさえある。この悪循環から抜け出す唯一の道は貧困を減らすことであって，そのために成長は欠かせないのである。貿易と投資に制約のある政策，確固とした財産権の欠如，これらすべてが成長を促進し，貧困を軽減するための市場の能力の妨げとなる。市場の失敗——自由市場が環境的に最適状態に至らない結果をもたらすような事例——は，実際には比較的稀なものとして見られてはいるが，いくつかの環境問題の原因でありうると見られている。もっと頻繁にあるのが，お粗末な政府の政策で——補助金のように，特に市場を歪めるもの——，これが問題なのだと市場主義者は主張する。

　市場自由主義者は，環境破壊についてのより穏健な評価と，将来に関するより楽観的なシナリオに頼ることがよくある。ごくわずかだが，地球環境は危機的状態に近いわけではないと言明して有名になった人もいる——例えば，経済学者のジュリアン・サイモン（Julian Simon）[6]，有名なコラムニストのグレッグ・イースターブルック（Gregg Easterbrook）[7]，政治学者のビョルン・ロンボルグ

(Bjørn Lomborg)[8)]である。しかしながら，市場自由主義者全員が世界が破局的な環境破壊に向かっているというイメージを受け入れないにしても，彼らのほとんどは，多くの環境問題は実際深刻だと認識している。それよりも，市場自由主義者は，我々の科学が到達したもの，我々の進歩，そして工夫，技術，協力，適応により，環境問題を反転し，修復できる我々の能力を強調しがちである。こういう論者にしてみれば，環境の質ということになると，人口増加と資源の枯渇は大きな関心事ではなくなる。すべての人にとって環境は良くなっているという歴史の流れをちょっと見ても，これを裏書きしている（特に，先進国の統計を見よ）。医学の進歩，平均寿命が延びたこと，食糧生産の増加のような，人間の福祉に関わる世界のデータもそうである。さらに，ほとんどの環境問題は，今でこそ，もっと効果的に対処しようとすることに応じていなくても，少なくとも長期的には改善する可能性を持っている。

　市場自由主義の伝統から考える論者は，起こりうるどんな環境的苦境からも，社会が逃げられるようにする現代科学と技術の力に大きな信頼を置いている（例えば，避けがたい市場の失敗が仮にあるとしても）。人間の発明の才は無限のように見られている。資源が枯渇し始めると，あるいは汚染が問題になると，人間は代用品を見つけ，新しくて，より環境にやさしい技術を発展させるだろう。市場自由主義者は，例えば，世界の人口増加に対し，もっと食糧供給できることの主な答えとして，農業のバイオ技術の進歩を見る。彼らが科学を信頼しているからこそ，ほとんどの市場自由主義者は，有害であると証明できる明らかな科学的証拠がないならば，新しい技術の使用を制限するような予防策には警戒心を抱く。

　市場自由主義者は，開かれていて，グローバルに統合された市場は成長を促進し，次にそのことが，社会が環境を改善したり，修復する方法を見つけるのに役立つと考えている。こういう目標を達成するために，市場自由主義者は，貿易と投資を自由化し，特化を促進し，さらに市場を歪め，資源を浪費する政府の補助金を削減するような政策改革を要求している。政府も又，財産権を確立させる制度，あるいは環境を保護するために貧者に教育し，体得させる制度のように，制度をいくつか強化する必要がある。政府は，正に市場の失敗とい

う状況を正すために，市場に基づいた手段——例えば，環境税とか排出権取引——を使うように奨励される。革新的な環境市場——炭素排出を取引する国際制度とか持続可能な資源でできた木材のような環境製品のためのニッチ・マーケットのようなもの——そして，環境スチュワードシップを促進する企業の自主的な行動も又，環境管理を向上させるための妥当な方法である。しかし，ほとんどの場合，市場に資源を効果的に分配させるのが一番良い。経済学者のジャグディシュ・バグワティ（Jagdish Bhagwati）[9]や企業の重役のステファン・シュミットハイニー（Stephan Schidheiny）[10]のような市場自由主義者は，企業にとって環境パフォーマンスを向上させるのは経済的に意味があり，従って，市場に企業を導かせるのは意味があるのだと強く主張する。

♠ 制度主義者

　制度主義者の考え方は，政治学と国際関係論の分野に基づいている。彼らは市場自由主義者の主な仮説と主張の多くを共有している——とりわけ，経済成長，グローバル化，貿易，外国投資，技術の価値，並びに持続可能な開発の概念への信頼。実際に，穏健な制度主義者は穏健な市場自由主義者と肩を並べている。要するに，強調点の違いなのである。市場自由主義者は，自由市場及び技術から来る利益と力強い解決をより強調する。制度主義者は，グローバル・ポリティカルエコノミーを管理・抑制するために，より強力な国際制度及び規範の必要性，さらに国家と地方が十分能力を持つことを強調する。制度は，地球の最も貧しい地域へ技術と資金を移転させる極めて重要な手段を提供する[11]。制度主義者は又，環境保護が十分でないこと，人口増加，国家間及び国家内での不平等の拡大について，市場自由主義者よりも遥かに心配している。しかし，彼らは，こういう問題が絶望的なものとは見ていない。こういう問題に対処するために，彼らは公益を守るための強い制度と規範が必要だと強調する。制度主義者の分析は，国連環境計画（UNEP）のような組織による出版物，そして政治学と法律の分野における「レジーム」（国際環境協定と規範，これについては第3章でもっと明確に説明する）についての分析に焦点を当てる多くの学者による出

版物の中に見られる。

　制度主義者は，環境悪化の重要な原因として国際的な協力が欠けていることを見る。協力が有効でないのは，国境の中では国家に最高の権威を与えるという主権国家システムの性格のせいでもある。そういうシステムの中では，国家は自らの利益に沿って行動しがちであり，普通，グローバル・コモンズ〔国際公共財〕という利益はひとまず置いておくことになる。にもかかわらず，市場自由主義者と同様に，制度主義者は地球上で我々が築いてきた政治的・経済的生活の仕方を拒絶することはない。その代わり，彼らは，国家が共通の目標と規範を堅持するのを助長するようなグローバル及びローカルな制度を作り，強化することで，国際システムの構成原則たる主権の問題に打ち勝つことができると考えている。こういうことは，グローバル・レベルの環境協定と組織により最も効果的に実行される。

　グローバル化の進展は，国際協力をますます必要不可欠なものにしている（そして，ますます避けられないものにしている）。しかし，制度主義者は，自由奔放なグローバル化は地球環境に圧迫を加える可能性があると強調する。従って，地球環境の状態を心配する人々にとっての課題は，グローバル化を誘導して道を切り開くことであり，そうすることで環境協力を進め，環境管理を向上させることである。この点は，環境と開発に関する世界委員会の長として1980年代に現職だった元ノルウェー首相のグロ・ハルレム・ブルントラント（Gro Harlem Brundtlant），そして，いくつかの地球環境会議のオーガナイザーだったカナダの外交官のモーリス・ストロング（Maurice Strong）のような，政治にたずさわる重要な人物により最も強力に強調されてきた。このアプローチの目的は，グローバルな経済政策により環境を向上させ，さらに生活水準も引き上げさせるということである[12]。地方レベル，国家レベル，さらにはグローバル・レベルの，どのレベルでも管理を取り仕切ることは，利益を高め，不利益に制限をかけながら，グローバル化を導くのに役立ちうる[13]。

　地球環境からすれば，国家の官僚組織，企業，及び国際機関の政策決定過程に至るまで，様々な組織は持続可能な開発の原則を内部化する必要があると制度主義者は考えている。そうやって初めて，我々は経済と環境を効果的に管理

できるようになるだろう——特に共有資源に関しては。政治学者のオラン・ヤング（Oran Young）のように、多くの制度主義の学者にしてみれば、最も効果的で実際的な手段は、国際的な環境レジームについて交渉し、これを強めることである。[14] 国連環境計画のような、政策の世界にいる多くの人は、発展途上国では国家と地方の能力を向上させる必要があることを付け加える[15]。従って、多くの制度主義者は、発展途上国に対する「環境援助」を要求している[16]。しかしながら、制度主義者は必ずしもすべての制度を無批判に支援している訳ではない、ということは頭に入れておくべきである。悪く作られた制度が問題の原因だと指摘する人もいる。また多くの制度主義者は、国際協定や制度の実施と有効性を測ろうとしても、それは難しいと指摘している[17]。そうは言っても、制度主義者のはっきりした特徴は、制度が重要なのであって——制度は有益である——、そして、我々がしなければならないのは、制度を打ち壊すのではなく、改革することにあるということを前提にしているのである。

　制度主義者は又、強力な国際制度と協力という規範は、すべての国の環境資源を管理する能力を高めるのに役立つと主張する。この見地から必要とされるものは、国家の政策だけでなく、国際協力の協定や組織に上手に環境規範を埋め込むことである。こういう考えに沿って、多くの制度主義者は、国家が科学的な不確実性に直面する時、一致した行動を取ることに合意するような予防アプローチを支持する。制度主義者は又、発展途上国へ知識、資金、技術の移転を提唱する。世銀、国連環境計画、地球環境ファシリティー（GEF）のような組織は、すでにこの点で役割を果たしている。そして、多くの制度主義者は、こういう組織を作り出すこと、及び組織内変化は進歩の証だと指摘している。

♠ 生物環境主義者

　生物環境主義者は自然科学の法則に影響を受けていて、生命を維持する地球の生物学的限界を強調している。地球は脆弱なものであり、他と同じように1つの生態系である。生物のように反応し、自己調節し、複雑で、統一された超個体として地球を見ている人さえいる——つまり、環境科学者のジェームズ・

ラヴロック（James Lovelock）によって言われるような，いわゆるガイア仮説である[18]。地球は生命を維持することはできる。がしかし，よく地球の「環境収容力」と言われる，ある一定の限度までである。多くの生物環境主義者は，人類を人間中心で，自分本位の（あるいは少なくとも利己的な）動物として見る。学者のウィリアム・リース（William Rees）のように，人間は「持続不可能性の遺伝的素質」を持っている，とさえ見る人もいる[19]。生物環境主義者は皆，種としての人類は，今やあまりにも多くの地球の資源を消費しており，従って，我々は地球の環境収容力の淵にいるか，あるいは実際のところ，すでに踏み越えている，ということに口を揃える。そういう行為は，劇的な変化がなければ，地球を300年前のイースター島の生態禍と大して違わない運命へと押しやるだろう——そこでは，かつて繁栄していた人々が，2,3世紀のうちに「約2,000人の哀れな人々になり，……岩肌が出た土地とお互いの陣地へ人を食うために急襲することで，かろうじて生きていた。」[20] こういう学者は，魚の乱獲，森林減少，種の喪失，不安定な気象パターンのような問題についてショッキングな数字をよく引用しながら，我々の周りの環境災害を強調する。ワールドウォッチ研究所（Worldwatch Institute）とWWFの出版物は，こういう見方を表している。

　ほとんどの生物環境主義者にとっては，人口増加こそ地球が持つ制約に加えられる圧力の重要な原因なのである。トマス・マルサス（Thomas Malthus：1766-1834年）の考えは，——マルサスは『人口論』[21]の中で，人口はすぐに食糧供給を追い越すだろうと予測した——生物学者のポール・エーリック（Paul Ehrlic）[22]のような論者により，1960年代の終わりに復活することになった。時に，新マルサス主義者として知られているが，こういう論者は，地球環境問題は結局のところ資源に限りのある惑星に，あまりにも多くの人がいることから生じていると論ずる。主権の原理は，世界を人為的な領土に分割するものだが，多すぎる人間がもたらす結果を，さらに悪化させてしまう。というのも，それはエコロジーの原理を侵し，学者のギャレット・ハーディン（Garrett Hardin）がいみじくも「コモンズの悲劇」と呼んだものを作り出すからである。ハーディンにしてみれば，あまりにも多くの人々が，コモンズ〔共有地〕をいかに使うかについての肝心なルールを持たずに，個人が他人を犠牲にして合理的に自らの

利益を最大にしようとして，コモンズを濫用し，最終的には壊してしまう状況を作り出してしまうのである。[23] この点は，多くの生物環境主義者によって強調されているが，すでに述べたように，多くの制度主義者によっても指摘されている。

多くの生物環境主義者は又，限りない経済成長という新古典派経済学の仮説が，今日の地球環境危機の重要な原因であると強調している。こう考える人たちにとっては，経済成長の名の下に，もっと生産しようと容赦なく駆り立てることが，我々の資源を枯渇させ，地球を汚しているのである。経済成長をもっと追求しようとする衝動こそ，地球にその環境収容力を超えさせてきたものだと，彼らの多くは主張する。生物環境主義者からすると，人間の消費のパターンは人口増加と同じくらい大問題であって，この2つは密接に結びついていると見られている。[24] 彼らは，増え続ける人口と消費が一緒になって，地球の限りある資源を消耗し，従って我々は成長の生物物理学的限界を念頭に置かなければならないと主張する。それは人と経済の両方のためである。

すべての生物環境主義者が経済のグローバル化論議に直接かかわっている訳ではないが，この論議に加わる人たちは，グローバル化は環境にとっては悪い力だと見がちである。彼らは，グローバル化は経済成長を高めるということでは，市場自由主義者に同意する。しかし，これを環境にとって良いと見るのではなく，環境をさらに悪化させるものとして彼らは見ている。生物環境主義者からすれば，もっと成長するということは単に天然資源を一層消費することであり，廃棄物吸収シンクをさらに圧迫することである〔シンクは普通「吸収源」と訳されることが多い。原著者はシンクを「廃棄物を環境／地球が吸収し，同化し，可能ならば再生する能力」と定義づけている。従って，炭素を吸収する植物，あるいは固形の廃棄物を分解する単なる埋立によるゴミ処理でもありうる。以後，シンクという言葉が出てくるが，「廃棄物吸収シンク」も「シンク」も同様のものと考えてよい〕。グローバル化は，発展途上国に欧米の消費パターンを広める点でも非難される。かなりの人口過剰であるにもかかわらず，大抵はより脆弱な生態系（特に，熱帯においては）を抱えていることから，消費主義がこのように広まることは，地球の生態系の崩壊を速めているということになる。[25] グローバル化は又，より低い環境基

準を持つ貧しい国々で，環境に有害な生産工程を奨励しているように見える[26]。こういう理由から，これら生物環境主義者は，地球を救うために，我々は経済のグローバル化を縮小しなければならないと主張する。

　生物環境主義者により提唱された解決策は，環境破壊の原因の分析から必然的に出てくる。つまり，我々は経済成長と人口増加を抑制する必要があるということである。経済成長に限界を設けることに焦点を当てる人たちは，経済学者のハーマン・デイリー（Herman Daly）[27]のような論者により開拓され，『エコロジカル・エコノミクス』誌（*Ecological Economics*）のような雑誌で広められた，エコロジー経済学の分野での中心的なグループである。このグループは，物理的限界の概念を入れるために，経済モデルを革新するようなもくろみを展開しようとして，自然科学と経済学からの考えを結びつけたが，これには，「進歩」についての我々の尺度と「進歩」を促進するために我々が使う方法を変えることが含まれている。こういう考え方をする人たちは，そうやって初めて，我々は地球に対する人間の影響を下げることができ，より持続可能な世界経済へと世界を促すことができると主張する。生物環境主義者の中でも人口過剰にもっと焦点を当てる人たちは，第3世界における家族計画の拡充のように，人口増加を低下させる手段と，消費癖が最悪である豊かな国への移民を抑制することを要求している。もっと極端なところでは，強制力を持った世界政府こそ，生態系空間のすべてを埋め尽くそうとし，そうやっている間に，しばしば，うかつにもそれを壊してしまうような人間の欲望を抑制するための最善の方法だと見る人もいる[28]。

♠ ソーシャル・グリーン主義者

　ラディカルな社会・経済理論を主に利用しているソーシャル・グリーン主義者は，社会問題と環境問題は不可分であると見ている。経済のグローバル化により拡大した不平等と優位性は，不平等な資源利用，さらに同等ではない環境破壊をもたらしていると見られている。こういう見方は，環境と開発を巡る論争で長い間重要であったし，こういう見方自体，様々なラディカルな見方が混

ざり合ったものであったが，国際政治経済学の学者は最近になってやっと，それが注目すべき見解であると認識するようになってきた。[29]

活動家の立場を進んでとる多くのソーシャル・グリーン主義者は，大規模な産業活動がグローバルに広がることの破壊的な影響に焦点を当てている。[30] グローバル化の進行により加速されることで，大規模な産業主義は豊かな者の過剰消費が特徴となった不平等を助長し，それと同時に，貧困と環境悪化を引き起こす元になっていると見られている。それ以外のよりアカデミックなソーシャル・グリーン主義者は，概ねこの分析に同意はするが，彼らはマルクス主義者の思想を使い，グローバル化した世界における社会的・経済的不公平を一番駆り立てるものとして，特に資本主義を指摘している。彼らは，資本主義，さらに豊かな国と貧しい国との間の新植民地主義的関係を通して資本主義がグローバルに広がることは，世界の所得，権力，そして環境問題が不平等に分配されるだけでなく，人類の生存にも脅威であると論じる。[31] さらにマルクス主義者の思想に鼓舞されて，ソーシャル・グリーン主義者の中には新グラムシ主義や史的唯物論の立場をとり，権力のある者が環境問題に枠をはめ，影響力を振るうやり方，つまり，大企業と産業国家の政府から成る，主に覇権的なブロックに焦点を当てる者もいる。[32] ヴァンダナ・シヴァ（Vandana Shiva）のような，それ以外のソーシャル・グリーン主義者は，フェミニストの理論に多く頼り，グローバル経済における家父長的な関係が，生態系の破壊に複雑に結びついていると主張する。[33] 従って，ソーシャル・グリーン主義者の思想のこういった考え方すべてにかかわる主な関心は，不公平と不公平に関係した環境への影響である。ソーシャル・グリーン主義者の分析は，『エコロジスト』誌（*The Ecologist*）のような雑誌の中に見られるし，グローバリゼーションに関する国際フォーラム（International Forum on Globalization：IFG）や第3世界ネットワーク（Third World Network：TWN）のような団体の報告にも見られる。

ソーシャル・グリーン主義者は，経済成長の物理的限界は存在するという生物環境主義者の主張に賛同する。過剰消費，特に豊かな工業国における過剰消費は，地球環境をひどく酷使するとソーシャル・グリーン主義者は見ている。[34] 彼らの多くは，多分一番著名なのはヴォルフガング・ザックス（Wolfgang

Sachs[35]）とエドワード・ゴールドスミス（Edward GoldSmith[36]）だろうが，この問題は経済グローバル化の時代に速度を増していると見ている。成長と消費，及びこの2つを加速させている世界経済の役割について，ソーシャル・グリーン主義者の主張は生物環境主義者の主張に近い。しかし，人口増加に関する生物環境主義者の主張を受け入れるソーシャル・グリーン主義者は，ほとんどいない。その代わり，過剰消費，特に第1世界の豊かな人々の間での過剰消費の方が遥かに大きな問題だ，ということを支持する[37]。生物環境主義者とは違って，ほとんどのソーシャル・グリーン主義者は，人口抑制策は女性や貧者の自己決定権を脅かすものと見ている[38]。

産業主義や資本主義（又は，その両方）を広めるべきかどうかについて，ソーシャル・グリーン主義者は経済のグローバル化に口を揃えて反対し，それこそが世界システムがうまく行っていないことの背後にある重要な要素であると主張している[39]。環境を破壊する成長と消費を煽ることに加えて，グローバル化は多くの点で不公平を生み出すものとして見られている。グローバル化は国内で，及び国家間で不平等を拡大する。それは，世界の豊かな人々による支配，そして女性，先住民，及び貧者の周辺化に勢いをつける。グローバル化は，企業が発展途上国を搾取すること（特に，労働者と天然資源）に手を貸す。それは，地域社会の自治を弱め，欧米的で父権制的な，新しい形態の支配を押しつける（地方の習慣，規範，知識が失われ，新しい形態に取って代わられるが，それは新しく適応される所には向いていないものである）。グローバル化は又，地方の生活を破壊し，豊かな国でも貧しい国でも多くの人を環境から切り離していると見られている。こういうグローバル化は，支配と管理の昔からの波が続いているものとして，多くのソーシャル・グリーン主義者により見られている。有名な反グローバル化の活動家であるヴァンダナ・シヴァの言葉によれば，「今日の『グローバル』というのは，東インド会社のように——後に大英帝国が世界の広大な地域に攻め入っては略奪したのだが——少数のイギリス貿易商人がやったグローバル・リーチの現代版である。[40]」

この分析から分かるように，ソーシャル・グリーン主義者が現在の世界経済を拒絶しているのは驚くことではない。グローバル化された世界にあって，受

身の危機管理では地球を救うには十分ではないだろう，とソーシャル・グリーン主義者は考えている。つまり，へたにいじくり回しても，ほんのつかの間しか暴走を食い止められないだろう。多くの場合，市場自由主義者と制度主義者はグローバル化は環境に良いと想定しているので，市場自由主義者と制度主義者による環境問題の解決こそ，問題の一部なのである。ソーシャル・グリーン主義者にしてみれば，大改革が必要なのであって，それは，例えば，単なる制度の強化とか交易された商品の価格に環境コストと社会的コストを組み込むといったことを遥かに越えるものなのである。従って，ソーシャル・グリーン主義者は，グローバリゼーションに関する国際フォーラム〔IFG〕による出版物が示すように，現代のグローバルな経済構造及び制度が解体されることを要求しているのである。これに取って代わるために，多くのソーシャル・グリーン主義者は，社会関係を若返らせ，自然環境を取り戻そうとして地域社会の自治に帰ることを提唱する。地方化を目指す活動家のコリン・ハインズ（Colin Hines）は，この実現の仕方のモデルを詳細に検討してきた。それには，大規模な産業的・資本主義的生活から引き上げ，地方で自立した小規模な経済への移行が必要である。このような考え方をする人たちは，ある人の言葉によれば，「グローバルに考え，ローカルに行動する」必要性を強調する。言い換えると，世界の状況を把握し，同時にその一方で，地方の状況に合った方法で行動するということである。こういう考えの人たちは，バイオリージョナル（bioregional）で，小規模な地域社会の発展を提唱する。というのも，彼らは，より確固とした意味での地域社会は，生存に必要な基本的なものを満たし，そして人々の生活の質を上げるだろうと固く信じているからである。そういう展開があれば，不平等，さらに世界の自然が持つ制約と釣り合いがとれていない消費のレベルを引き下げるのに役立つだろう。

　ソーシャル・グリーン主義者は又，地域社会の自治と地方化を促進するための彼らの戦略の一環として，経済のグローバル化のプロセスが周辺化をもたらしているという見解に耳を傾ける必要性を強調する。彼らは，例えば，先住民の知識体系を受け入れ，そういった知識体系が西洋科学の方法以上に確かではないとしても，同等であると主張する。このような批判をする者たちは，経済

の「発展」過程は、発展途上国に西洋科学の方法を押しつけ、従って、生態的に健全な地域システムに脅威を与えていると主張する。多くのソーシャル・グリーン主義者は、地方の文化的多様性は生物の多様性の維持にとって必要不可欠なものだと考えている。何か1つが侵食されると別の侵食までもたらすとみなされている。地方及び先住民のエンパワーメントと参加を提唱する中で、ソーシャル・グリーン主義者は、女性、先住民、そして貧者の声が地方特有の状況に取り入れられるだけでなく、環境と発展についてのグローバルな対話に取り入れられるのでなければ、環境問題の有効な解決策は簡単には見つからないだろうと強調する。

結　論

　表1.1は、市場自由主義者、制度主義者、生物環境主義者、ソーシャル・グリーン主義者の主な仮説と主張を要約したものである。彼らの見解をきちんと正確に提示するには苦労した。しかし、我々は又、これらは「典型的」カテゴリーであって、それぞれのカテゴリーに多くの見解ともっと微細な議論があることを重ねて言っておく。読者が今後読む何人かの論者は、これらカテゴリーの1つにうまく当てはまるだろうが、他の論者は分類するのがもっと厄介だろう。これは単に、いろいろな見解の枠を示しているにすぎない。さらに、様々な問題を巡って、多くの見解の間での結びつきがあり、それが時に、位置づけするのを難しくさせている。例えば、市場自由主義者と制度主義者は共に、経済成長とグローバル化は環境に良い影響があるということに合意するが、ソーシャル・グリーン主義者と生物環境主義者はそれとは反対の見解を持っている。さらに制度主義者と生物環境主義者は、人口増加が世界の資源に関して問題を投げかけているという点で一致するが、市場自由主義者とソーシャル・グリーン主義者は、この要因についてはほとんど強調しない。

　我々は、これらのうちのどれか1つが「正しい」見解であるという印象を与えたくないと声を大にする。それぞれが、今日の環境問題の原因に対する、さらには解決の可能性への洞察力を持っていると我々は考える。どの見解も、そ

表 1.1 環境についての見解

主眼	市場自由主義者 経済	制度主義者 制度	生物環境主義者 生態系	ソーシャル・グリーン主義者 公平性
地球環境は危機にあるか？	いいえ。避けられない問題はいくつかあるが、全体としては、現代科学、技術、資金が地球環境を向上させている。	まだそうとっていない。国家の能力を高め、レジームと世界的な制度の有効性を高めるために、今、行動を取らないと、危機になる可能性はある。	はい。地球の環境収容力に近いか、あるいはそれを超えている。生態系の危機は、人類の生存を脅かしている。	はい。ローカルとグローバルの両方のレベルでの社会的不公平が環境危機を助長している。
問題の原因	貧困と低い経済成長。市場の失敗と政府の政策のそれもする。又、ある程度貧困が見られる、国家の低開発、所有権の不明瞭性だけでなく、補助金のように。	制度が弱く、国際的な協力が十分でないことから、環境破壊、低開発、主権の頑迷性を直せない。	人口過剰、過剰消費、過度の経済成長。過剰消費に見られるように、生態空間に詰め込みすぎる人間の本性。	大規模な産業界（世界資本主義と呼ぶもいる）が、（労働者、女性、先住民、貧者の）搾取、及び消費パターンのひどい不平等を助長している。
グローバル化の影響	環境的に見て、長期的に見て向上させるような進歩の源泉である経済成長を促進している。	協力のチャンスを高めている。管理されたグローバル化が人類の繁栄を高める。	持続不可能な成長、貿易、投資、債務を駆り立てている。天然資源の減少を加速し、廃棄物吸収シンクを一杯にしている。	搾取、不平等、環境の不公平性を加速し、その一方で、地域社会の自治を依存化にせている。
進むべき道	成長を促進し、貧困を軽減し、効率性を高めよ。これは、グローバル化で最もよく達成される。市場の失敗と政策の失敗を正し、きちんとした技術を奨励するために市場に基づく誘因を使え。企業による自発的な環境保護を促進せよ。	グローバル化を活用し、地球環境を管理するような、及び発展途上国に技術と資金をより効率的に分配するような、強力なレジームを促進せよ。世界的な制度、規範、国家の能力を高めよ。予防原則を使え。	適度に成長する新しい世界経済を作れ。人口増加を制限し、消費と政策に人間以外の価値を導入せよ。強奪、搾取、再生産を抑制するために、共通の権力に同意せよ（例：世界政府を唱える者もいる）。	産業主義（及び、又は資本主義）を拒絶し、経済のグローバル化を反転せよ、地方自治を復興せ、社会の周辺においやられた人々に力を与え、及び生産された環境の公平性、及び先住民の知識体系を発展せよ。

18

れ自体論理的で，その仮説に合っている。これら見解を理解することは，地球環境の状態について，しばしば著しく違う解釈を説明するのにも役立つ。例えば，ある論文は，地球温暖化が今日の政府が直面する最も深刻な脅威であると多分言うだろう。次の論文は，それはでっち上げであって，資金を吊り上げるための策略，はたまた世界のリーダーを怖がらせて行動を取らせるための策略だと言うかもしれない。このことは，事実なり因果関係，あるいは分析なり統計がないというのではない，と我々は考えている。さらに又，ある論者が嘘をついたり，騙したりしている訳でもない。そうではなく，それは，様々な解釈と価値観——つまり，様々な世界観——が，分析者が強調しようとする情報をどうやったらまとめられるかを単に示しているにすぎないのである。

　本書をこれから読み進むに当たって，地球環境の変化に対する，グローバル・ポリティカルエコノミーがもたらしたものについての論争と証拠に関し，読者が偏見を持たないでいてくれることを我々は強く望んでいる。確かに，これは容易なことではない。これらは感情に訴える問題である。さらに，まるで分析者たちが別の世界に生きているかの如く，証拠と議論はしばしば対立する。我々の願いというのは，読者が本書を読み終わるまで偏見を持たないでいてくれたとしても，読者を混乱させることではなく，読者自身の仮定と論点の理解が進むようにしたいというものである。さらに，そうやって読者が他の人の主張を拒むと決める時，そういう見解の複雑さと史料を本当に理解してそうすることだろう。そうやって初めて，論争は正に前進することができる。

第2章
グローバル化による環境への影響

　我々は今，グローバル化の時代にいる。グローバル化は，我々の経済，社会，文化の多くの様相にかかわるプロセスであるので，それがどのように地球環境の変化とつながるのかを調べるのは重要である。本章はグローバル化の一般的な概観から始める。つまり，グローバル化とは何で，どんな意味があるのか。次に，今日のグローバル化している世界の，環境に関して大きく異なる見方を描く。つまり，まず第1に，グローバル化から生まれた，進歩し，より良い生活をしている世界，つまり市場自由主義者と，市場自由主義者よりも程度は低いが制度主義者が見る世界。第2に，グローバル化を反転するためにすぐに行動をとらなければ，破綻し，危機にあり，そして生態と社会の破局が現れる世界，つまり，生物環境主義者と多くのソーシャル・グリーン主義者が見る世界である。第1の見方は，マクロ経済成長，資本主義，新技術，及び国際協力の社会的・環境的利益を強調する。第2の見方は，工業と農業の過剰生産を抱える地球で，人口過剰と不公平な消費がもたらす生物学的緊張を強調するものである。しかしながら，これら2つの広い見方の中で，様々な見解が様々な点を強調する。市場自由主義者，制度主義者，生物環境主義者，ソーシャル・グリーン主義者のそれぞれの見方が，どのようにグローバル化のプロセスに対しそれぞれの洞察をもたらすかを述べることで本章を終える。次に，第3章では国際的なレベルでの環境アクター，制度，規範の展開だけでなく，グローバル化と地球環境に関する言説の進展について，より具体的に扱うことにする。

第 2 章　グローバル化による環境への影響

▲　グローバル化とは何か

　学者の中には，グローバル化が本当に起こっているのかと疑問視する人もいる。その用語が一体，実質的な意味を持っているのかと問う人もいる。さらに，その用語を巡る定義が，分析上曖昧であると見る学者もいる。確かにグローバル化の概念は，時に曖昧で，漠然と定義され，論者の中には，その概念を一貫性なく使っているように見える人もいる。このような難題があるにもかかわらず，それはなお価値のある概念であって，地球環境の変化とグローバル・ポリティカルエコノミーとの間の関係を明らかにするのに役立つと我々は考えている。実際，我々はグローバル化は世界の出来事を形作っている決定的な力であると，相当思い切って主張する。[1] グローバル化に関する実に様々な定義を巡る論争の泥沼にはまり込むよりも，我々はその用語についての我々なりの理解の大要を述べるに留めようと思う。

　グローバル化は，世界の経済，制度，市民社会を広く再構成し，統合している多次元のプロセスである。それは，国内及び国境を越えて，アクターが動く構造であるだけでなく，アクター間で結びつきが増すようなダイナミックで，発展中で，加速しているプロセスである。今や貿易，生産，金融は，国際組織や社会運動と同様に，かつてなくグローバルに統合されている。これらの広範な結びつきは，グローバルな相互作用をより強く，かつ複雑なものにしている。グローバル化は又，空間の性格を変え，ある空間を圧縮したりしている——例えば，アフリカやアジアにおける個人間での事実上の距離——，その一方で，別の場所では，よりはっきりしたとした空間上の柵を作り出している——例えば，郊外の通りでの隣人どうし，巨大スーパーマーケットでの消費者どうし，地下鉄の中の通勤者どうしで。それは又，通信のハードウェアが進歩することで，時間に影響を与え，このような相互作用をスピードアップしている。簡単に言えば，グローバル化とは，世界のある地域での出来事や行動が，遠い所に住む人に遥かに速く，より頻繁に，そしてより強烈に影響を与えているということである。

グローバル化は，近代化と植民地化を含め，ある程度は随分昔に始まったプロセスの延長である。しかし，それは古い現象を単に新しく言い換えた以上のものである。それは又，国家間のより大きな経済的，政治的相互連結性の重要性に焦点を当てるような，さらにはグローバル化の下位プロセスとして見られるような，単なる国際化以上のものである。むしろグローバル化とは，「人間の生活が単一の場としての世界の中でますます繰り広げられるようになっている」ことを示すものである。グローバル化は，地球大の事柄を抱えた地球社会という意味がますます大きくなっていることを暗示し，さらに地理的な距離の重要性が下がること，さらにトランスナショナルなアクター及び影響力の重要性が増していることに力点を置いている。さらに，グローバル化は，我々は実質的に国境のない世界に向けて動いていて（特に，認識とお金に関して），このプロセスは加速していることを示唆している（Box2.1参照。グローバル化の定義をいくつか挙げてある）。

　こういうことがグローバル化だとすると，グローバル化を駆り立てているのは何だろうか。グローバル化の結果から，グローバル化を駆り立てるものを取り出すのは難しい。というのも，結果自体が，常に駆り立てるものを新しくするからである。新しく，より速い通信技術——例えば，電話，ファックス，Eメール——もグローバル化を駆り立てるものではある。こういう技術は，別の技術を作る知識——例えば，車や産業設備——だけでなく，人，金，思想のためのより速く，より効率的なトランスミッション・ベルトを作り出す。

　最初の国際電話は1891年で，ロンドン・パリ間のものであった。以来，電話の本線の数は着実に増加し，1965年の1億5,000万から，1991年には5億4,600万，2001年には10億5,300万になった。過去100年間の間に国際電話の料金は著しく下がり，1930年にニューヨークからロンドンまでの3分間の電話料金は235米ドルだったものが，1998年にはたった35セントにまで下がった（1990年の米ドルで換算）。回線の増加と料金低下のせいで，国際電話の通話量は着実に増加し，1982年では120億7,000万分，電話がかけられたが，2001年には1,270億分になった。インターネットは，国際通信における革命的変化の一番新しいものである。ワールド・ワイド・ウェブ〔www〕は，1993年にはた

Box2.1　グローバル化の定義

　『ニューヨーク・タイムズ』紙のコラムニストであるトーマス・フリードマン（Thomas Friedman）は次のように書いている。「グローバル化は，あらゆるものの統合である。……それは，MサイズからSサイズへと世界を縮めるようなやり方で，市場，金融，技術を統合するものである。グローバル化は，我々がどこに住んでいようとも，かつてなく，より遠く，より速く，より深く，より安く，誰でも世界の至る所に到達させ，と同時に，グローバル化によりかつてなく，より遠く，より速く，より深く，より安く世界は誰の元にも入り込める。」[*1]

　政治学者のデヴィッド・ヘルド（David Held）と彼の研究仲間は，グローバル化を初めに以下のように定義する。「文化から犯罪，金融から精神的なものまで，現代の社会生活のすべての様相において世界大の相互連結性が拡大し，深化し，スピードアップすること。」その後で，彼らはもっと正確さを加え，次のような定義を出す。「活動，相互作用，権力の行使が大陸間又は地域間に流れ，それらのネットワークをいくつも生み出しながら，社会関係及び社会的処理の空間的な構造変化——社会関係と社会的処理の拡張度，集中度，速度，及び衝撃度という点で測られる——を含むプロセス（又は一連のプロセス）。」[*2]

　経済学者のジョン・ヘリウェル（John Helliwell）は，次のように書いている。「シアトル，エーテボリ，ジェノバで抗議した人たちにしてみれば，グローバル化とは，自由貿易のルールが世界市場の圧力と結びつくことで，政策を実行するための地方政府と中央政府の能力を確実に排除しながら，国際機関が多国籍企業の願望をかなえる世界という状況を表している。……企業とビジネス・グループの中では，グローバル化とは普通，市場が世界の隅々にまで行き渡ることを指し，さらに，企業が『グローバル化か，さもなくば死か』をせねばならない差し迫った事態を指す。……経済学者の間では，グローバル化はいわゆる『一物一価の法則』が地球規模で適用される状況を指す。このことは財貨とサービスが空間と国境を越えて自由に，しかもコストがかからないで交易されることを想定している。」[*3]

＊1　Friedman 2002.
＊2　Held et al. 1999, 2, 16.
＊3　Helliwell 2002, 15-16.

った50ページしかなかったが，1990年代の終わりまでには5,000万ページになった。[6] インターネットの利用者数は，1995年の2,500万人から2000年末には4億人になった。国連開発計画（UNDP）は，2005年までに利用者は10億人になるだろうと予測している。[7] おそらく最も顕著なのは，インターネット上での情報が流れる量とスピードの増加だろう。2001年までには，1つのインターネット・ケーブルは1秒間に，1997年の1カ月間での全インターネットで送られた以上の情報を運ぶようになった。[8]

より速い，そしてより安い輸送は，コミュニケーションも容易にする。ここでも又，過去半世紀において目覚しい変化があった。1950年には，航空機の旅客は2,500万人であった。1996年までに4億人になり，2000年までには14億人になった。航空機による旅行がこのように増加した理由の一つには，今やそれが遥かに安くなったことが挙げられる。1990年の米ドルで換算すると，コストは1930年の旅客マイル〔旅客1名を1マイル運ぶこと〕につき0.68ドルから，1990年には0.11ドルに下がった。[9]

グローバル化は，資本主義と欧米のイデオロギー——これらはグローバルに経済が統合されることの価値を強調している——による支配が強化されることによっても駆り立てられている。国家自体は，グローバルな規範と制度の中にこういう価値を埋め込もうとしているが，それはこのことが世界経済における自らの経済的立場を高めるだろうという希望を抱いてのことである。多くの非政府組織と政府間組織，さらにグローバル・メディアと多国籍企業のネットワーク——補完する圧力と相反する圧力の両方が複雑に絡み合っている——が，一緒になってグローバルな連結を強める。こういう価値を反映する世界経済の制度と規範は，貿易，生産，金融の関係を一層グローバルに統合することを助長する。

さらに，気候変動，オゾン減少，種の絶滅のような，地球環境問題自体も又，グローバルな意識を強める。そういう問題は，国境だからといって手加減することはないので，当然，グローバルな解決を必要とする「グローバル・レベル」の問題なのである。1972年の国連人間環境会議（ストックホルム会議）や1992年の環境と開発に関する国連会議（リオ会議）のような会議は，地球環境問題に

注目し，世界の政治エリートの間にこの問題の輪郭を浮かび上がらせた（詳しくは，第3章参照）。

　グローバル化はいつ始まったのか。この問題には正確には答えられない。というのも，このプロセスは，随分以前に始まった歴史的，政治的，及び社会経済的プロセスの延長であるからだ。そうは言っても，1960年代に今のグローバル化のプロセスが急速に強化され始めたと指摘するのが妥当だろう。政治学者のジャン・アート・ショルテ（Jan Aart Scholte）ならば，次のように述べて，この点に同意するだろう。「グローバル化は，1960年代頃になって初めて，人類の大部分の生活の中に，絶え間なく，広範に，強烈に，そして急速に頻度を増して現れてきた。」[10]

　1960代年以降，経済のトレンドはグローバル化が拡大していることを示している。国境を越える資金の流れ，海外直接投資，国際貿易は，諸政府がこの手の取引の障壁を積極的に取り除いたことから，著しく増大してきた。1日につき，外国通貨で約1兆5,000億米ドルが売買され，それは根底にある貿易と投資の流れの10倍以上の額であって，1970年代の平均100億〜200億米ドルよりも際立って多い。[11] 多国籍企業の親会社の数は，1970年の7,000から，今日6万5,000以上になり，85万以上の系列会社を抱えるまでになっている。こういう会社は，世界の国内総生産（GDP）の10分の1を作り出し，世界輸出の3分の1を占めている。[12] 世界の製品輸出の値は，2000年には6兆米ドル以上になり，1948年の580億米ドルの100倍以上である。[13]

　1960年代以降，グローバル化は世界中で政治的，経済的，文化的，及び技術的均一性の拡大をある程度促進し続けてきた。ほとんどの政府は，今や民主的であると主張し，[14] 多くの政府は西欧や北米の政治構造に似たものを導入してきた。[15] ほとんどの政府は，普通，マクロ経済の成長率を上げるという基本目標を持って，海外直接投資と貿易を促進する政策を導入しながら，自国の経済活動を世界の金融構造の中に統合させようと励んでいる。世界の都市をちょっと見渡しても，こういった経済成長，及びグローバル化と結びついた驚くほどの類似性があるのが分かる。つまり，車，道路，コンクリート，鉄である。そして，ブルージーンズ，アメリカの連続ホームコメディー，マクドナルドという，

数ある例のほんの3つをもってしても分かるように，消費者の好みは似通っている。しかしながら，均一性が強まるというプロセスは必然的なものだ，という訳では全くない。どんな国にもある社会的分裂，さらに特定の国における分権化は，グローバル化に沿って，そしてグローバル化の一部として起こっている。

グローバル化は避けられないプロセスだと主張する人がいる一方で，グローバル化に抵抗できると主張する人もいる。諸政府はグローバル化を育成する役割を果たしてきた。同様に，諸政府は世界との政治的つながりを断ったり，経済障壁を立てることもできる。活動家や宗教団体は，グローバル化を駆り立てているのと同じ技術をいくつか使って，グローバル化に代わりうる道を支援しながら，別の見方を広めることができる[16]。さらに，ある社会の中の集団は，文化的アイデンティティーを繰り返し主張し，それを確立するための自分たちの運動に世界的な支援を得ることもできる。

グローバル化は多くの点で均一化する力ではあるのだが，その効果は国際的にも国内的にも均一ではなく，ある所では大変化を引き起こすが，別の所では実際何の変化も起こさなかったりする。これら変化のいくつかは良いもので，人々の日々の生活を良くするものである。しかし，それ以外の変化は，ある地域では不平等の拡大をもたらし（特に，相対的な意味で），さらに又，ある地域では貧困の程度（とりわけ，生活できるだけの暮らし，栄養，さらに地域社会の安寧を手に入れるという点で）を下げている。世界の所得分配は1つの指標である。豊かな工業国に住む10億人が，世界の所得の60％を手にしている。一方，低所得国に住む35億人は，世界の所得の20％以下しか受け取っていない。世界の最も豊かな20％が，全個人消費支出の86％を占める。このことは，紙とか車のように，豊かな者が使うかなり贅沢な物を単に言っているのではない。最も豊かな20％は又，すべての肉と魚の45％を消費している。さらに，医学の研究を含めて，技術研究は豊かな者が必要とするものに集中しがちである。例えば，1975年から1996年まで，世界の1,200以上の新薬のうち，わずか13の薬が熱帯の病気を治すものであった[17]。

グローバル化の通信技術と輸送技術の利用も平等ではない。すべての国際電

第2章 グローバル化による環境への影響

話の通話量のうち，80％は経済協力開発機構（OECD：豊かな工業国を代表する30の加盟国集団）の国が発信元である。OECDの平均的な国際電話の使用時間は，年間1人当たり36.6分である。サハラ以南のアフリカでは，これが1人当たりたった1分となる。[18] カンボジア，ウガンダ〔アフリカ中東部に位置する国〕，バングラデシュのような国は，1,000人につき電話の本線がわずか3本しかないが，カナダ，スウェーデン，アメリカ，デンマークのような国では1,000人につき600本以上の本線がある。[19] パソコンとインターネットについても同じように平等でない。全インターネット・ユーザーの約8割は，OECD諸国に住んでいる（世界の全人口の14％）。1999年に，ジンバブエ〔アフリカ南東部に位置する国〕は1,000人あたり13台のパソコンを持ち，タイは1,000人当たり22.7台だったが，アメリカは1,000人当たり680台のパソコンを持っていた。[20] 2000年には，アメリカの人口の54.3％がインターネットを使ったが，南アジアとサハラ以南のアフリカではわずかに0.4％であった。[21]

人の移動にも大きな不平等がある。海外旅行者の数は1950年の2,500万人から，2000年には6億9,900万人になった。このうち，その半分以上はヨーロッパからの人で，アフリカからは3％に満たず，南アジアからは1％に満たなかった。[22] 教育があって，金がある人が移民するのは比較的容易である。しかし，合法的に移民をしたいと願う貧しい国々の貧しい人々にとっては難しい。[23] このようなアクセスの差が，新しい形の不平等――つまり，アクセスできる人とできない人――を引き起こす元になっている。世界の経済体制に溶け込むために科学技術を使えば，多くのチャンスが手に入る。しかしながら，アクセスできずにいる人にとっては，生活は厳しいものだろう――北朝鮮の最近の飢餓，過去10年間のコンゴでの激しい紛争をちょっとでも見てみるとよい――。グローバル化というのは，ある意味で「新しい産業革命」であるが，UNEPによれば，その「新しい産業革命」は「このシステムから利益を得る人々や諸国と，その影響を単に言いなりに受け入れる人々や諸国との間の危険な2極化をもたらしうるものである。」[24]

グローバル化は，正にその性質の故に，地球環境の変化という潜在的なプロセスに影響を及ぼしつつある。こういう変化の影響は，地球の全体的な環境の

健全さに良いものなのだろうか，それとも悪いものなのだろうか。この問題への様々な答えを検討する前に，グローバル化を批判する者は，大抵は他の形態のグローバル化よりも経済のグローバル化について言っているということを頭に入れておくのは役に立つ。経済のグローバル化を容易にしてきた科学技術の多くは——例えば，コンピュータ——，地球環境についての規範や地球市民社会のように，市民が「グローバルに考え，ローカルに行動する」のに役立つような，グローバル化に対抗できる可能性のあるものを作り出すのに欠くことのできないものであると見られている。Eメールやインターネットも又，反グローバル化の活動家にとって，安くて有効な手段であり，このため全体的には統率されていない様々な集団が，すぐにシアトルからジェノバやバンコクに至るまで，世界中で抗議集会を組織できるようになる。確かに全員ではないにせよ，経済のグローバル化を批判する者の多くは，実際には社会的グローバル化と呼ばれるようなものを支援している。

♠ グローバル化と地球環境

　地球の自然環境へのグローバル化の影響に関する解釈は，正反対の反応を引き起こす。まず初めに，市場自由主義者と制度主義者の世界観を反映しているもので，これは工夫，技術，協力，適応をもって環境問題を一変させ，回復させるだけではなく，経済的繁栄を促進しようとして，我々が成しえてきたこと，時間を経て築いた我々の進歩，そして我々の能力を強調している。次に，生物環境主義者とソーシャル・グリーン主義者による地球の見方を反映しているもので，環境災害，人間にまつわる不平等のように，経済のグローバル化により悪化し，そして多くの場合，そういった経済のグローバル化によって駆り立てられている問題を強調する。そこで，グローバル化についての，これら2つの大まかな見解を手短に述べることにする。グローバル化のプロセスが，全体として良いのか悪いのかについて，ざっと見渡しても分裂があるのは確かだが，しかしながら，それぞれの世界観はグローバル化のプロセスの異なる様相を重視しているのだということを強調しておきたい。

グローバル化賛成派

　市場自由主義者と制度主義者は，富を作り出すエンジンとしてグローバル化を見ている。両者とも，貿易，投資，金融のグローバル化は，世界の国内総生産（GDP——成長をこのように測ることについての詳しい説明は，第4章参照）と世界の1人当たりの所得を押し上げていると主張し，それが持続可能な開発に資金を回すのに必要不可欠なものとして見ている。1970～2000年までの間，この間は経済の世界的な統合が進んだ時期であったが，世界のGDPは（1995年の米ドル換算で）13兆4,000億米ドルから34兆1,000億米ドルへとおおよそ3倍になった。[26] 1980年から1990年までの世界の年間1人当たり成長率は1.4％で，1990年から1998年までは1.1％であった。[27]

　市場自由主義者と制度主義者は両者とも，グローバル化は環境改善に支出するのに必要な財を生むことから，グローバル化は環境にとっては全体として良い力だと見ている。市場自由主義者は，環境の改善は開かれていて自由な市場が機能することで，自然と起こるだろうと主張する。国家や機関は，確かに環境政策を作り，実施する点で重要な役割を持ってはいるが，環境政策は最小限かつ市場に害を及ぼさないものであるべきだ。貿易，投資，金融の自由化に向けて圧力をかけることで，グローバル化は又，効率の悪い貿易障壁と国家による補助金を引き下げている。このことは，市場の歪み——天然資源を実価以下に評価する価格のように——を少なくすることを意味する。さらに，発展途上国での企業の投資に対する障壁を少なくすることも意味している。

　制度主義者は，国家に対し市場自由主義者よりも多少大きな役割を見ており，さらに，経済のグローバル化（これは，ある程度は経済の進展自体から自然と起こるが）をより積極的に導くために，世界規模の制度や協定を築く必要があると見ている。その目指すところは，例えば，環境破壊をできるだけ小さくしながら，より高度な発展へと国家が前進できるようにすることである。UNEPの『地球環境概況（*Global Environment Outlook*）』は，制度主義者の主張を以下のように上手にまとめている。

市場間の障壁を下げるために，共通の管理機構によって公平になった世界経済の土俵の上で，個人が富を追及することは……すべての人に対する新しい豊かさの時代への道を開くことを可能にする。もし，発展途上国の制度が，新しい技術や新たに生まれた国境なき経済から利益を得るように適応されるのなら，そして，妥当な形態のグローバル・ガバナンスが作られるのなら，繁栄の上げ潮は誰をも幸福の新しい高みへと押し上げることだろう。[28]

　市場自由主義者と制度主義者は，グローバル化による環境への影響を歴史的展望の中で評価する必要性も強調する。彼らからすると，世界のトレンドを表示し，分析することは，特に重要である。歯に衣を着せぬ，論争好きな学者である政治学者のビョルン・ロンボルグ（Bjørn Lomborg）は，世界的な統計によって地球環境を理解することの，おそらく最も熱心な提唱者なのだが，次のように書いている。「実際にどんな指標を使ってみても，人類の運は確かに上向いてきている。」ロンボルグは「色んな話」（いろいろな例）を信じることに対して警告している。というのも，そんなことをすると進歩の分析を歪め，あまりにも楽観的か，あるいは，あまりにも悲観的な評価を導いてしまうかもしれないからである。ロンボルグは次のように続ける。「全体の数字は，嫌な話全部だけでなく，よい話も全部要約しているので，全体の状況がどの程度深刻なのか評価できる。」彼はさらに，いわゆる事実なるものが，何の統計的根拠もなく，「どれも少しずつ不正確に，前の論者（元々の情報源は遥かに穏当である）を引用している一連の論文」に由来している時に，「十把一絡げの話」を事実として学者たちが受け入れるようになってきた例を引合いに出しながら，データを無批判に受け入れる人たちを諭している。ロンボルグは，グリーンピースやワールドウォッチ研究所のようないくつかの団体は，世界が危機にあるというイメージを描くことに既得権を持っていると主張する。それが，彼らの仕事なのである。つまり，そうすることが彼らの道徳的存在と財政的存続を正当化するのである。[29]

　20世紀初めの世界を見るがよい，と市場主義者と制度主義者は言う。当時，寿命は短く，苦労と苦難で満ちていた。世界の人口の3分の1は，飢餓の可能

第 2 章　グローバル化による環境への影響

性に直面していた。チフス，結核，ボツリヌス中毒，猩紅〔しょうこう〕熱のような伝染病（大抵は，汚染された食べ物，牛乳，水で広まった）は死亡原因の第 1 位だった。世界の平均寿命はたった 30 年だった。アメリカ合衆国でさえ，平均寿命はたった 47 歳で，幼児の死亡率は 10 人に 1 人の割合だった[30]。特に市場自由主義者は，世界がよりグローバル化されるようになって以降，同時にという訳ではないにせよ，大きな進歩がなされたと言う。食糧生産は人口増加を上回り，栄養不良である者は 1969～70 年の 37％に比べると，今日，世界の人口の 5 分の 1 にも満たない[31]。今や，第 3 世界にあってさえ，1961 年よりも，平均して人は 38％多くカロリーをとっている[32]。今日起こる飢餓は，政府による処置の誤りから来たものであって，食糧不足の結果ではない，と現在広く主張されている[33]。

　今日，ワクチン，抗生物質，治療の進化は，何千万人もの命を救っている。冷蔵，低温殺菌，安全な食品管理も同様である。その結果，世界の平均寿命は，今日遥かに長くなった——今や 66 歳を超えている。平均寿命が徐々に延びていることは（**図 2.1** 参照），所得の高い国と低い国の両方で起こってきて，こういう傾向は続くと予測できる根拠は十分ある。経済学者のジュリアン・サイモン（Julian Simon）は，この状況を次のように要約している。「有史以来，生活水準は世界の人口の規模と共に上昇してきた。生活が向上するという，このような傾向はいつまでも続かないだろう，ということを納得させる経済的理由は何もない。」[34]市場自由主義者は，経済のグローバル化のプロセスそのものが，経済成長を生み出す力を持つので，より高い生活水準を世界中に広めるだろうと考えている。制度主義者は，グローバル化が経済成長を通して生活水準を引き上げる可能性を見るが，こういう点で協力を促進する国際的な制度こそが，生活水準を向上させるのに必要であったし，未だに必要なのだと主張する。

　食糧と健康の面での進歩は，世界の人口がずっと増えたことに伴って起き，ここに直接的な因果関係を見る人もいる。世界の人口は，1804 年の 10 億人から，（123 年後の）1927 年までに倍になり，（33 年後の）1960 年までに 30 億人に跳ね上がった。（わずか 39 年後の）1999 年までに，世界の人口は再び倍になって，60 億人になった（**図 2.2** 参照）。

図 2.1 誕生時の平均余命（高所得国と低所得国）

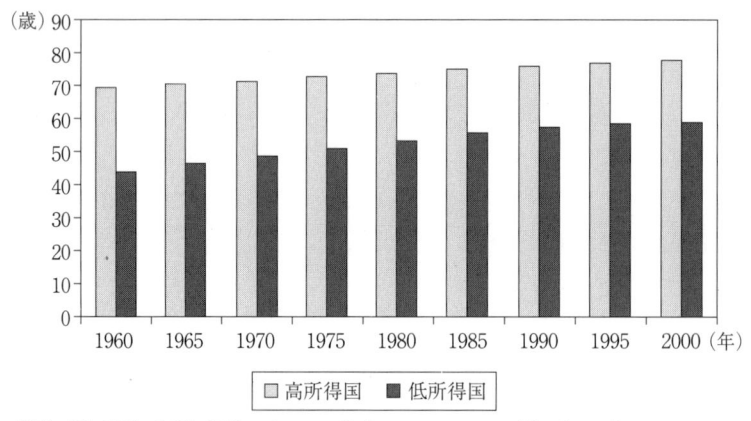

出所：World Bank World Development Indicators : www.worldbank.org/data

図 2.2 世界の人口増加

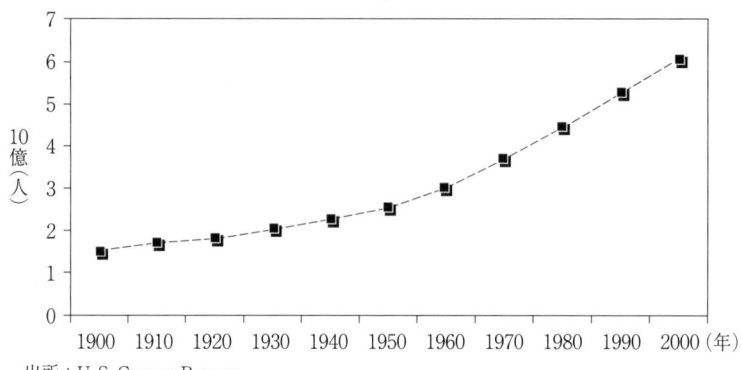

出所：U.S. Census Bureau.

　世界の人口は，今や60億人を優に超え，70億人に向けて着々と歩を進めている。ほとんどの分析者は，世界人口は予見できる将来まで増加し続け，2050年までに80億〜110億人で横ばい状態になるだろうと予測している。**図2.3**は2050年に至るまでの人口に関する3つの予測を示している。つまり，低い予測は79億人，真ん中のが93億人，高いのだと109億人である（その違いは，将来の出生率と死亡率のどちらかの予測に基づいていることから来る）。一番ありうるシナ

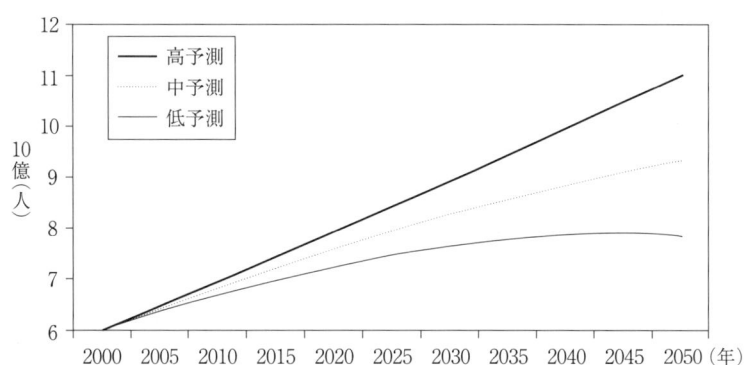

図2.3 世界人口予測

出所：Population Division of the Department of Economic and Social Affairs of the UN Secretariat, 2001.

リオは，真ん中のものである。しかし，市場自由主義者からすれば，一番高い予測でさえ，国際社会は人口が急増するという脅威に，なんとか打ち勝って来れたことを示すものなのである。

市場自由主義者が指摘するには，地球に60億人いても，地球の収容力の限界に到達するほど近いところにいるわけではない。まだ資源はあり余るほどある。さらに，廃棄物吸収シンクは目一杯の能力を使っているというのでは全くない。市場自由主義者は，自由で開かれた世界経済が奨励されるなら，人類は遠い将来まで，すべての人にまずまずの生活水準を提供できるだろうと想定している。所得の増加とより近代的な経済は，一般大衆の教育レベルをより高くし，女性にもっと選択権を持たせる。そうなれば，自然と出生率は下がる。約300年前の産業革命以来，ヨーロッパ，北米，及びアジアにおいて，世界で最も進んだ経済国はこのことを明確に示している。制度主義者は，人口増加に伴って，多少の不足はあるかもしれないと気づいているのでより慎重ではあるのだが，彼らは教育の向上，経済成長，家族計画での世界的な協力は，この問題に対処するのに役立つことができると主張する。[35]

制度主義者と市場自由主義者の両者からすれば，国際社会は地球環境問題を解決できることを証明してきたのである。例えば，バイオテクノロジーは，乾

燥した土地や荒地で育つだけでなく，虫や病気に強い作物を生み出したが，両者はこれを世界の食糧供給を改善させる大きな可能性を持つものとして見ている。市場自由主義者は，こういう技術は市場原理によって拡散し，豊かな国の農民，そして貧しい国の農民にも同様に利益を与えるだろうと主張する[36]。制度主義者は，世界市場がこういう利益を平等に広げるということについては，市場自由主義者よりも少々信用していない。制度主義者は，こういう作物が将来の食糧需要に対応できる可能性を見る一方で，最も貧しい国の利益になるような，生物工学から生まれる作物の開発に焦点を合わせた政府間での研究用公的資金を唱えている[37]。

おそらく最も成功した国際協力の成果は，大気中に放出されたクロロフルオロカーボン（CFC〔フロンガス〕）の量を削減したことだろう。CFC は 1928 年に発明された。1950 年代から 1970 年代に生産と消費が急速に増え，主にエアゾール，冷蔵庫，断熱材，溶剤に使われた。1974 年に，科学者たちは CFC が大気中に漂流し，オゾン層を減らしていることに気づいた。オゾン層は，紫外線による有害な影響——皮膚癌や白内障の一因となりうるし，病気に対する免疫性を下げたり，植物を豊産にしないことがある——から我々を守っている。1974 年からの 10 年間に，国際的に協議をし，この問題に共同して対応しようと取り組んだ。こいうった努力は，南極上空のオゾン層に 1 つの「穴」（実際には薄くなっているもの）が見つかった後，1985 年にはずみがついた[38]。その年，国際社会は「オゾン層保護のためウィーン条約」を締結した。1987 年の「オゾン層を破壊する物質に関するモントリオール議定書」は 2 年経たずに採択され，CFC の生産を下げるための強制的な目標が設定された。モントリオール議定書は，1989 年に発効した。1990 年にロンドンで，1992 年にコペンハーゲンで，1997 年にモントリオールで，そして 1999 年に北京で，モントリオール議定書を強化する修正がなされた。その結果，CFC 生産の著しい減少があった（**図 2.4** 参照）。

国連環境計画（UNEP）は，オゾン層は回復し，2050 年までに 1980 年以前のレベルに戻るだろうと予測している[39]。特に制度主義者は，これを環境問題を解決するための，国際協力の顕著な例として見ている。国際協定は広く受け入れられたし，よく遵守されてきた[40]。市場自由主義者も，より害の少ない代替物が

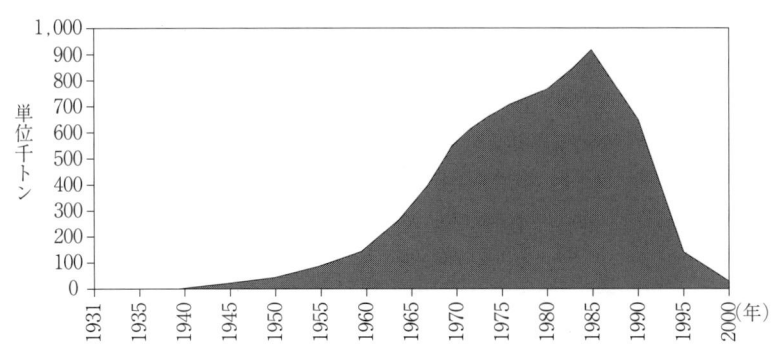

第 2 章　グローバル化による環境への影響

図 2.4　世界の CFC 生産

出所：Alternative Fluorocarbons Environmental Acceptability Study : www.afeas.org

開発されたことで，地球環境問題に市場が対応できる能力を示していることから，この例を気に入っている。

グローバル化反対派

　市場自由主義者や制度主義者とは違って，生物環境主義者とソーシャル・グリーン主義者は経済のグローバル化は救世主になりうるというのではなく，世界の環境破壊及び社会悪の多くの原因として見ている。生物環境主義者もソーシャル・グリーン主義者も共に，経済のグローバル化は世界的にマクロ経済の成長を駆り立てているという点に同意する――しかし，この成長は天然資源を過剰消費させ，廃棄物吸収シンクを使い果たそうとしている。さらに，経済成長は社会の繁栄を十分保証する訳ではない。生物環境主義者にとっては，経済成長も世界人口の急激な増加――彼らにすれば，それこそが一番の関心事である――を一部説明している。しかし，ソーシャル・グリーン主義者は，生物環境主義者の人口論争を拒み，その代わり，彼らが見るグローバル化が，環境問題を一層悪くする経済的不平等を世界中にもたらすようなやり方に焦点を当てる。

　生物環境主義者とソーシャル・グリーン主義者は，グローバル化の時代になって我々が「創り出したもの」の「発展」とか進歩について，遥かに批判的で

ある。ネイチャー・コンサーヴァンシー（Nature Conservancy）の前の会長は，このことをうまく言い表していた。「要するに，将来，我々の社会は我々が創り出すものだけでなく，壊したくないものによっても定義づけられることになるだろう。」[41] 人類は，なるほど長生きするようにはなった。そして，所得の増加，薬や公衆衛生の発達は，確かに生活を多少快適なものにはしてきた。にもかかわらず，そういうデータは，不穏な傾向も隠してしまう。特に心配なのは，高齢化していく人口を考えて修正してみても，世界的に癌の発生率が徐々に増えていることである。毎年600万人が癌で死亡する。1,000万人以上が癌と診断されている。工業国では心臓血管疾患だけが癌以上の死亡原因となっている。哲学者のピーター・ウェンツ（Peter Wenz）のような学者たちは，癌の発生率が高くなったことのほぼ認めてよさそうな原因は，我々の生活環境の人為的な変化から来ていると考えている。伝統的な社会では，ほとんど癌はないように見える。こういう学者たちにしてみれば，産業社会における癌の最も重大な原因の1つは，地球の生態系の中で殺虫剤の量が増えていることである。アメリカだけでも，1970年代には年間6億ポンド〔1ポンドは0.4536kg〕，1940年代に年間5,000万ポンド使ったのに比べると，農民は現在年間10億ポンド以上の殺虫剤を使っている。ウェンツは，癌専門医は癌の原因を見つけてしまうと，「我々の生活様式全部」を問題にすることにもなるので，癌の「原因」よりも「治療法」を見つけることに打ち込んでいる，と述べている。[42]

市場自由主義者と制度主義者は，過去2,300年間の社会と政治の歴史に焦点を絞る傾向がある一方で，とりわけ生物環境主義者は，地質学者により測定されるような時代を背景にしてグローバル化の影響を見るのが好きである。宇宙は約150億年前にできた。地球はおおよそ46億年前にできた。今の人類は，ほんの10万年ちょっとしか存在しておらず，文明となると1万年ぐらいしか存在していない。こういう時間枠にあって，人類は，驚くほど短い地質学的時間の中で，地球に対する脅威となってきたことは明らかである。哲学者のルイス・ポイマン（Louis Pojman）は，これについて目の覚めるようなイメージを以下のように提供している。

第2章　グローバル化による環境への影響

　地球の歴史を，1秒間に146年進むような，1年間続く映画にまとめるとすると，生命は3月まで現れず，多細胞生物は11月まで現れず，恐竜は12月13日まで出現せず（恐竜は12月26日まで生き延びる），哺乳類は12月15日まで現れず，ホモ・サピエンス（人類）は12月31日の夜の12時11分前までは出現せず，そして文明は映画が終わる1分前まで現れない。にもかかわらず，非常に短い時間で，大体200年かからずに，つまり地球の歴史のほんの0.000002％で，人間は全生物圏をとてつもなく変えられるようになった。いくつかの点で，全生物圏が過去10億年間かけて変化してきた以上に，すでに我々はそれを大きく変えてきたのである。[43]

　時間をこのように見ることで，生物環境主義者は，我々は人間の生活を支える地球の生物学的収容力の限界に，すぐに到達するだろうと主張する。

　生物環境主義者にしてみれば，人口増加は大抵，問題の最も核心的な部分である——彼らからすれば，これは経済成長とグローバル化の両方に結びついている。生物環境主義者は，人口パターンは紀元1年から見始めると，ずっとよく見えると主張する（図2.5参照）。毎年，世界の人口は約8,000万人増加している。急速なグローバル化の時代である1950年以降，世界の人口は，人類がかつて経験したことがないほど増加してきた。[44] 図2.3の人口増加の中間の推定値を受け入れたとしても，今世紀の中頃までには，人口は90億人を超えるだろう——つまり，さらにもう30億人に食物を与え，着せ，住まわすことになる。こういう人々の85％以上が貧しい国で生きることになるだろう。人口増加の半分は，わずか6カ国で起こるだろう。すなわちインド（全増加の21％を抱える），中国，パキスタン，ナイジェリア〔アフリカ中西部に位置する国〕，バングラデッシュ，インドネシアである。この間に，48カ国の後発開発途上国（least developed countries）の人口は3倍になるだろうが，今でもすさまじい貧困と困窮にある地域である。[45]

　生物環境主義者は，人口増加が今の率で行くとすると，地球は1人1人が地球の資源の分け前を求める消費者でますます充満することになると強調する。グローバル化の時代の中で，増加する消費に関する1つの注目すべき指標は，自動車の数が着実に増えていることである。世界は，毎年1,600万台の新車を

図 2.5　世界の人口：AD 1 － 2000 年

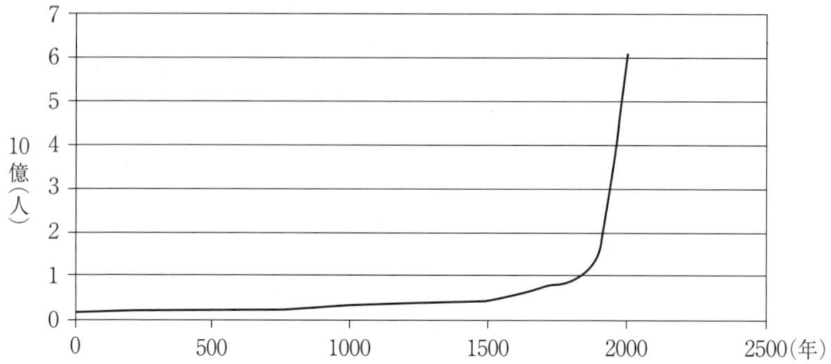

10 億（人）

出所：Facing the Future : People and Planet : www.facingthefuture.org

受け入れてきた。[46)] 乗用車は，今では全世界のエネルギー消費の 15 ％を占めている。環境の趨勢は，そういう消費が悲惨な結果をもたらしていることを裏づけている。豊かな工業国の空気は，確かに 1960 年代以降きれいになってきたが，発展途上国の空気は遥かに悪い——特にテヘラン，ニューデリー，カイロ，マニラ，ジャカルタ，北京のような大都市ではそうである。地球は，1900 年以降，10 万もの新しい化学物質を吸収してきた。[47)] 20 世紀の間，全二酸化炭素の排出は 12 倍になった。第 3 世界では，下水の 90 ％以上，さらに産業廃棄物の 70 ％以上が，未だに地表水の中に（処理されずに）捨てられている。[48)]

世界の水の消費は，1900 年から 1995 年までに 6 倍になった。[49)] ダム，運河，分水路は，今や世界最大級の河の約 60 ％を分断している。砂漠は，今や世界の地表の 3 分の 1 にまで差し迫っており，世界保健機関は 11 億人がきれいな水にありつけないと見積もっている。[50)] 赤痢とかコレラのような，汚い水から起こる病気は，毎年 300 万人を死亡させている。[51)] 前世紀の間に，世界は湿地帯の半分を失った。世界のサンゴ礁の約 30 ％は消滅し，18 ％は今や危機にある。市場向けの世界の海洋漁業資源の約 70 ％は今や取り尽され，生物学的な限界にある。世界の淡水魚の種の 5 分の 1 は絶滅，あるいは絶滅の危機にある。毎日，6,800 万トンの表土が流されている。毎日，30〜140 の種が絶滅している。ワールドウォッチ研究所（Worldwatch Institute）は，『世界の現状　2003 年（*State of the*

World 2003)』の中で，世界の生物多様性の悲惨な状況を指摘し，「著名な科学者は，6,500万年前に恐竜が消えて以来，世界は動物絶滅の最大の波の真っ只中にいると考えている」と述べている。[52] 今の調子で行くと，将来の世界の生物多様性は寒々としたものに見える。2004年の『ネイチャー』誌 (Nature) で発表された19人の科学者による研究は，0.8～2℃地球温暖化で気温が上昇すれば，21世紀の半ばまでに，動物と植物の種の18～35％を「絶滅」に「付する」ことになるだろうと予測している。[53] 地球温暖化の原因と考えられている他の要因――例えば，二酸化炭素濃度の上昇――は，絶滅の確率をさらに高めることになるだろう。[54]

　森林減少の歴史は，グローバル・ポリティカルエコノミーによる破壊的影響の典型例である。今や，世界の森林の約半分は消滅した。1980年から1995年までの間だけで，1億8,000万ヘクタール以上の森林が失われ，そのほとんどが発展途上国においてであった。これは，フィリピンの大きさの6倍であり，カンボジアの10倍，ソロモン諸島の64倍の大きさである。未開拓林 (frontier forests：世界資源研究所〔World Resources Institute〕により，未だに十分な生物多様性を維持できるほど大きくて手つかずのものと定義されている) は，最も切迫した状況にある。例えば，アジアはほぼ95％を失ってしまった。フィリピンには未開拓林はもはやない。ベトナム，ラオス，タイ，ビルマ〔ミャンマー〕も，すぐにそうなるだろう。カンボジアはほんの10％，マレーシアはたった15％，インドネシアはわずか25％，そしてパプアニューギニアも40％しかない。[55]

　ソーシャル・グリーン主義者も又，グローバル化の時代になって地球環境の状態は着実に衰弱してきたと指摘している。彼らは，経済成長と過剰消費は地球にとって重大な脅威であるという点では，生物環境主義者に強く同意する。にもかかわらず，生物環境主義者とは違って，彼らはそういう問題の主な原因として人口増加に焦点を当てていない。ソーシャル・グリーン主義者は，例えば，木材，食糧，及び水の消費の増大は，過去30年間の人口増加を遥かに上回っていると指摘する。[56] それよりも，彼らは世界的な不平等とそれに伴う環境問題――これらは豊かな人々の間での過剰消費と，貧しい人々が古くから住んでいた土地から追い立てられたことの両方に結びついている――に主に焦点を

当てている。

　ソーシャル・グリーン主義者にしてみれば，経済のグローバル化こそ，こういった不平等の主な原因である[57]。それは，環境に深刻な影響を与えるような複雑なやり方で生産形態を変化させているだけでなく，豊かな国と貧しい国との間での新植民地主義的関係を補強するものとして見られている[58]。グローバル化に反対する活動家と学者の国際的集団である，グローバリゼーションに関する国際フォーラム〔IFC〕は，今日の世界は「文明の基本構造と人類の生存を脅かすほど大規模な危機の中にある——つまり，急速に拡大する不平等，信頼と思いやりの関係の衰退，そして地球の生命維持システムの崩壊という世界」であることを指摘している[59]。より豊かになった国の（スラムにある訳ではない）いくつかの地域では，生活はより楽だろう——ひょっとすると，楽である以上かもしれない。しかし，発展途上国の多くでは，生活はより悪くなっている。1972年以来，極端な貧困（1日1米ドル以下）の中で暮らしている人の数は12億人にまでなった。世界の人口の約半分（28億人）が，1日2米ドル以下で生きている。

　多くの国で食糧が十分ある訳ではない。事実，世界の食糧生産は現在増えているにもかかわらず，アフリカのように世界の多くの地域では，食糧生産は過去20年間，人口増加に追いついてこなかった[60]。インドでは，10億人の3分の1の人々が貧困のうちに暮らし，子供の半分以上は栄養不足である。世界全体では，8億4,000万以上の人々が慢性的な栄養失調で，このことがすべての子供の死亡の60％を引き起こす元になっている[61]。そして，約1,100万人の子供が，毎年はかなく死んでいる（それは，防げるし，治療もできる原因からのものである）。そのうち，800万人が赤ん坊で，その半分が生まれて1カ月のうちに死亡する[62]。同時に，肥満の割合は世界の豊かな国で急速に増えている——例えば，アメリカでは，1991年に人口の12％だったものが，1998年には17.9％になった。肥満で最も増えているのは18〜29歳の人である[63]。1999年には，アメリカの全成人の60％以上が太りすぎだった。肥満と体を動かさないことで，今やアメリカだけで毎年30万人以上が早死にしている。2001年の末に，アメリカの公衆衛生局長官は，肥満の危機に対処するための「勧告」を出し，「やや肥満と太りすぎは，喫煙とほぼ同じくらい防げられる病気と死亡をすぐにでも引き

起こすだろう」と述べた。[64]

　はなはだしい不均衡は，病気の分布にも見られる。伝染病は未だに世界の死亡原因の第1位で，全世界の死の約4分の1を占めている。1,300万人以上が，毎年エイズ，マラリア，結核，コレラ，はしか，呼吸器系の病気で死亡しており，これらの大部分は発展途上国のものである。こういう病気から亡くなる率がこのように高いことは，さらなる貧困に追い込むだけである。アフリカのいくつかの国では，平均寿命は下がってきて，ほとんどはエイズ，マラリア，そして戦争のせいである。エイズの流行は20年前に始まった。現在，6,000万人以上の人々がHIVに感染しており，特に若い人の間で急速にその数が増えている（HIVのすべての新感染者のうち，半分は青年期の男女である）。2001年には，エイズで300万人が死亡した。国連は，2020年までに6,800万人以上がエイズで早死にするだろうと予測している。このうち，5,500万人がサハラ以南のアフリカに住むだろう。すでにエイズは，この地域で平均余命を62歳から47歳まで下げてきた。ボツワナ，ナミビア，ジンバブエ〔3国ともアフリカ南部の国家〕では，平均余命は60〜70歳から，38〜43歳に下がってきている。タンザニア〔アフリカ東部に位置する国〕では，人口の40％は，今や40歳になる前に死亡している。アフリカ中で，エイズ犠牲者のための葬儀が，1日につき約5,500行われている。UN AIDS〔国連合同エイズ計画〕は，アフリカでは5人の成人のうち1人は，今後10年以内にエイズで死亡し，アフリカの大部分における社会構造を崩壊させるだろうと予測してきた。エイズによる死亡率は，発展途上国では遥かに高い。[65]それは，豊かな工業国で現在利用できるような最新の薬と治療を，そういう地域では利用できないからである。

　ソーシャル・グリーン主義者は，こういったことは地球の住民の大多数の側に，余計に災いをかけていることになると主張する。経済のグローバル化に伴った不平等は，多くの人にとってみじめな社会状況だけでなく，環境問題も駆り立てるものである。貧しい人たちは，自分たちの土地から追い立てられ，やっと何とか生活できるだけの土地を劣化せざるを得ないような状況に追い込まれる。その一方で，豊かな人々は消費しすぎ，産業汚染を悪化させている。こう考える人にとっては，グローバル化により，海外直接投資の形をとって発展

途上国へ最も汚染するタイプの生産を移転させることができたので，豊かな国では汚染レベルが下がるだろうというのは，驚くことではないのである。ソーシャル・グリーン主義者によれば，東南アジアとラテンアメリカの急速に工業化する発展途上国で汚染レベルが上昇するのは，これを証明するものである[66]。豊かな国から貧しい国への環境悪化のこのような移転は，世界の最も貧しい人々の生活に直に悪い影響を与えている。

　欧米の科学によって祭り上げられた技術的解決は，生物環境主義者とソーシャル・グリーン主義者にとっては，救世主となりうるものではない。グローバル化による技術移転は，実のところ，大抵は人を欺く解決であり，市場自由主義者と制度主義者にとっての麻薬であって，一時的に社会が問題を先送りしたり，あるいは他の生態系へと問題をそらしてしまうものである。生物環境主義者とソーシャル・グリーン主義者は又，これ以上環境問題を起こさせないようにするためのグローバル化を管理する国際機関の能力に関しては，制度主義者よりもずっと信用していない。特にソーシャル・グリーン主義者は，世銀，国際通貨基金（IMF），世界貿易機関（WTO）に見られるように，国際機関や国際協定は資本主義の支柱になりかねないことを心配している。

　農業のバイオテクノロジーは，ソーシャル・グリーン主義者と生物環境主義者が，欧米の技術と制度について疑いを持つほんの一例である。遺伝子組換え作物を批判する人は，そのような作物は遺伝子汚染や遺伝的侵食から始まってアレルギー反応の可能性まで，とてつもなく大きな生態的及び健康に対するリスクを持っていると主張する[67]。こういう作物は又，不平等を強め，さらに，これら作物の特許権をとる多国籍企業に権力を与えていると見られている[68]。こういう技術を使うことへの懸念が大きくなってきたにもかかわらず，世銀，WTOを含めて国際機関は，これらの技術は有益であるとして奨励し続けてきた。しかしながら，多くのソーシャル・グリーン主義者は，我々が今持っているようなものとは全く違う国際機関が必要だと考えている。グローバリゼーションに関する国際フォーラム〔IFC〕は，この見解を以下のように手短にまとめている。

グローバルな問題の解決に向けて，協力を促進し，必然的に競合する国益を押し分けて進むのを容易にするような国際機関の必要性は確かにある。しかしながら，こういう機関は透明性があり，民主的でなければならず，さらに，人民の，地域社会の，及び民族の自決権を支持するものでなければならない。世銀，IMF，世界貿易機関は，我々がこれらは解体されるべきだし，強化され，改革された国連の権威の下で新しい機関がいくつか作られるべきだと言わざるを得ないほど，以上の条件のどれも皆侵している。[69]

生物環境主義者とソーシャル・グリーン主義者は又，他の2つの主義者ほど，地球環境問題の速度を遅くしたり，あるいは解決したりする国際レジームの価値を信じていない。確かに，彼らのほとんどは，CFCの生産を下げるために世界中で努力したのは成功だったと認めるだろう。しかし，それは例外的な事例であって，将来の地球環境の危機を扱える我々の能力について，ほとんど何も語っていない事例なのである。オゾン層減少の原因と結果は，比較的簡単なものだった。皮膚癌は，オゾンが少なくなることによる最も顕著な結果の1つであるが，特に心配されたものだった。1980年代の半ばには，CFCは16カ国のわずか24の企業によってしか生産されておらず，先進国は生産の88％ほどを占めていた。特に重要なのは，世界のCFC生産の4分の1を占めていた化学会社のデュポンが，1988年までにCFCに代わって手に入れられる代用品を見つけていたことである。CFCを徐々に削減する経済コストは，従って，最小限のものだったのである。[70]

ほとんどの地球環境問題は，オゾンの場合よりも遥かに複雑で，不確実性を持ち，解決するのにずっと大きな犠牲を求められるだろう，と生物環境主義者とソーシャル・グリーン主義者は言う。地球温暖化を取り上げてみよう。UNEPは，地球表面の平均温度は過去100年間に0.3〜0.6℃上昇したと報告している。これは，大したことには見えないかもしれない。しかし，過去1,000年の中で，どんな世紀よりも大きい上昇であった。1990年代が最も暖かい10年間であり，1998年が最も暖かい年であったので，問題は悪化しているように見える。[71] 生物環境主義者からすれば，図2.6にあるような傾向は，我々

図 2.6 化石燃料の燃焼，セメント製造，及びガスフレア※からの世界の CO_2 排出

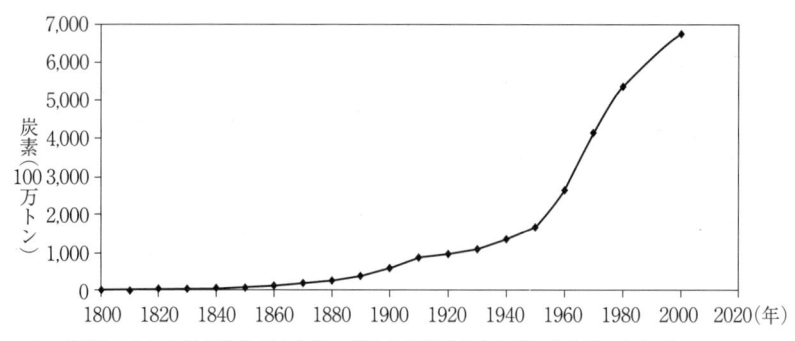

※〔ガスフレアとは油田などから出るガスを焼却処分する時に出る炎のこと。〕
出所：Marland, Boden, and Andres 2001.

が行動できなかったことを物語っている。

　地球温暖化は，生物環境主義者とソーシャル・グリーン主義者を特に心配させるものである。というのは，3 つの主要な温室効果ガス（二酸化炭素，メタン，亜酸化窒素）は，中核となる経済活動（自動車の使用，発電，工場，農業，森林伐採）から生じるが，その一方で，主な結果（海面上昇，大嵐，旱魃，砂漠化）は政治家や企業家の一生を越えたところにあるからである——おそらく 50～100 年後に起こる——。そして，その衝撃は，それが最も激しい時，大抵は世界の貧しく，無視された人々に対して見舞われるだろう。[72] 明らかに，温室効果ガスの排出を低くすることは，世界中でなされる営利的な生産と消費のパターンに大きな変化を与えるだろう。それは，政府，企業，そして個人に犠牲を要求するだろう。こう考える人たちは，CFC の代わりを作るのは以上で述べたことに匹敵するような犠牲を伴うものでは全くないし，このことが国際社会は問題が緊急だと思われる時はいつでも，すぐに，整然と，そして効果的に行動できるような団結力を持っていることを示していると考えるのは明らかにナイーブであると言う。むしろ，気候変動の協定に関する進展はどんなものであれ，再生可能なエネルギーの市場に入り込もうとする企業戦略と何らかの形で関連しそうである。[73]

第2章　グローバル化による環境への影響

♠ 結　論

　本章は，グローバル化の力を経済的，そしてテンポはより遅いが，社会的，政治的変化の力として描いてきた。それぞれの世界観は，グローバル化のプロセスにそれぞれのレンズを使い，様々な様相を説明している——ある者は，より肯定的に，又ある者はより否定的に。従って，それぞれの見解は環境に対するグローバル化の影響に違った洞察をする。
　市場自由主義者のレンズは，成長から来る利益と成長を促進する自由市場の力に焦点を当てている。市場自由主義者にとっては，グローバル化は良い力であって，進歩のエンジンである。グローバル化は，効率的な生産と商品貿易を促進し，天然資源や労働の優位性を持つ地域に適切な技術を拡散する。グローバル化は，環境技術，欠かせない資金，管理の向上をもたらす投資を促進する。このことは，経済成長を起こすものを多様化することで，より破壊的でない活動へと経済を進め，それが長期的には，天然資源の輸出にひどく頼ることから経済を移行させる。グローバル化は又，マクロ経済の一層の成長を意味し，世界中で1人当たりの所得を上げる。グローバル化に乗ずることから生じる国民1人当たりの所得の上昇は，国家の，そして最終的には地球の環境問題に取り組もうとする社会的・国家的意志を作り出すことになる。長期的には，経済成長は寿命を延ばし，健康管理を向上させ，国家の環境基準を上げる。グローバル化はさらに大きな富を用意する。そのような富は，農業生産と工業生産から離れ，知識依拠型経済に移行するさらに大きな経済を用意する。
　制度主義者のレンズは，市場自由主義者が持ち出した指摘に同意はするが，これらの利益を実現させるのに必要な国際協力にもっと明確に焦点を当てる。制度主義者は，経済成長と自由市場は環境に莫大な恩恵を施しうるということに同意する。にもかかわらず，彼らは，グローバル化は万能薬として見られるべきではないと主張する。勢いのある力がそうであるように，そのプロセスは地球環境に対し，良い変化と悪い変化の両方を作り出している。マクロ経済に関しては，グローバル化は良いことである。グローバル化は世界の富を増やし

ている。それは，イノベーションを促している。しかしながら，その報酬はいつも平等という訳ではない。時に，グローバル化は環境の劣化と不平等という落とし穴をさらに深くするように見える。従って，制度主義者の見方からすると，グローバル化を誘導すること，つまり，経済的利益を最大にし，社会的不平等を最小にするために，制度，協力，そして英知を使うのが，一番いいことになる。これには，強力な国際機関だけでなく，強力な中央政府と地方政府が必要である。グローバル化の通信技術は，文化を統合し，意識を高めることで，さらにマラリアのような国家的問題や気候変動のようなグローバルな問題に取り組むために，一致協力することを奨励する世界的規範，倫理，共感を作り出すことで，上記したことを推進している。規準，行動規範，環境市場，環境団体，及び国際法のグローバル化は，国家の中央政府の法規を越えたもう1つの管理の層を付け加えながら，地球環境ガバナンスを深化させている。

　生物環境主義者は，全く違ったレンズでグローバル化を見る。グローバル化にチャンスを見るのではなく，彼らはグローバル化によって悪化する欠乏に焦点を置いている。こういう考え方をする人たちにとっては，未来は寒々としたものである。貧困の文化の一部になってしまった人口増加率を抱える貧しい国に，豊かな者が食糧や医療を提供するので，グローバル化は発展途上国の持続不可能な人口増加を維持させてしまう。グローバル化は又，人口過密の都市や脆弱な生態系（熱帯雨林を切り開いた土地のような）に人を集め，さらに都市に，それも大抵は遠く離れた都市に食糧を供給するために，田舎を巨大で特化された農場にしている。同時に，貿易，投資，金融のグローバル化は世界の経済成長を加速している。これは，増産と消費の増大を生み出す。それは又，豊かな者が過剰消費し，資源を浪費する機会をもっと作り出し，この浪費による生態系への影響を海外に，あるいは地球環境全体にもたらす。この点で，グローバル化は「環境アパルトヘイト」とほとんど同じである[74]。グローバル化は，消費のための消費というグローバルな文化を深化させている。先進国における肥満率の増加が示しているように，人々は「足る」という感覚を失いつつある。発明と技術は，確かに特定の問題を和らげるのに役立つことはある。しかし，技術は，グローバル化による生態系への影響を解決することはできない。もはや

環境収容力を超えているということを人類が受け入れることで，初めて解決策が生まれることになる。

　ソーシャル・グリーン主義者は，グローバル化による生態系への影響に関する生物環境主義者の分析の多くに同意する。にもかかわらず，彼らのレンズは，欠乏自体よりもグローバル化から生じる社会的不公正に，ずっと多く焦点を当てている。ソーシャル・グリーン主義者は，グローバル化を世界的な不平等と大規模な資本主義や産業社会が広まっていくことの背後にある駆動力として見ており，彼らにしてみれば，そういったものこそが地球環境危機の核心的な原因であり，結果なのである。資本家は，社会を新しい市場，さらに生産の中心地へと改造してしまうので，産業主義の押し付けと不平等は，先住民，女性，及び貧者の権利を根絶させ，文化を崩壊させる一因となる。このような力は地域社会の自律性をむしばみ，単一の消費者文化を作り出している。多くのソーシャル・グリーン主義者にとっては，グローバル化は環境帝国主義と同様であり，ローカルからグローバルへと自律性と知識を吸い上げるプロセスなのである。このようにして，グローバル化は，経済的，環境的，及び社会的不公平性のパターンを強化しているのである。しかも，生産と貿易のグローバル化というのは，こういう行為の生態的・社会的影響を認識するには，個人の能力を遥かに凌駕するものである。人々は，いかに自分たちの日々の選択が環境に害を与えたり，労働者を傷つけているかを，ますます見ることができなくなっている（あるいは，少なくとも，そういったことを忘れることができる）。

　要するに，4つの世界観は，グローバル化による環境への影響について著しく異なる解釈をとっている。それぞれの世界観は，グローバル化のプロセスの特定の様相に焦点を当てることで，各々独特な洞察を提示している。本書では以後，それぞれの世界観の中での，及び世界観を横切って，見解の差異を引き出しながら，これらの世界観の間の論争をさらに深く見てみることにする。この章でグローバル化についてのそれぞれの世界観をかなりはっきりと特徴づけたことは，これからの章において，時に重複することはあるが，もっと具体的な議論が錯綜する中で読者を道案内するのに役立つだろうと我々は望んでいる。次の章では，4つの世界観すべてが同意するものから始める。それは，グロー

バル化の最も重要な影響の1つであって，過去半世紀の間，環境規範，概念，制度がグローバルに普及した，ということである。

第3章
環境保護主義のグローバル化

　前の章で論じた環境問題に取り組むために，国際社会はどんなことをしてきたのだろうか。国際場裏においては，環境問題に対処するため，国家の側での形式的な行動は過去に多くはあるのだが，地球環境政治の歴史は，概念についての論争，つまり，世界観や言説（ディスコース）どうしの戦いと固く結びついているということも又，忘れてはならない。[1] グローバルな意識が高まり，環境が悪化するとともに，我々は環境についての新しい概念と言葉が，主流の言説に入り込むのを見てきた。こういった見方は，グローバル・ポリティカルエコノミーが広く発展したことにも影響を受けている。地球環境政治の変遷についての研究は，とりわけ国際関係論の領域におけるものは，環境外交に焦点を当ててきた。そういう研究は，主に環境に関するサミット，委員会，協定，及び組織がもたらした成果の点から，環境についての言説の展開を説明する傾向がある。[2] こういう政治・外交上の努力は確かに重要ではあった。しかし，この変遷をよく見てみると，グローバル・ポリティカルエコノミーが同時に発展してきたことが，これら公式の討論に直接的にも間接的にも，より広い議題をしばしば提供し，環境についての概念の展開に影響を与えてきたことが分かる。従って，環境外交と世界経済の両方について，このような歴史を辿ることは，生物環境主義者，制度主義者，市場自由主義者，ソーシャル・グリーン主義者の様々な主張が，いつ，何故，初めて現れたかを明らかにするのに役立つ。それは，地球環境ガバナンスにおける，現在の様々なアクターの役割をもっとよく理解することにも役立つ。

　この章の前半は，過去半世紀間における環境保護主義のグローバル化の歴史について手短に紹介し，世界経済における出来事と地球環境についての様々な

見解が出現したことに，国家間のこういった外交上の歴史とが関係があることを強調する。後半は，この間に実施されてきた地球環境ガバナンスのいろいろな仕組みを概説し，今日の地球環境についての言説の中で，それぞれが持つ重要性を強調する。

♠ 環境と開発に関する世界的な言説の展開

ホモ・サピエンスは，比較的最近まで（多分，50万年前から1万年前まで），ほんのごくわずかしか環境には影響を与えてこなかったように見える。地球上の人口は小さく，かなり安定しており，主に使った天然資源は石，骨，そして木でできた道具であった。狩猟と採集から，約1万年前に始まった定住農業への移行は，地球環境の歴史の中で重大な転機であった。この時期の世界の人口は，おそらくほんの1,000万人かそこらであった。定住農業から生まれる余剰食糧は，人々が文明（都市）へと発展していくのに力を貸した。こういう文明は，より進んだ分業を抱えていたが，それが又，技術的進展の大きな源泉となった。文字の書き方や数字の使用だけでなく，（動物に引かせた）鋤〔すき〕と車輪は，この時期に発明された。こういう文明は又，ますます多くの量の天然資源——金属や木のような——を取り出し，使うことができた。しかしながら，そういう文明のすべてが，長期にわたって自然環境を管理できた訳ではない。例えば，チグリス川とユーフラテス川に挟まれた地のメソポタミアが，4,000年以上前に崩壊したのは，塩で土地を使えなくしてしまった灌漑に関係していた。

それでも，約300年前の，産業革命の黎明期になって初めて，人間の活動は地球環境を変えることができるくらいの規模へと加速し始めたのである。人口増加とともに，産業化による環境への悪影響——例えば，石炭の燃焼——は，過去数世紀間に環境についての関心が新たに生まれたことをある程度物語っている。一連の殺人霧（石炭燃焼による大気汚染）の最初のものは，1873年にロンドンを襲い，1,150人以上を死亡させた。狩猟のしすぎと生息地の喪失は，1800年代の半ばまでに，北米のプレーンズ・バイソンを絶滅近くにまで追いやった。1914年に最後のリョコウバトが動物園で死んだが，この鳥はかつて数百

第 3 章 環境保護主義のグローバル化

万匹で北米の東部を移動していたものだった[3]。土地管理のまずさが，1930 年代にカナダ西部とアメリカの「黄塵地帯」の状況（乾燥，砂塵嵐，農業の崩壊）の背後にある要因だとみなされた。1950 年までに，世界の人口は 25 億人を超えた。このように人口が増加する中で健康に対する産業化の影響は，徐々に大きな関心事となっていった。ロンドンのスモッグは，1952 年に 4,000 人を死亡させた。1 年後には，ニューヨーク市で 200 人がスモッグで死んだ。1956 年に，日本の水俣の村人が水銀中毒であることを科学者は正式に「発見」した（普通，水俣病と呼ばれている）。その毒は地元の海産物から来たものだが，そういった海産物はチッソの工場により海へ捨てられたメチル水銀を吸収したものだった。最終的に数百人が死亡し，数百人以上が脳に障害やその他先天性欠損症を持って生まれた[4]。

こういうことから，1700 年代から 1900 年代半ばまでの環境保護主義の出現は，1 つには産業化された世界の中での環境不安に辿ることができる。しかし，それは当時の植民地保有国の経験にも結びついていた。経済と政治の徹底的な支配は，ラテンアメリカ，アフリカ，アジアにおけるヨーロッパの植民地を特徴付けていた。アメリカのようにその他の国は，世界のいくつか同じ地域に政治的支配ではないにせよ，経済的支配を行使していた——これを経済帝国主義と呼ぶ人もいる。植民地主義と帝国主義は，とりわけ，それまでは何のゆかりもなかった世界の多くの地域が，西洋の産業化のために原料の主な供給源になったことで，環境に莫大な影響をもたらした。この環境破壊の多くは，今日でも未だにはっきりと分かる[5]。植民地は，西洋人の環境についての幾多の考えをテストする場でもあったし，今日でさえ，こういう「テスト」の結果は未だに地球環境についての言説を形作っている。多くの植民地政府の主たる環境目標は，その美しさと経済的価値を最大にするために，自然と野生動物を保護し，管理を向上させることであった。この時代の保護論者の考えは，確かに元々「西洋的」であったし，イギリス，フランス，アメリカのような諸国からの行政官は，大抵は単に自分なりの見方を植民地に押し付けただけであった。それとは別に，植民地の行政官は資源の抽出と経済発展を「もっとうまく」やろうとしたことから，環境についての観念は，初めは植民地の中から現れた。後によう

51

やく，こういった観念が植民地本国へと伝えられたのである[6]。

　多くの植民者は，先住民が自然を扱う様子を見てぞっとし，無知で，浪費的だと見た。例えば，イギリス人とフランス人は，先住民が木を切り，焼き払って耕地にする農業（焼畑農耕）は原始的と考え，森を管理するために新しく官僚組織を置くことにした[7]。こういう官僚組織の目的は，植民地に自然環境を「効率的に」，そして「合理的に」管理させるためだった。アフリカ大陸では野生生物が随分収奪されたので，植民地の行政官は，19世紀の間中アフリカでの狩猟にも関心を寄せるようになった。その結果，狩猟を取り締まるだけでなく，公園と禁猟区を造るために法が制定された。スポーツ・ハンティングは生活のための狩猟よりも害は少ないということを口実に，例によってアフリカ人には狩猟は認められなかった[8]。

　植民地の中で，そして植民地から帝国本国へと，西洋の環境についての考え方の発展と拡散は，もっと「グローバルな」環境についての言説が生まれることの最初の段階としてみなすことができる。大抵，植民者は十分回復できると考えられた資源を管理するという目標なるものを掲げ，持続可能な生産管理のようなモデルを展開しながら，科学的な言い回しでこういう見方を後押ししようとした。しかし，多くの学者はその後，これを「似非科学」と呼び，こういう見方はパターナリスティック〔父親的干渉〕で，イデオロギー的，そして人種差別的と主張してきた[9]。

　2つの世界大戦と1930年代の大恐慌は世界的な協力を阻止したが，植民地と本国の両方における自然保護の努力は20世紀になっても続いた。新しく作られた国際連合は，第2次大戦が終わってまもなく，そういう努力を受け継ぎ，1948年にInternational Union for the Protection of Nature〔IUPN：国際自然保護連合〕を作り出すのに寄与し，これは1956年にInternational Union for Conservation of Nature and Natural Resources（IUCN：国際自然保護連合）と改名された〔IUPNもIUCNも日本語では同名〕[10]。この組織は，現在70カ国，100の政府機関，750以上のNGOで構成されているが，自然を保護し，維持するための世界的な貢献を調整するためのものである[11]。

第3章　環境保護主義のグローバル化

沈黙の春と1960年代，70年代初頭

　第2次大戦後の約20年間，世界経済は景気づいたが，結局は環境運動を燃え立たせることになった。急速な産業化による環境の濫用に対する関心は，1960年代に第1世界で勢いを得た。核兵器と化学汚染に反対するデモがあった。世界野生生物基金（現在はWWFとして知られている）は，世界の生物多様性を守るために1961年に設立された。レイチェル・カーソン（Rachel Carson）のベストセラーになった『沈黙の春（*Silent Spring*）』（1962年）は，大衆に特に影響を与えた。彼女のメッセージは強烈なものだった。つまり，化学物質，特に殺虫剤の使用が増えたことで，自然と野生生物を消滅させている，ということであった。その本は，将来，春になっても鳥のさえずりがないことを語っていた。科学界はメディアですぐにカーソンを攻撃し，彼女とその支持者はDDT（ジクロロジフェニルトリクロロエタン）と他の化学物質に対し事態を誇張していると非難した。[12] しかし，彼女のメッセージの強さと明快さは，一般大衆と一緒になって長続きし，実際，それ以後の調査はDDTとその他人造化学物質——その多くは，現在，生産と使用を禁止されている——についての彼女の関心は正しかったことを示してきた。

　自然を保護する必要性は（そうすれば，例えば，人々は「アウトドア」を楽しむことができる），依然として第1世界における環境運動の大きな関心であった。しかし，工業生産による影響について大衆の関心が大きくなってきたことは，環境保護運動に新しい焦点を与え始めることになった。さらに，地球の健全性にローカルな問題の影響が積み重なることについて，環境保護論者の中での心配も持ち上がってきた。ますます多くの人が地球を脆弱で，相互に繋がっていると見るようになり，それは宇宙から見た地球の写真が普及したことにより強められたイメージであった。多くの人にとって一番忘れられない写真は，宇宙飛行士のニール・アームストロング，マイケル・コリンズ，エドウィン・オルドリンが1969年7月に月に行った時に撮ったあの1枚である（**Box3.1**参照）。今日でさえ，宇宙から見た地球の姿——目に見える国境線などなく，人類が共有する大気と海を持つ宇宙船地球号——は，地球環境を意識するための強烈なイ

53

> **Box3.1 宇宙から見た地球**
>
> 1969年7月16日に，18万キロ離れた所でアポロ11号から撮られた地球の写真。アフリカと中東の大部分，さらにヨーロッパと西アジアの一部が見える。
>
> 出所：NASA photo ID AS11-36-5355.

メージであり続けている[13]。

　別の展開も又，同じように深い洞察力をもって言説を形作った。1960年代の初めは，急速な経済成長があり，貿易と投資の世界的統合が強まった。世界の成長率は，1960年代初頭から半ばまで，5～6％もの高さだった（もっとも，この成長は，国や地域の間で平等に行き渡っていた訳ではなかったが[14]）。国際通貨基金（IMF），世銀，関税および貿易に関する一般協定（GATT）により体系化された世界経済の基礎構造は，これらすべて第2次大戦の終わりに作られたのだが，このような成長と統合を促進するのに決定的に重要だと広く考えられていた。通信と輸送の技術の進歩も又，この時期における経済成長に貢献した。1940年代末から1960年代末にかけてのアジアとアフリカでの脱植民地化の波は，地球上に多くの植民地を新たに独立させた。大抵の国は，経済成長を促進しようとして，国際的な経済機関に加わった。当時は楽観主義の時代であり，多くの国は，世界経済に加わることで，発展（多くの場合，急速な産業化，並びに経済成長

第3章　環境保護主義のグローバル化

と理解された）は自動的にやって来るだろうと信じた。

　にもかかわらず，1960年代末と1970年代初頭までに，これら「発展途上」国の多くは，第1世界の産業化を複製することは，自動的どころの話ではないことに気づいた。世界の成長率は力強かったが，第3世界はなお産業化と工業製品輸出に関し，遥かに第1世界からは遅れていたのである。発展途上国の側から批判する者は，戦後の世界経済の基礎構造は，未だに植民地と帝国の利益を反映していると主張し始めた。従属理論は，豊かな国と貧しい国との間の資本主義に基づく関係という帝国的支配の本質が，北の資本主義国で見られるような類の産業発展を，不可能ではないにせよ，南で複製するのを難しくしていると主張した。豊かな国は，天然資源を安く提供されることで，発展途上国に依存しているように見えたが，その一方で，発展途上国のエリートは豊かな国の資本家のパトロンに依存しているように見えた。それ以外の批判者も又，外国での生産のために天然資源の単なる供給者のままでいるのを打破することは，大抵は，これらの輸出品からでは産業化を促進するだけ十分な金は稼ぎづらいということから，特に難しいと主張した。これは「交易条件の悪化」と呼ばれている。発展途上国が直面する深刻な問題のせいであって，輸出価格（この場合では原材料）が一般に低いか下降し，その一方で，輸入価格（この場合では工業製品）は普通高く，しかも上昇する時に起こる。こういう条件の下では，天然資源の輸出から産業化に必要な資本設備を購入できるだけ稼ぐというのは，極めて難しいのである。このように世界経済における豊かな国と貧しい国との不平等な条件に焦点を当てることは，国際政治経済学の中では長年にわたって1つの見方であったし，さらに，ソーシャル・グリーン主義者と生物環境主義者の見解を活気づける点で重要であった。

　世界経済に内在する不平等を批判する見解は，1970年代の初めに世界の成長率が衰え始めた時に広まった。高まるインフレとアメリカの貿易赤字がきっかけになって，1971年リチャード・ニクソン大統領は，1944年にブレトンウッズで確立された金為替本位制度から米ドルを切り離した。この行為は，世界経済における信用をさらに掘り崩しただけだった。このあてにならない世界経済の状況は，相互脆弱性に劣らず，世界的相互連結性という感覚が大きくなってい

55

くのを煽った。第1世界の多くの環境保護主義者は，環境問題と景気の動向は絡み合っているので，1つにまとまった世界経済は，1つしかない地球環境の運命に間違いなく結びついていると主張し始めた。

　豊かな国の環境保護主義は，この時期，相互（北―南）脆弱性という経済テーマを反映するようになった。ポール・エーリック（Paul Ehrlich）の『人口爆弾（*The Population Bomb*)』（1968年）のような本が世間でベストセラーになった。エーリックは，第3世界での人口増加は経済的窮地によっても一部拍車がかけられているが，いつか地球の資源の底をつかせるだろうと主張した。不平等はそういう世界で拡大し続けるだろうが，豊かな者も貧しい者も，最終的には大規模な飢餓，暴力，環境破壊に苦しむだろう。彼は，次のように警告した。「すばらしい船である地球の反対側にいる仲間の運命に影響されずに，我々が生きていくことなどできないのは明らかだ。船の彼らの側が沈むとしたら，我々は少なくとも，彼らが溺れる光景をじっと我慢して見つめ，彼らの叫び声を聞かざるを得ないだろう。」[18] その本は300万部売れ，発売後3年で22刷までいった。科学的枠組みから出発し，持続できない人口レベルに焦点を当てたエーリックは，新しく生まれた生物環境主義者の見解にあって——この見解は先進国で好評を博するようになった——，重要な論者の1人であった。

　1960年代末と70年代初頭に，北では環境についての関心が高まり続けた。1969年11月30日，『ニューヨーク・タイムズ』紙のグラッドウィン・ヒル（Gladwin Hill）は，アメリカの状況を以下のように伝えた。「環境危機についての高まる関心は，ベトナム戦争に関する学生の不満を上回るかもしれないような猛烈さをもって，国中のキャンパスに広がっている。」[19] 1970年4月22日の最初のアース・デーの日に，アメリカでは2,000万人が集まったが，それはアメリカ史上最大の組織立ったデモの1つであった。その年，アメリカ政府は環境保護庁（EPA）を設立した。カナダは1年遅れて，環境省を作った。カナダ人の団体のグリーンピースは，同年，地下核実験に抗議するために，アラスカのアムチトカ島へ航海して，マスコミに大きく取り上げられた。

　北での環境保護主義のこのように高まる関心に油を注いだのは，もう1つ別のベストセラーで，物議を醸した本である，『成長の限界（*The Limits to Growth*)』

であった[20]。この本は，マサチューセッツ工科大学の研究チームによる専門的な研究の調査結果をもっとやさしい言葉で述べたものであった。それは，国際的研究・政策集団であるローマ・クラブの，もっと大きなプロジェクトの一部であった。その結論は，エーリックのものに似ていた。それは，形式的モデル化とコンピュータを使って，5つの大きな，相関性のあるトレンドについて将来どうなるかをシミュレーションしていた。つまり，産業化，人口増加，天然資源の枯渇，栄養不良，そして環境汚染である。この本は，もしこういう傾向が続けば，地球は100年以内に限界に達するだろうと予測した。だとすれば，とその本は言うのだが，「最もありうる結果は，人口と産業能力の両方において，突然の，そしてコントロールできない減退となるだろう[21]」。しかしながら，著者たちは，避けられない運命を予測したのではなかった。彼らは，生態的にも経済的にも，持続可能性をはぐくむために成長のトレンドを変えることはできると感じていた。そういう議論をすることで，その本は初期の生物環境主義者の見解の基本的な輪郭となった。この本は，1,200万部売れ，37カ国語に翻訳された。多くの人に誇張だと思われたことから，エーリックとローマ・クラブの研究の両方とも，数々の攻撃を受けた[22]。『成長の限界』の最初の著者の1人であるドネラ・メドウズ（Donella Meadows）は，よく考えてみれば，経済成長というパラダイムが支配的なのだから，自分の研究に対するあんなに悪意に満ちた攻撃は当然なのだと思った。彼女が書いているように，「『成長の限界』と呼ばれた本は，白紙ページだけで構成することもできただろう。それでも人によっては，この本は反資本主義者の企て，あるいは反共主義者の，そうでなければ反ケインジアンの，あるいは反第3世界の企てだと思ったことだろう。そういう人は，その本の表紙のせいで，本自体を読むことなどなかったのだ[23]。」

次の年，西欧でもう1つ別の，格段に影響力のある本が出版された。E. F. シューマッハー（E. F. Schumacher）の『スモール・イズ・ビューティフル：人間中心の経済学（*Small is Beautiful : Economics as if People Mattered*）』である。この本は，小さな地方経済の必要性に焦点を当てたことで，ソーシャル・グリーン主義者の思考の展開を方向づけるのに寄与した。シューマッハーは，1947年のインド独立の道程で，非暴力による抵抗で世界の喝采を浴びたインドの反植民地

主義者のマハトマ・ガンジーに深く影響を受けた。ガンジーは又，自立して自治をする村で編成される自由インドのためのビジョンの概説をしたが，それは大規模な産業社会というのではなく，地方の家族レベルの生産を奨励するものだった。[24] シューマッハーは仏教にも影響されて，以下のように論じた。

> 伝統的な経済学者は，「年間の消費額によって『生活水準』を測るのに慣れていて，消費しない人よりも，消費する人を『裕福』だと常に思い込んでいる。仏教徒の経済学者なら，こういう考え方は実に馬鹿げていると考えるだろう。つまり，消費は人間が幸福になるための単なる手段に過ぎないのであって，目的は最小の消費で最大の幸福を得ることにあるべきだ。……そこでの苦労が少なければ少ないほど，それだけ多くの時間と力が芸術を創造するために残されることになる。他方，現代の経済学は，消費こそがすべての経済活動の唯一の目的であり，成果だと考えている。」[25]

こういう議論をすることで，シューマッハーもエコロジー経済学の分野の基礎を作り上げるのに貢献した。

人口，消費，成長の限界についての1960年代，70年代のこういう見方は，生物環境主義者の見解に基礎となるものを提供し，北における環境運動の中で，引き続き強力な影響力を振るってきた。多くの初期の生物環境主義者により予測された生態上の崩壊は起こらなかったが，今日のその学派の人々，つまり，レスター・ブラウン（Lester Brown：アースポリシー研究所（Earth Policy Institute）の所長であり，上級研究員）とウィリアム・リース教授（William Rees）のように，人口圧力と成長の限界は存在し，地球の未来を危うくしていると主張し続けている。[26] 様々な国家経済が生態的に相互依存しているという生物環境主義者の見方は，すこぶる相互依存的な世界での，新しく生まれた地球環境問題に対する唯一目に見える対応として，国際的な制度と協定への支持を強めることになった。

ソーシャル・グリーンの思想も，この時期に現れ始めた。ソーシャル・グリーン主義者は，消費と成長については生物環境主義者の主張の多くに同意はするが，彼らは環境に害を及ぼす原因として南の人口増加に焦点を当てることに対しては批判的であった。このことは，発展途上国の環境保護主義者にソーシ

ャル・グリーン主義者の見方をより魅力的にさせたのである。ソーシャル・グリーン主義者も又，ガンジーと後のシューマッハーによる地方経済に対する見方だけでなく，従属論者の不平等についての議論にも頼りながら，地方での解決はグローバルな解決よりも勝っていると感じた。次の節では，1970年代初頭以降の環境への世界的な協力と制度について検討する。

ストックホルム会議と1970年代

　一方での世界経済，人口増加，環境変化との間の関連性を巡る論争と，他方での相互依存と相互脆弱性の観念は，1972年6月にスウェーデンのストックホルムで開催された国連人間環境会議の核心であった。これは，単一の問題についての最初の世界会議であっただけでなく，環境に関する初めてのグローバル・レベルの国連会議であった。133の政府から代表が出席した。カナダのモーリス・ストロング（Maurice Strong）が議長だった（**Box3.2**参照）。公式の議事と共に，3つのNGOの会議——環境フォーラム（Environment Forum：これは公式に国連の支援を受けていた），ピープルズ・フォーラム（People's Forum），ダイドン（Dai Dong）——が，同時に開催された。

　会議の議題と結果は，ベトナム戦争と冷戦が背景にあることが理解されなければならない。アメリカはベトナム戦争の戦費を賄うために，ますます多くのドルを刷り，これが世界的なインフレの高まりと世界経済全体の関心をもたらした。多くの会議参加者は，世界経済の状況を考えれば，自国政府は地球環境保護に必要とされるものを負担できるだけの余裕はないと心配していた。冷戦も又，ストックホルム会議の政治的雰囲気をすぐに変えてしまった。ロシアと東欧圏諸国は，まだ国連加盟国ではなかった東ドイツが参加を許されなかったために，会議をボイコットした。これは，すべての国を参加させたくてたまらなかったストロングにとっては痛手だった。

　国連総会で1968年に公表されたその会議の当初の目的は，「人間環境の問題」を討論し，そして，「人間環境のそのような状況は，国際的な協力と合意によってのみ解決される，あるいは最もよく解決されることを確認する」ことであった[27]。焦点は，北の政府にとって特に関心のある，工業化から生じた環境問題

> **Box3.2　モーリス・ストロング**
>
> モーリス・ストロングは，環境保護主義のグローバル化に個人的に重要な役割を果たした。1929年にカナダに生まれたストロングは，企業家かつビジネスマンとしてスタートし，カナダ電力公社の総裁にまでなった。1966年に彼はカナダの海外援助局（後のカナダ政府国際開発庁）の長官になった。1970年から72年まで，ストロングは国連人間環境会議の事務局長で，1973年に国連環境計画の初代事務局長になった。彼はカナダに帰り，ペトロ・カナダの社長になった（1976～78年）。1980年代に国際エネルギー開発公社とカナダ開発投資公社の総裁であった。1980年代には環境と開発に関する世界委員会のメンバーでもあった。その後，彼は1992年の環境と開発に関する国連会議の事務局長となった。1992年に，今度は北米最大の公益企業であるオンタリオ・ハイドロの会長兼最高経営責任者として，再びカナダに帰った。1995年，彼は世界銀行総裁の上級顧問に任命され，現在は国連改革について国連事務総長のコフィー・アナンの上級顧問をしている。
>
> 出所：Strong 2000.

であった。しかしながら，これは，発展途上国の支持を得るために，もっと広い開発問題を含めようとして枠が広げられた。国連は，スイスのフネで1971年に会議を開催したが，この会議は環境と開発との関係を討論するために，発展途上国から開発の専門家と科学者を集めた。『開発と環境に関するフネ報告』は，ストックホルム会議に発展途上国が広く参加することを奨励したものだと信じられているが，環境問題は発展途上国の貧困と結びついていることを強調し，工業化を含めて，開発は貧困に関係した環境悪化を克服するために必要であると主張していた。[28]

　そういう訳で，ストックホルムでの多くの論争の焦点は，南により要求された経済発展と，地球環境を守るために北が必要だと認めたものとを，いかに和解させるかであった。[29]「貧困という環境破壊」なる文句はストックホルムで作

られたが，それは発展途上国がフネ報告の核心的な結論のいくつかを繰り返しつつ，環境への最大の脅威は貧困であると主張したことから来ている。同時に，発展途上国は，貧しい国に経済成長と工業化の利益を与えないようにするのではないかと懸念し，北の環境についての議題を疑ってかかったのである。例えば，ブラジルは産業汚染を討論することにほとんど関心がないと表明した——ブラジルはそれを「金持ちの」問題として見たのである[30]。コートジボワール〔ギニア湾に面する，アフリカ西部の国〕からの代表は，汚染が国家を産業化させるなら，コートジボワールはもっと沢山の汚染を歓迎するとまで述べた[31]。発展途上国はさらに，世界の資本家による搾取こそ，まず第1に自分たちの貧困レベルが高いことの核心的理由であると主張した。国際経済制度は，交易条件悪化の下にある天然資源の輸出を彼らに強いるようなものだけが採用された。多くの発展途上国は，地球環境問題を解決するための努力の一環として，国際的な経済改革を求めた。

　しかしながら，ストックホルム会議の公文書は，こういう要求を反映してはいなかった。これらの文書は発展途上国に特有な問題を認めたのがせいぜいのところで，何の現実的解決策も提案されなかった[32]。その会議は，26の原則が入った「人間環境宣言」，109の勧告が入った「人間環境のための行動計画」，「制度的及び財政的措置に関する決議」を生み出した。このようなやり方は，言わば「ソフトな」国際法だった——つまり，署名国を法的に拘束するものではなかった——にもかかわらず，それは地球環境について政府間で関心が高まってきたことを表していた。ストックホルム会議は又，国連環境計画（UNEP）を作り出したと言われている。UNEPは正式には1973年に開始されたのだが，ケニヤのナイロビに本部が置かれ，モーリス・ストロングが初代事務局長に任命された。

　ストックホルム会議の結果は，とりわけUNEPと環境への国際協力の要請は，制度主義者の見解を勢いづけた。生物環境主義者は，個人の行為を取り締まるための立法が必要だと考え，国家に対しては経済成長と人口増加の両方を抑制するように主張した。他方，制度主義者は，特定の環境問題に対処するために，国際的な法的規制を国家にかけるように主張した。この見方は，ストックホル

ム以後,かなりの正当性を認められ,合意を拘束する「ハード・ロー(hard law)」,つまり,環境条約,のための交渉の数が増え,これらに加わる政府がますます増えたことに反映されていた。

世界経済はストックホルム会議のすぐ後の数年間,一層ひどい混乱の中に入り込んだ。1973～74年の石油輸出国機構(OPEC)による原油の供給制限は,石油価格を4倍にし,世界的な高インフレと低成長率をもたらした。従って,この事態は,エネルギーを使って生産されるすべての工業製品の価格に徐々に浸透していった。多くの発展途上国は,自国の借金の規模と産業発展の見通しを考えると,この世界的な経済下降の衝撃に狼狽したのである。1974年に,発展途上国は新国際経済秩序(NIEO)を作るよう,国連に要請した。発展途上国は,原料産出国に加わる交易条件の悪化を反転させ,IMFと世銀における発展途上国の投票力を増やし,多国籍企業に規制をかけ,そして対外債務を軽減するような改革を要求した。1970年代を通してNIEOは国際交渉の中心にあったが,具体的な方策は進まなかった。[33)] にもかかわらず,こういう国際交渉は北でも南でも,グローバルな経済的相互依存の意識を強めたのである。

1970年代の経済的騒乱は,多くの国,特に貧しい国では,環境問題を棚上げにした。にもかかわらず,ある程度はストックホルム会議によって動き出した経緯の結果として,この時期にあっても,国家は重要な地球環境の条約を交渉していた。このような条約には,「廃棄物その他のものの投棄による海洋汚染の防止に関する条約」(ロンドン条約,1972年),「絶滅のおそれのある野生動植物の種の国際取引に関する条約」(CITES, 1973年),「船舶による汚染の防止のための国際条約」(MARPOL, 1973年)が挙げられる。

これら国際的な外交努力と並んで,特に欧米以外の諸国で,環境保護のためのローカルな環境運動の数が増えつつあった。[34)] これらの運動の多くは,生活と環境はしっかりと結びついていると見るので,環境の実態を向上させるためのまず第1の方法として,貧困と不平等に取り組む必要があることを強調した。この見解は,これら運動の多くにソーシャル・グリーン主義者との思想的結びつきを与えた。その一例がチプコ運動で,これは1970年代の初めに,インドのヒマラヤ山脈にあるウッタル・プラデーシュ州で現れたものである。この運動

は，伐採搬出の増加と工業化に結びついた森林減少への対応であって，伐採が地元の人々から生計の手段を奪い，環境にさらに害を加えただけでなく，一層ひどい貧困をもたらしたのである。この運動は地元での小規模生産の促進というガンジーの哲学からヒントを得ていたが，貧しい人々がそういう資源を利用するのを拒む大企業に対して，政府が木の割り当てをしたことに抵抗しようとしたのである。この草の根運動は，地元の人が小規模に使うことで森を守るという目的を持って，木に抱きついて抗議することを伴った直接行動の方法をとった。[35] チプコ運動は，国際的な認知を得，さらにインドの他の地方に抵抗の方法を広めたことから，比較的成功したといえる。

　経済状況が厳しい時代でも，政府に環境管理を止めさせないようにしようとして，IUCN〔国際自然保護連合〕はUNEP及びWWFと一緒になって，1980年に地球環境についての共同報告である『世界環境保全戦略（*World Conservation Strategy*）』を出版した。[36] この報告は，これら組織の間での3年にわたる共同作業の成果であったが，（生物環境主義者と制度主義者の両方の考えに依存しながら）1960年代と70年代の北の環境についての検討課題を反映していた。これは，一方で保存と資源管理に，他方でこれら資源への人口圧力の影響に焦点を当てたものだった。『世界環境保全戦略』は，生態学的プロセス，遺伝子の多様性，種と生態系の保存に向けて世界が目指すべき目的と目標を概説していた。大事なのは，これが「持続可能性」という概念を世界に気づかせたことである。この報告は，なお環境の方を強調してはいたのだが，開発と環境をもう少しで調和させるところだった。後に多くの人は，その大胆な目標に到達するのに必要な変化──経済的，社会的，政治的変化──を検討しなかったということで，『世界環境保全戦略』を批判したものである。しかしながら，持続可能性という概念は，1980年代の環境と開発に関する世界の議論の枠付けをしたのだった。

ブルントラント報告と1980年代

　1980年代は，第3世界の経済にさらに大きな動乱をもたらした。南が未だに陥っている対外債務危機は，メキシコがその対外債務を支払えないと公表した1982年の8月に，初めて公然と知られるようになった。1980年代の初めに，他

の発展途上国がメキシコに続いて債務危機に陥ったが，第1世界の経済は回復し始めた。北のこの比較的好調な景気動向は，イギリスのマーガレット・サッチャー首相とアメリカのロナルド・レーガン大統領の価値観並びに新自由主義的経済イデオロギーが世界に広まるのを勢いづけた。この時期の新自由主義的な経済処方箋は規制緩和を求めたもので，経済を運営するのに最善の方法として自由で開かれた市場の必要性を強調した。新自由主義は，世界経済を統合する方法として，及び経済成長を刺激する——そう考えられていた——方法として，貿易，投資，及び金融政策の自由化を提唱した。1980年代初めに新自由主義的な経済の考え方が広まったことは，環境に関する市場自由主義者の見方に対する支持を強めたが，後でも述べるように，その見方はこのような政策は環境保護と両立できると考えていた。

　1980年代と90年代にかけて，新自由主義の経済思想が優勢になるのを反映したように，世界中で政策が変化した。1970年代には，南の経済成長が低いのは，少なくとも一部は世界経済に原因があると広く思われていたが，1980年代までには，経済成長を高めるには世界経済が自由市場へと統合されるのが最善の方法であるという見方へと変化した。言い換えると，エリートは，世界経済は利益を公平に分配できないということを指摘するよりも，自国で経済を開放できないことこそ発展途上国の経済がままならないことの理由である，とますます思うようになった。世銀やIMFのような機関は，グローバルに統合された自由市場経済への移行を支援するのに，決定的に重要な供給源だと考えられた。第3世界の債務危機は，これら機関の新自由主義的経済政策にとって，非常に重要なテストだと見られた。緊急融資の見返りに，IMFと世銀は発展途上国に「構造調整」として一般に知られている経済改革を実施するように要求した。このような改革には，貿易，投資，及び交換レートに関する政策の自由化，通貨切り下げ，政府支出の削減，公共企業の民営化が含まれていた。[37]

　新自由主義の台頭と第3世界の債務危機の深刻さが実感されたことは，環境と開発に関する世界委員会（WCED）の作業の枠組みを作ることになった。国連総会は，環境と世界経済の発展との間の関係を調べるために1984年にこの委員会を立ち上げた。これは，委員会の長であるノルウェー首相のグロ・ハル

レム・ブルントラント（Gro Harlem Brundtlant）から，ブルントラント委員会として一般に知られている（**Box3.3**参照）。その報告書である『地球の未来を守るために（*Our Common Future*）』は1987年に出版されたが，どんな国際公文書よりも踏み込んで，核心部分に環境を付け加えた，発展の新しい定義づけをした。この報告も又，グローバル・ポリティカルエコノミーという文脈の中に，その委員会の分析を慎重に位置づけた。

　ブルントラント報告は，地球環境についての言説を変えた。ブルントラント委員会は，北と南との間で，そして一方の成長に関する市場自由主義者と制度主義者の見方と，他方のソーシャル・グリーン主義者と生物環境主義者の見方との間で，中間の立場に立とうとした。委員会は，すべての人が気に入るように，グローバルな発展と環境についての施策を提案した。それは，一層の経済成長と工業化は必ずしも環境にとって害があるとは見ず，従って，成長には避けがたい「限界」があるとも予測しなかった。同時に，ストックホルム会議での第3世界の意向に大いに沿って，貧困は工業化と同じくらい環境を傷つけるとその委員会は論じた。こういった貧困は，大部分，世界的な構造の中での発展途上にある経済という境遇のせいであった。前進するための最善の方法は，経済成長——しかしながら，1960年代や70年代に見られたような類の成長ではなく，環境的に持続可能な成長——を促進することである，とその報告は力説していた。そのような勧告をもって，この報告は持続可能な開発という用語を普及させ，発展とは「将来の世代のニーズを満たす能力を損なうことなく，今の世代のニーズを満たす」ものとして定義した。開発についてのこの定義は，経済成長を追求するスピードを遅らせたり，世界的な経済統合のプロセスを遅らせる必要を示唆しなかったことから，当時の新自由主義の経済イデオロギーに対して根本的な挑戦をしていなかった。

　ブルントラント報告にあった他の勧告は，ある程度1970年代のNIEO〔新国際経済秩序〕の議題を反映していた。この報告は，発展途上国が持続可能な開発と経済成長を追求することができるように，環境技術の移転と経済援助を求めていた。報告の中にあるその他の勧告は，国家に人口増加の抑制，教育の推進，食糧確保，エネルギー節約，都市の持続可能性の促進，よりクリーンな産業技

Box3.3　グロ・ハルレム・ブルントラント

　　グロ・ハルレム・ブルントラントは，1939年ノルウェーに生まれた。彼女の生涯は多くの業績で満ちている。彼女は父がしたように，医者から始めた。若い医者で若い母でもあったころ，彼女はハーバード大学公衆衛生大学院の奨学金を得，そこで公衆衛生学の修士号を取った。1965年にノルウェーに戻し，子供を育てるかたわら，保健省で子供の健康問題に関する仕事をした。しかし，わずか7歳でノルウェー労働運動に参加したこともあって，政治の世界に引きずり込まれた。1974年に環境相に任命された。7年後，41歳の時に，彼女はノルウェーの最年少かつ最初の女性首相になった（労働党党首を兼任）。彼女はその後15年間に3回の選挙に勝ち，約10年間首相の座にあった。1983年から87年までの環境と開発に関する世界委員会の長として世界的に認知され，その委員会で1992年のリオ・サミットに向けての合意だけでなく，持続可能な開発という概念を作り出すことに尽力した。1998年から2003年まで，世界保健機関の事務局長を務め，WHOのより積極的かつ革新的な世界的役割を強く押し出すのに寄与した。

出所：WHO website：www.who.ch から要約。

術の開発を求めている。この報告は，新自由主義の経済の見方について，いくつか問題にしている——例えば，豊かな国と貧しい国との間での再分配する方策を求めている——しかし，当時の新自由主義の経済議題で支配的だったのは，持続可能な開発が十分受け入れられる折衷案であることを国際社会に注目させることだった[39]。ブルントラント委員会による持続可能な開発の定義は，今や，主流の国内及び国際的な政策とレトリックの一部となっている。しかしながら，それは新古典派経済学の基本的な優位性を変えるものではなかった[40]。それどころか，ブルントラント委員会の本当の遺産は，環境管理についての穏健な市場自由主義の見解と制度主義者の見解の連合が，国際社会の中で主導権を握るという考え方を作り出すことだったと主張する人もいるだろう。

Box3.4　ペトラ・ケリー

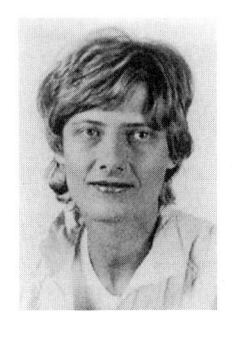

ペトラ・ケリーは，1947年に生まれ，1979年のドイツ緑の党の共同設立者の1人であった。彼女は1980年代初めにドイツ緑の党の全国議長団の1人となり，この時期に緑の党の主張の代弁者として世界的に認められるようになった。ケリーは1983年にドイツ議会に選出され，その年選出された28人の緑の党の連邦議会議員の1人だった。彼女は多くの本を書き，エコロジー，平和，フェミニズム，人権のような問題に広く発言した。ケリーは1982年にライト・ライブリフッド賞（もう1つのノーベル賞として知られている）を受賞した。残念なことに，彼女は1992年に殺害されたが，その正確な状況については未だにはっきりしていない。

出所：Right Livelihood Award website : www.rightlivelihood.se/recip/Kelly.htm から要約。

　ブルントラント委員会の作業と並んで，世界は地球環境に関する条約を引き続き交渉した。一般にこういう条約は，急を要する環境問題（大抵はメディアの注目をかなり浴びていた）に直に対応するものであった。このような条約には，1989年の「有害廃棄物の国境を越える移動及びその処分の規制に関するバーゼル条約」だけでなく，1985年の「オゾン層保護のためのウィーン条約」や1987年の「オゾン層を破壊する物質に関するモントリオール議定書」（第2章参照）がある。バーゼル条約は，1980年代の半ばに，環境的にも倫理的にも関心を引き起こすことになった，廃棄のために豊かな国から貧しい国へと有害廃棄物が輸送されていることが発覚したのに対応して生まれた。[41]

　1980年代に環境についての言説が外交の世界で展開されたのと同じように重要なのは，世界中で地方レベルや国レベルでの環境運動の発展があったことである（その多くは，1970年代に始まった）。ここでは3つの例を挙げる。西ドイツの緑の党——その設立者の1人がペトラ・ケリー（Petra Kelly）だった（**Box3.4**参照）——は，1980年代にドイツ，さらにもっと広くヨーロッパの政治議題に

> **Box3.5 チコ・メンデス**
>
> チコ・メンデス（Francisco Alves Mendes Filho）は，1944年にブラジル西部のアマゾンで生まれた。メンデスは貧しいゴム樹液採取者の息子で，彼自身も9歳の時にその職業を始めた。伐採のしすぎによるアマゾンの森林崩壊に対し，非暴力で抵抗するためにゴム樹液採取者を組織した彼の努力は，1970年代と80年代に国際的な支持を得た。メンデスはこの目的をさらに主張するために，1985年に全国ゴム樹液採取者会議を創設した。牛の牧場経営者の息子が1988年にメンデスを暗殺した。彼の死後すぐに起こった世界中からの激怒が，1992年の地球サミットを主催したいとブラジルが申し出たことに影響を与えたと言われている。
>
> 出所：Environmental Defense Fund website：http://legacy.environmentaldefense.org/programs/international/chico/chicotimeline.html の Events in the life of Chico Mendes から要約。

環境問題を入れるのに力を尽くした。ブラジルのNGOの全国ゴム樹液採取者会議は，森林伐採により脅かされていたゴム樹液採取者の生活を守るために，チコ・メンデス（Chico Mendes）により設立された（**Box3.5**参照）。ケニアのグリーンベルト運動は，樹を植えることを通して環境保全にかかわる草の根の女性団体として，ワンガリ・マータイ（Wangari Maathai）により1980年代に設立された（**Box3.6**参照）。

地球サミットと1990年代

ブルントラント報告の勧告に続いて，1989年に国連総会はもう1つ別の環境に関する世界会議，つまり1992年のブラジルのリオデジャネイロで開催されることになる，環境と開発に関する国連会議（UNCED）を開催する決議案を承認した。一般に地球サミットとして知られているUNCEDの重要な背景には，第3世界で進行中の債務危機，東側ブロックの崩壊，及び経済のグローバル化のテンポが速まったことがあった。この時期の政治家は環境政治を受けのよい

第3章 環境保護主義のグローバル化

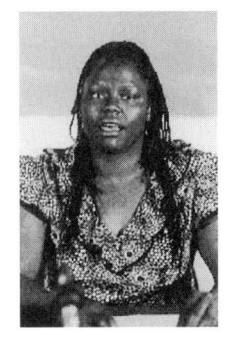

> **Box3.6 ワンガリ・マータイ**
>
> ワンガリ・マータイは，1940年にケニアで生まれ，生物学と獣医学を身につけ，1970年代にナイロビ大学の教授になった。マータイは，1976年から全ケニア女性会議で活躍し，1981年から87年までその団体の議長を務めた。議長として，彼女は女性の生活を向上させる手だてとなるように，環境のための草の根運動を促進する団体であるグリーンベルト運動を立ち上げた。グリーンベルト運動は植樹に焦点を当て，1993年までに2,000万本以上の樹を植えた。その運動はケニアでの環境意識を高めたといわれ，その功績から世界的に認められるようになった。1984年，マータイは，グリーンベルト運動での働きにより，ライト・ライヴリフッド賞を受賞した。
>
> 出所：Right Livelihood Award website：www.rightlivelihood.se/recip/maathai.htm から要約。

問題と見たし，この種の政治については，世界の座標軸はすでに東西から南北へ移っていた。

地球サミットは，ストックホルム会議の20周年記念日に開催された。その会議の事務局長はモーリス・ストロングで，先に見たように，ストックホルムでの会議を組織した人物である。リオ地球サミットは179カ国が参加し，110人以上の国家元首が出席した，それまでで最大の国連会議であった。2,400人の非政府代表と，同時に行われたNGOフォーラムにさらに1万7,000人が集まった。ブルントラント報告での勧告，特に持続可能な開発の概念がリオでの討論を支配した。会議で諸政府は，環境保護を促進しながら成長を振興するというリオでの目標を支持するのは，政治的に楽だということに気づいた。互いに両立できるように提示された時，こういう目標をあえて拒む者などいないだろう。

しかしながら，多くの発展途上国は，環境面で持続可能な成長に資金を回すのに経済援助の具体的な保証がないまま，環境に対しさらに義務を負うことを

心配していた。持続可能な開発のための資金譲渡を巡る論争は，南北の線に沿って割れた。発展途上国は，先進国が「緑の成長」のために余計にかかる費用のほとんどを支払うべきで，それは今のレベルの援助に加えるべきだとはっきりとした考えを持っていた。他方，援助国はこれ以上の財政的義務を引き受けるのを嫌がった[42]。このテーマに関し，発展途上国は先進国に発展途上国の輸出を制限するような環境規制を利用できないようにさせるだけでなく，余計な費用を払うことなく環境技術を手に入れられるようにしたかった。

では，リオ会議の主な成果とは何だったのか。おそらく，最も重要なのは，リオ会議は世界のリーダーの協議事項の中に環境と開発を入れたことだろう。それは又，成長するほど環境は良くなるというブルントラント報告の見解，つまり，市場自由主義者と制度主義者の両者により支持された考えを再確認したことである。参加した政府は，環境と開発の促進に関して国家の権利と責任の大要を述べた27原則から成る「環境と開発に関するリオ宣言」を採択し，署名した。これらの原則には，20年前にストックホルムで採択された人間環境宣言よりも，遥かに発展の権利に関する南の側の関心が入っていた。アジェンダ21は，持続可能な開発を促進するための300ページにわたる行動計画であるが，これも採択された。アジェンダ21の本文の大部分は，地球サミットの2年半前に4つの個別の準備会合（PrepComs）で交渉されたもので，残りわずか15％がリオで仕上げられた[43]。リオ会議は，熱帯林，温帯林，及び寒帯林の持続可能な管理を促進するための拘束力のない「森林原則声明」も採択した。これは妥協の文書であった。というのも法的に拘束する森林条約については合意に至ることができないということが分かったためである[44]。リオ会議又，2つの法的拘束力のある条約，つまり，「気候変動に関する国際連合枠組条約」と「生物の多様性に関する条約」の署名に向かわせた。さらに，この会議はリオで作られた目標を達成しているかどうか，その進展を監視し，評価するための「国連持続可能な開発委員会」を設立した。砂漠化に関する条約もリオで交渉が始まった[45]。最後に，地球環境ファシリティー（GEF）は地球環境を守るために発展途上国の努力に対して融資するために設立されたのだが，リオ会議はこのGEFを改革する「引き金」となった（第7章参照）[46]。こういう国際的な協力協定は，正

に，その会議における制度主義者の影響力の産物であった。

　リオでは，はっきりとした失敗もいくつかあった。アジェンダ21をグローバルに実施するために見積もられていた年間のコストは6,250億米ドルであったが，比較的小額しかリオでは約束されなかった。その上，先進国はわずか1,250億米ドルだけカバーするように求められたのである。[47] この額は，先進国全体の国民総生産（GNP）の大体0.7％に等しく，これは1970年代の昔に開発援助として国連が定めた理論上の目標であって，ほとんどの援助国がおよそ達成することのなかったものである。2002年8月に，援助国は今後4年間にGEFに新たに30億米ドルの資金援助を約束したにもかかわらず，2003年までにGEFは全部でわずか40億米ドルしかグラント〔返済する必要のない援助〕に回すことができなかった。[48]

　リオ会議に参加した多くのNGO参加者は，公式の議題に疑いを持っていた。ブルントラント式の解決に焦点を当てることは，とりわけ持続可能性と両立できるとして経済成長と工業化を促進することは，広く批判された。[49] ソーシャル・グリーン主義の批判者は，その多くはグリーンピースとか第3世界ネットワークのような，より急進的なNGOと共にリオにいたが，国際社会は危ないと分かっていながら，経済のグローバル化——不平等，工業化，経済成長，及び過剰消費——による環境への影響を無視していると主張した。地球規模の会議に出席したNGOの数はそれまでで最多であったにもかかわらず，モーリス・ストロングとの密接な関係や，これらの催しに産業界が出資したこともあって，公式の議題に産業界がずっと大きな影響力を振るったと多くのNGOは感じていた。[50] 多くの批判者は，地方での下からの解決に十分注意を払っていないにもかかわらず，上から環境問題を解決するような「経営者的」アプローチを確立した，とリオ会議を見た。[51] このようなソーシャル・グリーン主義の批判者は，リオの公式文書では，貧者，女性，及び先住民の役割を情けないほど認めていないと見た。

　ソーシャル・グリーン主義の批判者は，経済成長と過剰消費に関する生物環境主義者の関心のいくつかを自分たちの分析に組み込んだが，人口増加と資源の入手可能性についての視点を入れることはなかった。むしろ，彼らは世界の

経済的不平等を減らし、世界的な経済変化によって最も影響を被る人々——女性、貧者、先住民——を本当に助けるような、もっとローカルな解決に移行することが必要だと強調した。[52]そういう考えが地球環境管理に関する国家間の外交上の討論に十分入り込むようになったのは、リオ会議であった。

　持続可能な開発を実施するという目標を支えるために、かなりの追加資金を寄せ集めるということには批判があったし、又これに失敗したにもかかわらず、ほとんどのアナリストは、UNCEDはいくつか注目に値する成功を成し遂げたが、北と南の両方の一般大衆の間で環境への意識を高めたことに関しては特に成功した、ということで意見が一致している。5年後、地球サミット・プラス・5として知られる国連総会の特別会議は、アジェンダ21の実施に関する世界の進捗状況について再検討をした。その結論は、相当期待はずれのものだった。世界はアジェンダ21の目標のほとんどに到達していなかった。地球サミット・プラス・5は、アジェンダ21の目標達成に向けて新たにやる気を吹き込むことはできなかった。[53]

ヨハネスブルグとその後

　経済のグローバル化は、リオ地球サミット以後加速した。豊かな国でも貧しい国でも、経済に占める貿易と投資の割合は著しく伸びた。関税および貿易に関する一般協定（GATT）は、1994年に貿易交渉のウルグアイラウンドを締めくくり、1995年に世界貿易機関（WTO）を設立した。WTOは、先のGATTの下での手続よりも紛争解決において裁定を強いる権力を持っているが、多くの人はこれを国際場裏の中で何よりも貿易目標を優先させるものとして見た。[54]グローバル化の直接の結果と見る人もいるが、経済的不平等はリオ以降も拡大してきた。[55]1990年代の終わりに、グローバル化に反対する非政府団体の世界的な提携が現れ始めた。こういう集団は、IMF、世銀、WTOの年次会議のような世界的な経済会議に抗議し始めた。最大で最重要だったのは、1999年末のシアトルでのWTO閣僚会議でのものだった。反グローバル化を主張する人たちは、グローバル化から来る環境的・社会的悪影響に反対するために集まり、不平等を拡大させているのは国際経済機関だと非難した。[56]WTOはシアトルで貿

第3章　環境保護主義のグローバル化

易交渉の新しいラウンドを始めることができなかった。最終的に WTO は 2001 年の秋にカタールのドーハで開かれた WTO 会議で、貿易交渉のドーハ・ラウンドを始めることになった。

諸政府と国際経済機関におけるグローバル化への確固とした支持に劣らず、活動家の反グローバル化の感情も、リオ地球サミットの 10 年後に南アフリカのヨハネスブルグで開かれた 2002 年の「持続可能な開発に関する世界首脳会議」（WSSD：普通、リオ＋10〔リオ・プラス・テン〕と呼ばれている）を準備している間、絶えず背後にあった。その会議の目的は、リオで決まった目標の進捗状況を評価し、実施を促進するために具体的達成目標を置くことであった。それは又、国連のミレニアム開発目標を実施するための方策を立てるだけでなく、2002 年 3 月にメキシコのモンテレーで開催された「開発資金国際会議」に基づいて事を進めることも狙っていたのである[57]。WSSD は、これまでのうち最大の国連会議であった。180 を超える国と 100 人を超える国家元首が出席した。そこには、1 万人以上の代表団、8,000 人以上の市民社会の代表（つまり、非政府組織のこと）、4,000 人以上のマスコミ関係者、数え切れないほどの一般市民が集まった。事務局長は、ニティン・デサイ（Nittin Desai）で、モーリス・ストロングの下で UNCED の次長として働いたインドの国連担当外交官で、政策協調と持続可能な開発に関し事務次長クラスで引き続き国連で働いた人であった[58]。

リオやストックホルムとよく似ているが、その会議は実施計画だけではなく、世界的な持続可能性の必要性についての公式文書を採択した。こういう公式文書が、国際社会にとっての課題と多方面にわたる公約を概説した「持続可能な開発に関するヨハネスブルグ宣言」であり、そして、これらの目標を実施するための行動計画である「ヨハネスブルグ実施計画」である。こういう文書をまとめるための交渉は会議の随分前から始められたが、にもかかわらず、本文の 4 分の 1 は会議が始まった時でも、なお揉めていたのである。リオでもそうだったように、一番揉めた問題の 1 つは、資金調達であった。しかしながら、新しく、しかも、同じように厄介な事柄がヨハネスブルグでは加わった。つまり、目的に合わせるための時間表や詳細な達成目標だけでなく、持続可能な開発におけるグローバル化の役割であった[59]。結局のところ、持続可能な開発に関する

ヨハネスブルグ宣言は，環境と開発についての以前の世界宣言とは多少違うものとなった。経済的不平等は，公正さや人間の幸福に関してだけでなく，グローバルな安全保障に関しても，大きな問題であると認識された。そして，グローバル化は持続可能な開発を達成するのに新しい難問であると言及された[60]。

65ページの文書である行動計画は，リオのアジェンダ21よりもずっと控えめで，さらに，ミレニアム開発目標や開発資金目標のような以前合意された目標だけでなく，リオの目標に合わせるためにはもっと行動が必要とされる地域を概ね言い直したものであった[61]。行動計画には，水，農業，エネルギー，保健，及び生物多様性のように，いくつか主な優先事項に焦点を当てながら，より具体的な目的と目標が多少入っていた。リオの後で作られた持続可能な開発委員会は，この実施の進展を監視する機関として再確認された。

この会議は又，持続可能な開発を実施するための新しい手段を強調し，促進した。それが，政府，NGO，及び経済界との間での公−民協定（public-private agreements）である（これは「タイプⅡ」と呼ばれているものである。「タイプⅠ」は政府どうしのものである）。これは，利害関係者を直接参加させる任意協定である。その目的は，資金と技術を非常に必要としている地域にそれらの移転を奨励することにある。数百もの，そのようなパートナーシップがサミットの前と期間中に結ばれた[62]。例えば，グリーンピースは，気候変動を緩和するための行動を促進するのに，持続可能な発展のための世界経済人会議〔WBCSD〕とのパートナーシップを発表した。公−民パートナーシップにこのように焦点を当てることは，以前のストックホルムやリオよりもヨハネスブルグ・サミットに，持続可能な開発を促進する上での産業界の役割についてもっと焦点を当てさせることになった。行動計画は企業責任と説明責任を促進する必要性に言及し，ヨハネスブルグ宣言は持続可能な開発を促進するために産業界の義務を強調している。

ヨハネスブルグは成功だったのだろうか。多くの産業界の参加者は，その結果を建設的で現実的だと見た。多くの非政府の参加者は「迫力のない」目標と予定表に失望し，会議は持続可能性を高めるために世界が努力するということに対し，ほとんど何も付け加えていないと指摘した[63]。新しい目標は，漁業資源

の枯渇を食い止めることだけではなく，安全な水と衛生施設を利用できることを熱心に説くが，しかし，これら以外には，世界的な関与に関し大して新しいものが付け加えられることはなかった。企業がグローバル化することの影響を巡る論争は，産業界とほとんどの政府はそれを良いと見るのに対し，多くの環境NGOと開発NGOはそれを悪いと見ることで割れた。最終的に，公式文書はどうすべきかの方向性を示すことなく，この問題の重要性について穏やかで当たり障りのない声明にしている。

　ヨハネスブルグ・サミットでは，世界の言説において環境保護主義の影響力が弱まっていることが一際目立つと主張する人もいる[64]。WSSDでの論争の多くが大した進展を見せなかった理由の1つは，地球環境の変化の原因と結果について様々な見解が衝突したことであった。ソーシャル・グリーン主義者と生物環境主義者は，それまでの地球環境についての会議よりもずっと強い印象を与えて自分たちの主張を披露することができた。このことは，グローバル化，企業責任，枯渇するかもしれない資源，消費のような難しい問題を交渉の席に持ち出すことになった。にもかかわらず，公式の議事の中では，市場自由主義者と制度主義者の見解が全体として支配的だったために，そのような「話し合い」をしたところで具体的な目標や行動計画を生むことはなかった。国連は，ヨハネスブルグが多くの人をがっかりさせたこともあって，近いうちに新たに大きな環境サミットを開催するというよりも，実施と進捗状況の年ごとの報告にもっと焦点を当てようとしている。

♠　地球環境ガバナンス

　環境と開発についての世界の言説——グローバルからローカル，そして，公から民に至るまで——は，制度と政策を形作り，さらに制度と政策により形作られている。この章の初めの部分で述べたように，地球環境についての言説と外交の歴史は，時の経過と共に主なアクターに大きな変化があったことを示している。今日の世界では，国家だけでなく，国際機関，企業，市場，NGO，地域社会，そして個人も又，地球環境ガバナンスを形作っている[65]。こういうアク

ターは又,ますます多様になる方法を用いている。従って,地球環境の保護を一番よく実施する方法について広範な見方があると知っても,ほとんど驚くことではない。そこで,環境保護主義のグローバル化をより網羅的に見るために,地球環境ガバナンスのパターンがいくつか生まれているということを背景にして,国家,レジーム,NGO,及び企業について短く討論することにする。本書ではこれから先,地球環境管理におけるこれらアクターの影響についてもっと理解を深めることにする。

国　家

国家は地球環境ガバナンスの中心にある。権利と義務の両方から成っている主権が国際政治の指導原理だとすると,これは当然である。1648年に調印されたウェストファリア条約は,国家にその領土内で行動する最高の権威を与えた。外国は,他国の国境内で国家にしていいことと,いけないことを命令することはできなくなった。それと同時に,このような主権を守るためには,国家は自国の市民を守るだけでなく,他国の主権も尊重せざるを得ない。過去350年間の戦争をちょっと見ただけでも分かるように,国家は他国の主権をいつも尊重する訳ではない。さらに,国家は常に自国の市民を保護している訳でもない。それでもやはり,国家は皆精力的に,断固として主権を守ってきた。これが地球環境政治の基本的特徴である。[66]

主権国家システムと自然環境との間には,明らかに張り詰めた関係がある。おそらく最も目につくのは,環境問題は一般に国家の政治的境界を越えて広がるということである。地球環境を管理するのに必要な行為——つまり,地球のために行動すること——が,国家の利益と衝突するのはもっともな話である。こういったことは,気候変動のような問題に対処するために国際社会がもがくというのをある程度説明している。しかし,主権国家システムが,国家にその国境の中での行為を意のままにする権利を認めるとしても,その行為が他国の環境,あるいはグローバル・コモンズに損害を与える場合,他国に対する国家の義務とは何だろうか。ストックホルム宣言の第21原則は,この問題を扱っており,国家は自国の資源を活用したり,自国の環境を害する権利は持つにせ

第3章　環境保護主義のグローバル化

よ，これは他国に直接影響を与えない限りにおいてであると宣言している[67]。しかしながら，ある国家の行為が他の国家の（又は，諸国家の）環境，あるいはグローバル・コモンズを傷つけていることを証明するのは厄介である。例えば，コスタリカの森林伐採は二酸化炭素を減らす地球の能力を下げるのだから，アメリカに損害を与えているのだということを証明できるだろうか。さらに，誰が責められるべきなのか。コスタリカ政府か，コスタリカの牧場主か，あるいはステーキやハンバーガーの消費者なのか[68]。証明するのがこのように難しいので，実際には，この原則を国家に守らせるのに道徳的な圧力以上のものが使われることはほとんどない。

　主権国家システムと自然環境との間の第2の張り詰めた関係は，環境問題が長期間にわたって展開する傾向にあるということである。CFCによるオゾン層の減少のようないくつかの問題は，発見するのに何年も時間がかかっただけでなく，国家に行動するよう説得するために，十分確信をもって証明するのにも何年も時間がかかった。環境問題は又，現実には移り変わるもので，たえず変化する傾向がある。環境問題は単一の原因を持つことは滅多にないし，環境問題のある一部分に取り組もうとすれば，将来新しい問題を多分生み出すことになるだろう。環境問題のこのように長期にわたる，そして移り変わる性質は，民主主義国家の政権担当者の，短期的で結果重視の政治生活とははっきりとした対照をなしている。政治のサイクルが普通は5年かそれよりも短くしか続かないのに，政治家が長期的な行動に資金と支持を獲得するのは，当然のことながら難しいのである[69]。

　多くの人は，効果的に地球環境を管理しようとしても，国家システムには矛盾と緊張があることを認識している。国家システムを（例えば，連邦世界政府に）取り替えようとするのは非現実的だし，おそらくは逆効果だとさえ，ほとんどの人は思っている。その代わり，実際のところ，ほとんどすべての国家はすでに国内的，及び国際的責任を持つ環境省を作り上げてきた。国家は，経済のグローバル化を受け入れてきたが，これは国境を越えて環境への資金や技術を移転させる世界市場の力を強化するものである（もっとも，すでに見てきたように，経済のグローバル化は又，国境を越えてもっと多くの環境破壊を移転させるものである，

と多くの人は言っているが)。国家は，いくつかの環境問題について，国際機関に権限を委譲してきた。そして最後に，国家は何百もの国際環境協定に署名することで，主権のいくつかを放棄してきた。それでも国家は地球環境ガバナンスを牛耳っている。しかしながら，次の節で分かるように，国際機関とレジームが重要性を増してきたのである。

国際機関とレジーム

ストックホルム以後，国際機関は地球環境保護にますます責任を負うようになってきた。UNEPは，他のアクターが具体的な環境問題を軽減するのと同様に，国家間でのグローバルな行動を促進させるものである[70]。UNEPは，新しい国際環境条約についての調査と交渉を支援することで，それをやっている[71]。国連の他の部門も持続可能な開発を促進している。持続可能な開発委員会は，アジェンダ21の実施状況，その他様々な国際的に宣言された目標も監視している[72]。少し挙げてみても，国連開発計画（UNDP），世界保健機関（WHO），世銀，そして食糧農業機構（FAO）も又，間接的にせよ，地球環境の管理を形作ってきた。**表3.1**は，地球環境及び開発のガバナンスに影響を与える重要な国際組織のいくつかを概説している。加えて，国連の地域経済委員会の多くも環境についての戦略を練り，実施してきた。経済協力開発機構（OECD）は，環境について法的に拘束する規制を採択，適用してきた。環境政策と戦略を考える多くの政府間組織のうちのいくつか挙げてみると，G8，環境に関するアフリカ閣僚会議（African Ministerial Conference on the Environment），アラブ環境大臣会議（Council of Arab Ministers Responsible for the Environment），EU環境閣僚（European Union Environment Ministers）がある[73]。

国際環境レジームには，公式な国際条約や協定による，又は非公式な一連のルールと規範（一般に国家が従う慣例）による国際協力の習慣がある[74]。ストックホルム会議とリオ会議の間に，諸国家は驚くばかり多くの国際環境協定に署名し，批准してきた（**表3.2**参照）。1972年には，わずか2，3ダースほどの多国間環境条約しかなかったが，現在では数百もある[75]。

このような協定やレジームは機能しているのだろうか。第2章では，オゾン

層の減少を解決するもののように，いくつかはかなり成功を収めてきたことを述べた。少なくとも，条約の事務局はある環境問題についての国家レベルでの課題に影響を与えられるだけなく，重大な情報を広めることができる。事務局は，援助や教育を通して，国際協定に従うために苦労している発展途上国の国家の能力を高めることにも力を貸している。しかしながら，国際協定の価値に依然として疑いを持つ人も多い。つまり，協定の多くは国家や企業の行為を実際には変えていないと主張しているのである。署名しない，あるいは批准しない国家は協定に縛られることがないので，フリーライダーという明らかな問題（国際法に共通する欠点）を作り出す。効果的な協定を立案し，遵守させるのは非常に難しいのである。地球環境管理のための，時に重複する制度上の取決めがあまりにも多く，これを調整するのがますますやりにくくなってもきている。さらに，条約を完全に遵守しても，それが自動的に環境を良くさせるということがはっきりしない場合がよくある（京都議定書について，よくなされた指摘である）。

NGO と活動家集団

NGO は政府から自立していて，大抵は非営利的な組織（従って，企業は外される）と我々は定義するが，それを分ける線は常にはっきりしている訳ではない。国際 NGO には，研究機関（国際持続可能な開発研究所：International Institute for Sustainable Development，あるいはワールド・ウォッチ研究所：Worldwatch Institute のような）だけでなく，規模の大きいトランスナショナルな団体（グリーンピースや地球の友インターナショナルのような），地域組織（第 3 世界ネットワークのような），さらに，地方の草の根団体やそのような団体の連携を促進する国際的なネットワーク集団（国際河川ネットワーク：International Rivers Network，そして，これと世界中で結ばれた多くの地元の NGO の如く）のように実に様々なタイプの集団を入れることができる。こういう団体の中には，かなり大きい予算を持つものもある。（各国の支部を含めた）グリーンピースの予算は，2001 年にはほぼ 1 億 5,000 万米ドルであった。（各国の組織を含めた）WWF の 2000～2001 年の予算は約 3 億 5,000 万米ドルであった。これは，2001 年の UNEP の予算の約 1 億 2,000

表 3.1 政府間組織：投票規則と財源

組織	投票規則	財源
国連	総会の各構成国は1票を持つ。決定は出席し、かつ投票する構成国の3分の2の多数によりなされる*1。	総会で割り当てられた加盟国による負担*2。
国連環境計画	管理理事会は、地域代表の公平性の原則を考慮に入れて、国連総会で選ばれた国連の58カ国により3年任期で構成される。決議は出席し、かつ投票する加盟国の多数決により採択される*3。	管理理事会を運営するコスト、及び小規模な事務局を設ける費用は、国連の通常予算により拠出される。環境基金は各種環境プログラムへの資金を提供する：合わせて154カ国が少なくとも1回自発的に出資した*4。
国連開発計画	36の加盟国で構成される執行理事会は3年の任期で、経済社会理事会により選出される。1994年以降、決議は常に全会一致により採択されてきた*5。	主に、OECD開発援助委員会（DAC）のメンバーによるドナー国援助。さらに、受け入れ国政府により提供される現地資金。そして、プログラムにより支給されるサービスに対しての払い戻し*6。
世界銀行	加盟国の投票力には「加盟国票」（すべての加盟国に均一）に、世銀への出資金の分担額に基づく追加票が加算される。各加盟国の投票力は保有する投票総数の百分率（%）で表される*7。	世銀の授権資本の加盟国出資金（出資分担額）の20%。世銀により貸された融資の手数料と利子：世銀が投資した有価証券の売買（加盟国の通常の借り入れを含む）*8。
地球環境ファシリティー	32の「代表国」メンバーで構成される評議会。16カ国が発展途上国を代表し（アジア、アフリカからそれぞれ6、ラテンアメリカから4）、14カ国が先進国を代表し、そして2カ国が市場経済移行国を代表する。決議は全会一致によりなされる。全会一致ができない場合は「二重多数決」により投票がなされる（参加国の多数に投票しドナー国の60％の支持を足す）*9。	4年ごとに、「GEF補充」手続きで32ドナー国からの資金が委託される*10。

80

第 3 章　環境保護主義のグローバル化

IMF〔国際通貨基金〕	投票力は世界経済に占める比率に基づく見積もりにより決められる*11。	世界経済における比率に基づき割り当てられる、各加盟国からの分担金*12。
WTO〔世界貿易機関〕	GATT（1947年）の全会一致の方式に従う。出席している加盟国の公式の異論がない場合、決議は採択される。投票が必要な時は、各加盟国が1票を持つ*13。通常は「グリーンルーム・ミーティング」を行い、妥協案を目指して交渉グループの議長が、個人又は集団の形をとった代表と個別に相談にあたる*14。	国際貿易のシェアに公式に従って確立された加盟国分担金：加盟国により拠出された信託基金の運営：WTO の印刷及び電子出版物の賃貸料及び販売収益*15。

* 1及び2　国連憲章第18条第1項、第2項、及び第18条。以下を参照。www.un.org/aboutun/charter
* 3　管理理事会規則。以下を参照。www.unep.org/Doucuments/Default.asp?DocumentID = 77&ArticuleID = 1157
* 4　UNEP 資金：通常予算。以下を参照。www.unep.org/rmu/html/fund_regular.htm 及び UNEP 資金：環境基金。以下を参照。www.unep.org/rmu/html/fund_environment.htm
* 5　UNDP 及び UNFPA 理事会。以下を参照。www.undp.org/execbrd/pdf/eb-overview.PDF
* 6　UNDP の予算は、2004〜2005年の2年間の見積もりとしている。以下を参照。www.undp.org/execbrd/pdf/dp03-28e.pdf
* 7　世銀理事会：投票力。以下を参照。http://web.worldbank.org
* 8　IBRD　第 IV 条第4項、第5項、及び第 II 条第5項。以下を参照。http://web.worldbank.org
* 9　GEF, Handbook of International Cooperation on Environment and Development.
* 10　GEF, 補充。以下を参照。www.gefweb.org/Replenishment/replenishment.html
* 11及び12　IMF 分担金：概要報告書。以下を参照。www.imf.org/external/np/exr/facts/quotas.htm
* 13　WTO：Module 1 FAQs 以下を参照。www.wto.org/english/thewto_e/whatis_e/eol/e/wto01/wto1_51.htm#note3
* 14　WTO を知る：組織。以下を参照。www.wto.org/english/thewto_e/whatis_e/tif_e/org1_e.htm
* 15　2003年 WTO 事務局予算。以下を参照。www.wto.org/english/thewto_e/secre_e/budget03_e.htm

表 3.2　国際環境協力年表（主なものの要約）

1954 年	油による海水の汚濁防止のための国際条約採択／当事国 71　効力発生　1958 年
1972 年	国連人間環境会議がストックホルムで開催／ストックホルム宣言採択
1972 年	廃棄物その他のものの投棄による海洋汚染の防止に関する条約（ロンドン海洋投棄条約）採択／当事国 80　効力発生　1975 年
1973 年	船舶による汚染の防止のための国際条約（MARPOL）採択／当事国 125　効力発生　1983 年
1973 年	絶滅のおそれのある種の国際取引に関する条約（CITES）採択／当事国 162　効力発生　1975 年
1973 年	国連環境計画（UNEP）設立
1979 年	長距離越境大気汚染条約採択／当事国 49　効力発生　1983 年
1979 年	移動性野生動物種の保全に関する条約採択／当事国 84　効力発生　1983 年
1982 年	海洋法に関する国際連合条約採択／当事国 142　効力発生　1994 年
1985 年	オゾン層保護のためのウィーン条約採択／当事国 185　効力発生　1988 年
1987 年	オゾン層を破壊する物質に関するモントリオール議定書採択／当事国 184　効力発生　1989 年
1987 年	ブルントラント報告刊行
1989 年	有害廃棄物の国境を越える移動及びその処分の規制に関するバーゼル条約採択／当事国 158　効力発生　1992 年
1991 年	地球環境ファシリティー（GEF）設立／加盟国 176
1992 年	環境と開発に関する国連会議がリオデジャネイロで開催／アジェンダ 21 及びリオ宣言採択
1992 年	気候変動に関する国際連合枠組条約採択／当事国 188　効力発生　1994 年
1992 年	生物の多様性に関する国際連合条約採択／当事国 187　効力発生　1993 年
1992 年	国連持続可能な開発委員会（CSD）設立／加盟国 53
1994 年	砂漠化対処条約採択／当事国 187　効力発生　1996 年
1997 年	気候変動に関する京都議定書採択／当事国 120〔原書刊行時には未発効だったが，2005 年 2 月に効力発生〕
1998 年	国際貿易の対象となる特定の有害な化学物質及び駆除剤についての事前のかつ情報に基づく同意の手続きに関するロッテルダム条約採択／当事国 56　効力発生　2004 年
2000 年	バイオセーフティーに関するカルタヘナ議定書採択／当事国 51　効力発生　2003 年
2001 年	残留性有機汚染物質に関するストックホルム条約（POPs）採択／当事国 43　効力発生　2004 年
2002 年	ヨハネスブルグで持続可能な開発に関する世界首脳会議開催／ヨハネスブルグ宣言及び実施計画採択

万米ドルに勝っている[79]。

　国際環境協定と同様に，過去2,30年間の間に，国際NGOの数はかなり増えた。1990年に，何らかの国際的な特徴を持つNGOは6,126あった。この数字は1996年に2万3,135に，そして2000年までに4万3,958に跳ね上がった[80]。市民社会が参加するという，こういった拡大――環境保護から，少数民族や先住民の権利，女性を公平に扱うことまで，幅広い問題に関して――は，ある程度，現在のグローバル・ポリティカルエコノミーにおける国家の有効性についての疑いが大きくなっていることの証拠である[81]。環境NGOは，国際環境条約の交渉過程にますます参加するようになってきた。経済社会委員会を通じて国連の公認を得たものもあるが（今日，約1,000），その他はオブザーバーとして参加している（頼めばほとんど誰でも出席できる）。国連の交渉過程に，このようにNGOが参加することは，国連が形成された時に遡る――NGOは国家が正式に助言を求めることができる重要なアクターとして1948年に承認された。NGOは，国連の公式の場では投票できないし，あるいは，環境条約交渉や締約国会議でも投票できない。しかし，彼らは，時に国家の代表に入れられることがある。そして，時には，NGOは，政府の役人が通常は詳細を煮詰めるような，もっと小さな交渉会議やワークショップのほとんどだけでなく，総会でも演説することができる。

　国際環境NGOは，国際協定に影響力を振るいやすくなるような，特別な強みを持つこともある[82]。彼らは，特定の問題について専門知識や専門的技術を高めることができ，それらを主流となっている科学的仮説に異議を唱えるために使うことができる。多くの政府代表は詳細な専門知識を持っておらず，そういう場合にはNGOの説明は，国家の立場を形成するのに大変重要なものになることがある。公認があることで，いくつかの国際環境NGOは国際的な意思決定過程へ直接出入りできる[83]。加えて，こういうNGOは時々政府（特に発展途上国の政府）と提携し，科学的データを使ったり，交渉したりして政府を助けることもある。例えば，有害廃棄物貿易交渉では，グリーンピースは廃棄物貿易禁止を求めてG77諸国と強い提携を結んだ[84]。こういう役割を果たす中で，環境NGOは主要なアクターの，つまり，国家，国際組織，及び企業の透明性を高め

ている——但し，NGO は偏見や，理解に苦しむやり方を経験することもあるということも指摘しておきたい。交渉では，北の裕福な NGO が南の NGO を威圧することもあるだろう。時には別のアクターが NGO を抱き込むことがあり，交渉の席に NGO がいることで国家中心の交渉過程をあっさりと「正当化」するかもしれない。

　環境 NGO のもう 1 つの重要な役割は，地球環境についての意識を養い，高め，世界の文化さえ変容させることである[85]。大胆な行動が世界のメディアの注意を引いて，複雑な科学的問題を普通の人々に理解しやすくさせることもある。グリーンピースは，捕鯨を勇敢な戦いから罪なきものの虐殺という認識へと，一般的なイメージを変えることができた[86]。NGO は，企業のような，別の非国家アクターに影響を与えることもある。NGO は南の地域社会の貧困を和らげるように力を貸すことができる。さらに，彼らは地方の問題を条約や資金援助という世界で通用するものへと変えるのに役立つことができる[87]。

　地球環境政治を形成する中で，非政府組織の関与には，環境にだけ焦点を絞っているという訳ではないが，自分たちのもっと広い検討事項の中での，特定の環境問題に利害関係を持つ集団や運動による尽力も含まれる。これには多くの先住民団体が入るが，彼らは自分たちに影響するような環境問題についての国際交渉や対話に積極的に参加している。例えば，イヌイット極地会議は POPs に関する国際条約（残留性有機汚染物質に関するストックホルム条約）をもたらすのに役立った[88]。

　緑の党の出現は 1 国レベルだけでなく，グローバル・レベルでの環境ガバナンスにも影響を与えてきた。すでに述べたが，西ドイツの緑の党は，明らかに環境だけではなく，市民権，平和，女性の権利を含めた，多くの社会運動の目標をさらに進めることを目指した 1 国の政党であった。1980 年代におけるこの党の成功は，まずはヨーロッパ諸国で，次に世界中で，国単位の緑の党の発展を引き起こした。彼らは，国単位の政党ではあるが，グローバル・グリーン憲章により，国際的なネットワークで結ばれている[89]。

第 3 章　環境保護主義のグローバル化

企　業

　企業も又，環境 NGO の役割が高まったことへの対応もあって，近年，地球環境の分野でその役割と影響力を増してきた。国際商業会議所（ICC）や持続可能な発展のための世界経済人会議（WBCSD）のようなビジネス擁護団体と，デュポンやモンサントのような個々の多国籍企業（TNC）の双方とも，環境と開発についての国際的な論議に積極的にかかわってきた。

　環境 NGO のように，企業も環境問題についての国家間協力を高めようとして，外交的な役割を演じている。国際的な環境交渉に出席する国家の代表にロビー活動をすることで，企業は舞台裏で政府の立場に影響を及ぼしてきた。[90]ビジネスの側も，地球環境会議で産業団体や産業の代表がオブザーバーの身分を持つことで，国際的なレベルでもますますロビー活動をし始めている。国際交渉でのこういうアクターの存在は，今や慣例になっている——例えば，廃棄物貿易，気候変動，オゾン減少，バイオセーフティー，残留性有機汚染物質についての交渉において。ビジネス・アクターは，環境 NGO に比べるとほとんど公の場（例えば，総会やもっと小さい会議）に出ることはないが，彼らは廊下でロビー活動をして国家の立場を形成することには積極的である。ビジネスの代表は，結局は国家の代表団にもなる。こういった傾向は，良い面，悪い面の両方に見られる。市場自由主義者と制度主義者は，ビジネスの団体は自らに直接影響するような条約の交渉に参加すべきだと主張する。というのは，そうすることで後になって，よりしっかりと遵守できるようになるからである。これに対し批判する者は，特にソーシャル・グリーン主義者は，企業の環境ロビイストの影響力がますます大きくなると，国際環境法が環境目的よりも経済目的を促進することになると主張する。

　企業も又，いろいろな国際フォーラムを通じて，地球環境ガバナンスに影響を及ぼす。企業は，国家レベル及び国際レベルの両方で，環境管理についての産業界が決めた自主規制のような，民間版地球環境ガバナンスを作るのに力を貸してきた。[91] TNC も又，持続可能な開発のような重要な用語の定義を巡る世界の言説において一役買ったり，[92]間接的に国家の決定を左右するような経済力

85

を使ったりするなど，様々な方法で影響力を振っている。[93)] 第6章で，この重要なテーマをもっと詳しく述べることにする。

♠ 結　論

　環境保護主義のグローバル化は，はっきりとした始点，中間点，終着点のない，複雑で流動的なプロセスとして見られるべきである。明らかに重要なのは，『沈黙の春』，『人口爆弾』，『成長の限界』，『スモール・イズ・ビューティフル』，フネ報告，ブルントラント報告のような革新的な出版物であった。ストックホルム，リオ，ヨハネスブルグでの分岐点となる国際会議も重要だった。オゾン減少，有害廃棄物，気候変動，砂漠化のような問題についての何百もの国際環境協定も同様だった。ローカルな，そしてグローバルな活動家集団が世界中で出現したのもそうだった。こういう展開はすべて，政治的・経済的状況が拡大した中で起こったのである。持続可能な開発という概念の出現，及び環境ガバナンスの現在の構造と規範（つまり，慣例と合意）を十分に理解するためには，我々はグローバル・ポリティカルエコノミーにおける大きな趨勢を検討することが，同じように極めて重要であると主張してきた。グローバルな経済シフト——富の産出と分配における——は，経済についての見解だけでなく，国際経済と環境との関係についての見解の進展にも影響を与えたことで重要であった。

　グローバル化と国家，機関，企業，市場，地域社会，及び個人のグローバルな相互作用は，これからの何十年間にわたり，地球環境ガバナンスを引き続き形成し，再形成するだろう。以前と同じように，市場自由主義者，制度主義者，生物環境主義者，ソーシャル・グリーン主義者の主張は，引き続き互いに激しく入り乱れるだろう。環境保護主義がグローバル化したことは，地球環境を管理する最善の方法を巡って，今の国際的な論争を2つの大きな連合体にある程度分けた。つまり，一方の持続可能な開発のより効果的な実施を求める自由市場主義者と制度主義者。もう一方の，エコロジカルで社会的な持続可能性という原則に基づいた新しいグローバル・ポリティカルエコノミーを求める生物環境主義者とソーシャル・グリーン主義者である。しかしながら，今のところ，

「持続可能な開発」という「ブルントラントの妥協」が支配的であることから，国際社会においては制度主義者と市場自由主義者が優位に立っている。ソーシャル・グリーン主義者と生物環境主義者の考えからより多くの影響を受けている多くのNGOや活動家団体は，疑いなくこの妥協に，とりわけ経済成長はいつまでも続けられる（そして，そうすべきだ）という仮定に，極めて批判的であり続けるだろう。しかしながら，この4つの世界観では，仮定，主張，解決策に著しい違いがあることから，持続可能な開発に賛成，反対についての議論を過度に単純化しないことが肝要である。次の章では，経済成長による地球環境への影響について，様々な仮定と主張を詳細に述べることにする。

第4章
富と貧困の世界での経済成長

　富は環境を良くするのだろうか，それとも悪くするのだろうか。貧困は人々が生き延びようともがくので，環境軽視をもたらすのだろうか，それとも貧しい者は豊かな者より環境に負担をかけないのだろうか。こういう問いに対する安易な答えはない。これらは激しく論争されているし，出てくる結論はその人の世界観に大いに依存することだろう。経済成長の問題は，富と貧困，及び自然環境の質と富・貧困の関係を巡る論争に複雑に結びついていることから，世界経済と環境に関する論争のほとんどで核心となっているものである。この章では，これらの論争を詳細に検討し，そうすることで，貿易，投資，援助のような，本書で後に検討する世界経済のこれ以外の問題についての論争を理解する基礎を提供することになる。

　一見したところ，成長についての論争はグローバル化についての論争と大いに似ていて，2つの陣営に分けられるように見える。つまり，環境にとって成長は良い力であると見る者，主に市場自由主義者と制度主義者。そして，成長は概ね悪いと見る者，主に生物環境主義者とソーシャル・グリーン主義者である。しかし，それぞれのグループが，貧困，富，人口の問題を——この3者間で，そして経済成長に関し——どのように考察しているかを注意深く見ると，この論争は単に2つの陣営に分かれている以上に複雑であることが分かる。

♠ 市場自由主義者と制度主義者から見た富と貧困

　経済成長率は1国の景気の動向を測るための眼目となるものである。一般的には，これは，国民総生産（GNP）又は国内総生産（GDP）の成長率で測られ

第4章 富と貧困の世界での経済成長

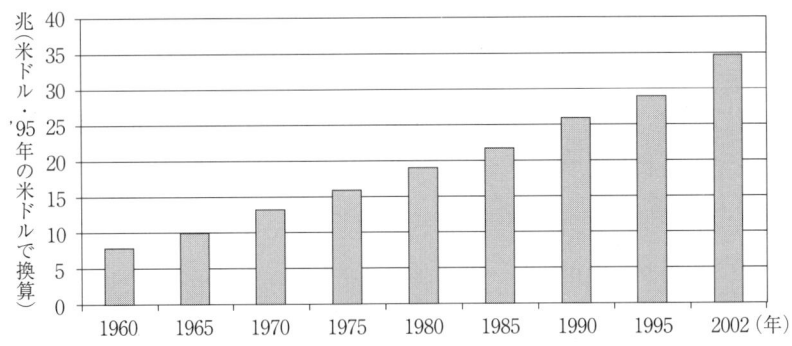

図4.1 世界GDP

出所：World Bank World Development Indicators: www.worldbank.org/data

(Box4.1参照)，国連が支持したこともあって，第2次大戦以降，国民所得を計算するに当たり，「発展」を測るための標準的な測定法となった。GNPやGDPの上昇は，工業生産の成長，それが又消費の増大も意味する。実際には，このことは消費の増大は発展と等しいということを意味している。というのも，必要と欲望がより満たされるからで，そうなればおそらく普通の人の生活を向上させるだろうということである。高い経済成長と，平均余命，健康，及び読み書きの能力のような指数との間の緩やかな相関関係は，この見解に統計的な重要性を与えている。世銀やIMFのような国際経済機関は，両者とも環境問題については市場自由主義者的な見方をとる傾向にあるが，国家の景気動向を評価するのにGNPとGDPの数字にひどく頼っている。

こういう測定法を使って評価してみると，世界経済は過去50年間，十分成果を挙げてきた。世界のGDPは1960年の7兆8,000億米ドルから，2002年には35兆米ドルに跳ね上がった（1995年の米ドルで換算。図4.1参照）。1人当たりの世界GDPは同じ時期に，大体2,600米ドルから5,600米ドルに上昇した（図4.2参照）。しかしながら，こういう国際的な数字には，地域によっていくつか注目すべき差異が隠れている。東アジアのGDPは，1960年の1,350億米ドルから2002年には1兆9,000億米ドルに成長した（年平均成長率は5％を優に超える）。一方，ラテンアメリカのGDPは，同期間に4,300億米ドルから2兆

図 4.2　1 人当たりの世界 GDP の伸び

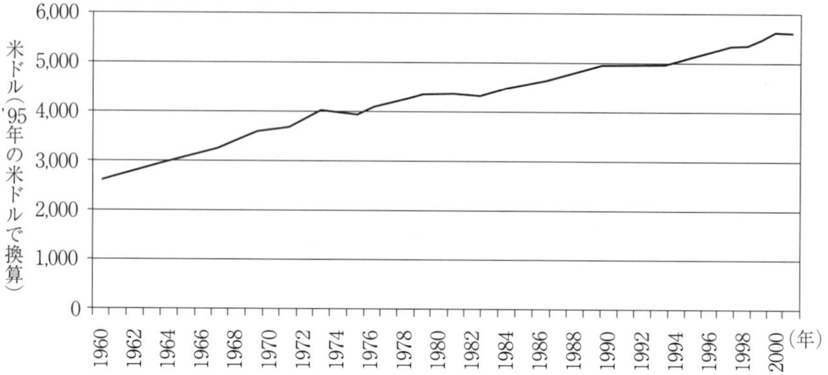

出所：World Bank World Development Indicators：www.worldbank.org/data

米ドルへと成長した。この間，サハラ以南のアフリカは，わずかに 1,060 億米ドルから 3,950 億米ドルに留まり，南アジアは 1,050 億米ドルから 6,810 億米ドルであった（1995 年の米ドルで換算）[1]。

制度主義者の中には，発展の唯一の測定法として，世界 GDP の総額と 1 人当たりの世界 GDP に頼ることには限界があることを国際社会に認識させようとしてきた人もいる。1990 年以来，国連開発計画の人間開発指数（HDI）は，単純な GDP 測定を問題視し，経済実績と開発のより全体的な評価を作ろうとしてきた。2001 年の人間開発報告は，人間開発の理念を以下のように説明している。

> 人間開発というのは，国民所得の上昇や下降よりもずっと多くのことに関するものである。それは，人がその持てるすべての能力を開発でき，人の必要と利益に基づいて，生産的でクリエイティブな生活を送ることができるような環境を作り出すことに関係している。人こそ国家の本当の富である。開発は従って，人が価値を置く生活を送るために，人が持つ選択の幅を広げるということである。従って，人間開発は経済成長よりもずっと多くのことに関するものであり，経済成長は——非常に重要であるとしても——人の選択の幅を広げる単なる 1 つの手段にすぎないのである[2]。

HDI〔人間開発指数〕はいろいろな指標を使って，実績に基づき諸国を評価する。つまり，誕生時の平均余命，学業達成度（識字率を含む），及び1人当たりのGDP（**Box4.1**参照）である。HDI順位は，単なる1人当たりのGDP順位とは違う（図4.3と4.4参照）。もっとも，その違いは印象的という訳でもない。マスコミはこの順位を広く報道し，カナダやオーストラリアのような国は常に上位にあるのを自慢してきた。HDI順位は，経済実績を分析するための主な傾向を多少広げるのに役立ってきて，今では120カ国以上がその国の人間開発報告書を刊行している。にもかかわらず，GNPとGDPの数字は未だに国家経済と世界経済の政策決定を方向づける傾向にある。

そこで，発展を測定する最善の方法に関し，市場自由主義者と制度主義者の間には少しばかり違いがある。しかし，両者とも経済成長の効果という問題に取り組むのに新古典派経済学に頼っている。新古典派の経済学者によれば，ある経済の中での成長は，市場が機能することで起こる。その経済は循環して流れるシステムとして見られる。つまり，もっと大きなマクロ経済の中で，企業と家庭の間には閉じた輪がある。企業は財貨・サービスを生産し，家庭（消費者となる）はそれを消費する。次に，この同じ家庭は，再び企業が利用できる生産手段（労働者という形での労働，投資という形での資本）を作り出す。企業はもっと財貨・サービスを生産することで，その循環を通して流れを継続し，その流れはいつまでも先へ先へと続く。従って，マクロ経済は自立したものとして見られる。経済成長は，財貨・サービスがより多く生産されることで起こる。このように，経済全体はいつまでも成長できると考えられている（図4.5参照）。

自然環境は，成長を生みだす循環システムにどのように適合するのだろうか。マクロ経済は，すべてを包含するシステムとして見られ，その中では生態系を含めて，すべてが一部となっている。このモデルは，企業と家庭の間での循環する流れの一部として，自然環境を考慮に入れていない。むしろ，このモデルは自然環境は静的で，いつまでも利用できるということを想定している。成長は資本と労働の投入の結果として本来起こると見られていることから，資源は従って，生産の決定的要素ではない。

新古典派経済学は，負の外部性として知られる，一種の市場の失敗から生ま

図 4.3　2001 年の HDI と GDP，HDI の上位 10 カ国

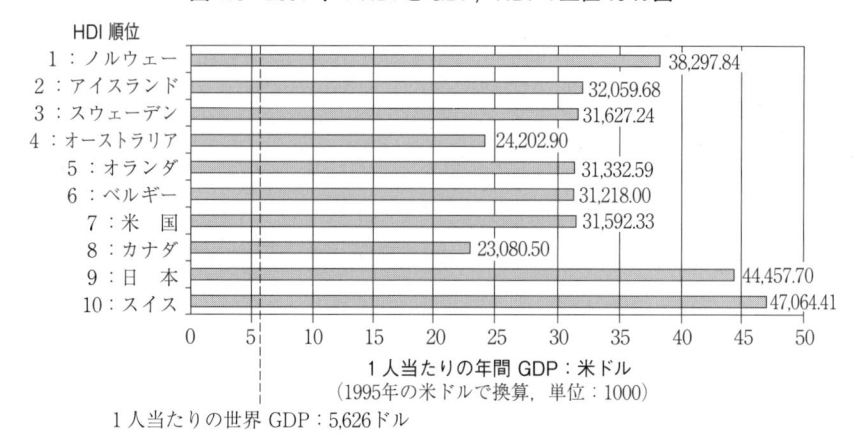

HDI 順位
- 1：ノルウェー　38,297.84
- 2：アイスランド　32,059.68
- 3：スウェーデン　31,627.24
- 4：オーストラリア　24,202.90
- 5：オランダ　31,332.59
- 6：ベルギー　31,218.00
- 7：米国　31,592.33
- 8：カナダ　23,080.50
- 9：日本　44,457.70
- 10：スイス　47,064.41

1 人当たりの年間 GDP：米ドル
(1995年の米ドルで換算，単位：1000)

1 人当たりの世界 GDP：5,626 ドル

出所：UNDP, 2003；World Bank World Development Indicators：www.worldbank.org/data

図 4.4　2001 年の HDI と GDP，HDI の最下位 10 カ国

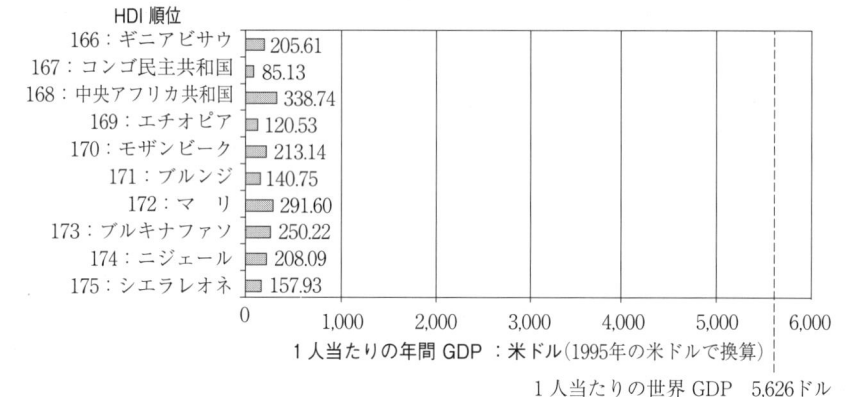

HDI 順位
- 166：ギニアビサウ　205.61
- 167：コンゴ民主共和国　85.13
- 168：中央アフリカ共和国　338.74
- 169：エチオピア　120.53
- 170：モザンビーク　213.14
- 171：ブルンジ　140.75
- 172：マリ　291.60
- 173：ブルキナファソ　250.22
- 174：ニジェール　208.09
- 175：シエラレオネ　157.93

1 人当たりの年間 GDP：米ドル(1995年の米ドルで換算)

1 人当たりの世界 GDP　5,626 ドル

出所：UNDP, 2003；World Bank World Development Indicators：www.worldbank.org/data

れるものとして環境問題を主に見ている。市場の失敗は，市場が自ら資源を効率的に分配できないという特定の事例を広く指す。負の外部性とは，市場がある経済活動に直接従事していない人々に対し，その経済活動の影響の責任をと

Box4.1　経済発展の測定法

国民総生産（GNP），国内総生産（GDP），国民総所得（GNI）

　GNPとGDPは，最も広く使われている経済成長の指標である。GNPは，どこで生産されたかに関係なく，1国のリソースにより生産されたすべての財貨・サービスの金銭的価値の総計を計るものである。GDPは1国の領域の中で生産された財貨・サービスの金銭的価値の総計を計るものである。では，その測定法の違いは何だろうか。

　もっと正確に言えば，GNPはある国に住んでいようがいまいが，その国の市民とか国民により生産された財貨・サービスの値を計るものである。アメリカにある日本の自動車工場の会計報告の例は，GDPとGNPの違いを示すのに役立つだろう。労働者の大部分がアメリカ人だとしても，アメリカのGNPはアメリカ人の労働者に生じた生産の価値の一部を含むにすぎない――つまり，従業員の賃金はGNPの一部ではあるが，利益はそうではない（それは，日本のGNPにカウントされる）。GDPに関しては，多国籍企業の収益は，収益が生まれた国にカウントされる。上の例では，工場が生産した価値のすべては，アメリカのGDPに含まれ，日本のGDPには何も含まれない。

　両方の指標とも，1国の経済活動の概要を示している。にもかかわらず，過去10年ばかりの間，ほとんどの国はGNPからGDPへと切り替えてきた。それは，1つには国連が世界における経済の計算法を標準化しようとしてきたからでもあった（国連による国民経済計算の方法はGDPを使っている）。1人当たりのGDPは，今や「発展」とか「進歩」を測る最も一般的な測定法である。というのも，GDPは1国の1人当たりの利用可能な富の額を捉えることができるからである。[*1] 国民所得の測定法としてGDPに切り替えることは，多国籍企業の収益は今や生産があった国にすべてカウントされ，多くの多国籍企業を受け入れているいくつかの国のGDPを高めたという点で，大きな変化をもたらした。

　世銀のようないくつかの機関は，GNPという用語の使用をGNI〔国民総所得〕に切り替えてきた。GNIはGNPで計られる財貨・サービスを生産した部門〔セクター〕の収益であって，従って，当然，価値ではGNPと同じである。ただ，厳密には生産よりも所得を計るものである。

人間開発指数（HDI）

　HDIは，寿命，知識，所得に関係した指標に基づき，その国の実績に従って諸国を

> 順序づけようとする，発展の測定法である。誕生時の平均余命は寿命を測るために使われる指標である。学業達成度は，知識の指標であり，成人識字率に3分の2のウェートを，そして初等，中等及びそれに続く高等教育の就学率に3分の1のウェートを置いている。所得は1人当たりの実質GDPで計られている。これは，5,000米ドルが十分な値で，そこまでの所得を計算することで測定され，5,000米ドルを超えるとその価値は指数の中では減少していく。このようにすると，1人当たりのGDPは公式の交換レートで評価されるというよりも，その真価（つまり，購買力）に合わせて修正されることになる。従って，HDIは所得だけで計るのよりも，より大きな意味で人間の状況を測るのである。GNP/GDPによる測定は未だに広く行われているが，発展の妥当な測定法として，開発論者や実務家の間で広くHDIは受け入れられている。
>
> ＊1　これに関し，トーベン・ドゥルーズ（Torben Drewes）の指摘に感謝する。

っていないという状況である。公害は負の外部性として広く知られている。汚染しないような，よりきれいな生産工程があるとしても，企業は安く使えるという理由で，あまりきれいではない方法を選ぶことが多い。従って，この状況は市場が有効に機能していないことを表している。というのも，生産コストのすべて（つまり，生産コスト＋環境汚染のコスト）が全部支払われていないからである。この事例では，健康と環境汚染を除去するコストは，それらが企業により負担されるのではなく，政府と一般大衆により負担されるために，「外部化」されるのである。

　多くの場合，負の外部性は環境コストが十分な金銭的価値を得ることがないために起こる。自由市場制度にあっては，ほとんどの新古典派経済学者は負の外部性は比較的まれなものとして見ており，負の外部性が起こる場合には，適切な規制，税，あるいは，その他経済的手段によって取り返しがきくと想定されている。新古典派経済学の自然環境に関するこういった見方は，この学問分野が，経済の草分け的な時代で，天然資源も汚染物質のシンクも無限にあると見られた19世紀に現れたことを考えれば，驚くに値しないのである。

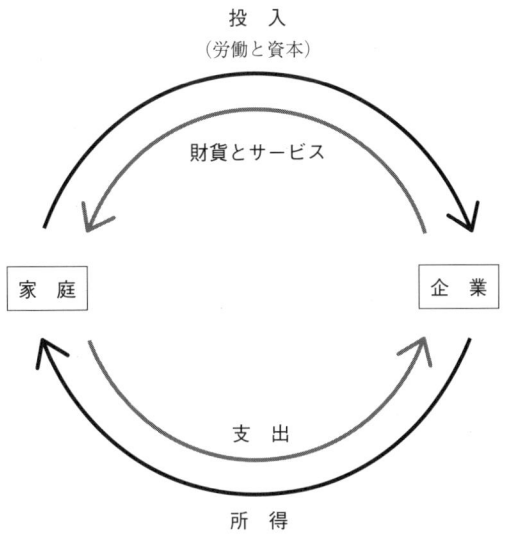

図 4.5　循環システムとしての経済

投　入
（労働と資本）

財貨とサービス

家　庭　　　　　企　業

支　出

所　得

出所：Dornbusch, Fisher and Sparks 1993, 28 から用いた。

天然資源とシンクは制約にはならない

　今日，市場自由主義者と制度主義者は，未だに新古典派経済学の基本原則を概ね受け入れている。にもかかわらず，過去30年にわたり，多くの人はその枠組みを修正し，環境汚染を深刻な問題と考え，ある種の天然資源には限りがあると受け止めてきた。このことは，環境破壊はまれに見る市場の失敗であるという新古典派の仮定を疑っているということである。従って，経済政策は，効果的な環境管理をするために，外部性，特に大気汚染や森林減少のような問題に対し責任を負わなければならない。こう考える人たちは，例えば，一般に企業は罰せられることなく，あるいはコストを全部支払うことなく，大気を汚染するということを強調する（個人，政府，及びグローバル・コモンズ〔この場合は，地球そのもの〕がそのコストを負担する場合が多い）。彼らは又，企業は普通，原生林の生態系が持つ環境的価値とか社会的価値に名ばかりの出費をすることで伐採許可を手に入れるとも指摘している（これは，地球が持つ生物多様性の多くに対

し，森林伐採がもたらす脅威にもかかわらず，何故熱帯の木材がそれほど安いのかを説明している）。

　環境経済学のサブフィールドは，1970年代に現れたが，天然資源と環境汚染に関係した市場の失敗と負の外部性に，特に取り組もうとしている。それは，市場の失敗を避けるために，天然資源とシンクにもっと正確に値段をつけ，より完全にこれらを循環（circular flow）システムへ持ち込もうとする[3]。環境経済学者は，使用料金のような経済的インセンティブだけでなく，適正な水準の税により，環境の外部性を調整しようとする。そうなると，例えば，税金は汚染を抑制するものとして汚染者から取り立てられる。ゴミ収集の料金とか保護区への出入りにかかる料金のような使用料は，環境問題に取り組むことができる歳入を国家にもたらすことができる。環境経済学は，そのような市場の失敗は持続不可能な開発の主な原因ではあっても，重要なことには，こういう失敗は正すことができると想定している。このアプローチは，環境変化と払底を説明するような，より精緻なモデルを引き起こす一因にはなってきたのだが，新古典派経済学の元々の学説の多くは残ったままである。

　広く行きわたった仮説はまだある。例えば，資源とシンクは本当に不足するようになるから，これらの価値は上昇し，それが又代わりになるものを見つけようとする創意を育てることになるだろう，というものである。これには，希少な資源に取って代わる新しい資源，省資源や省廃棄物の商品生産，あるいは税金とか市場メカニズムの利用を含めた汚染管理の新しい方法を見出すことが挙げられる。こういった見方は，（技術の向上により）既存の資源をもっと有効に使うような，さらには環境政策を通じて既存の資源を効率的に管理するような，あるいは経済成長を駆り立てるために「新しい」資源を見つけるような人間の能力に，なお大きな信頼を置いているのである。経済学者のジュリアン・サイモン（Julian Simon）は，資源がなくなるという生物環境主義者の見解に疑問を呈し，「どんな経済的意味においても，天然資源の供給には限界などない。それが，天然資源のコストがいつまでも下がり続けることができる1つの理由である」と主張した。サイモンにしてみれば，現在と将来の知識をもってすれば，「我々と我々の子孫は，商品や我々の所得全体に比べると，ずっと低価格で我々

が望む原材料のすべてを使えるように自然界を操作することができる[4]。」

ということは，天然資源が枯渇し，廃棄物吸収シンクが一杯になると，市場自由主義者と制度主義者に環境と経済の問題がいくつか提起されるようになるだろう。しかしながら，彼らの立場からすると，創意工夫や適切な政策と制度を使えば，そういう問題は経済成長と富の蓄積への大きな制約とはならないはずなのである。市場自由主義者は，不足を解決するのに個人と企業は追いつくと信じている。制度主義者は，政府と機関が努力してそのような創意工夫を育成することが必要だと強調している。しかしながら，その言っている意味は両者とも同じである。つまり，成長に基づく発展モデルを放棄する必要などさらさらない，ということである。成長は地球環境のためだけでなく，人類のためにも，いつまでも続けて行くことができるし，そうしなければならないのである。成長はより効率的に，そしてあまり汚染しないようになされることが正に必要なのである。資源とシンクに正しく値をつければ，これは間違いなくできる。

成長すると環境はもっときれいになる：環境クズネッツ曲線

では，着実に経済成長すれば，いずれはもっときれいになるということをどうやって保証するのだろうか。市場自由主義者と制度主義者は，それは環境クズネッツ曲線（又は EKC, さらに逆U字曲線としても知られている）を使えば一番よく分かると言う[5]。この EKC は，時に経済成長は短期的には環境を傷つけるだろうということを示している。これが起こるのは，非効率，不適切な政策，不十分な資金，国家の能力の低さ，政治的及び社会的意思の低さのせいである。しかしながら，（一旦，1人当たりの所得が十分高いレベルに到達したら）こういった成長は長期的には環境を良くするだろう。

経済学者のジーン・グロスマン（Gene Grossman）とアラン・クルーガー（Alan Krueger），及び1990年代初頭の世銀による，汚染のひどさと1人当たりの所得の関係についての研究は，環境クズネッツ曲線に対し非常に大きな関心を呼び起こした[6]。この研究は，ある国が発展し工業化すると，特定の汚染物質——例えば，硫黄酸化物，浮遊粒子（スモッグ），鉛——の排出が GNP の成長と共に増

図 4.6　環境クズネッツ曲線

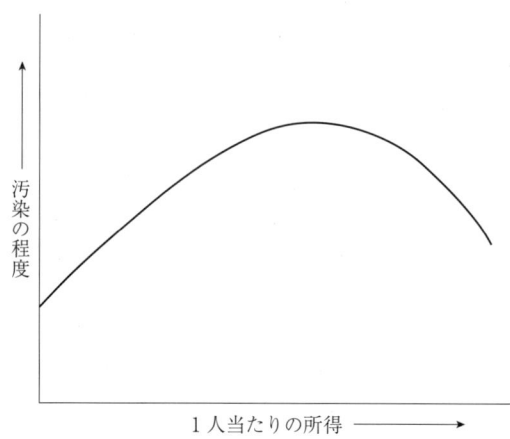

（縦軸：汚染の程度　横軸：1人当たりの所得）

える。つまり，成長と汚染は結びついている。汚染は，汚染の抑制を顧みずに，工業化，成長，及び所得形成を強調することから主に起こる。しかしながら，1人当たりの所得が十分高くなると（過去においては，5,000米ドルと8,000米ドルの間），その結びつきは，経済的変化，社会的圧力，及び国家の能力が合わさって環境基準を上げるので，切り離されることになる。この時点で，こういう汚染物質の排出は下がり始める（EKCをたとえた例は，**図 4.6**参照）。

　この関係の典型的な例は，日本である。第 2 次大戦後，日本では経済が急上昇し，経済成長率は1950年から55年までは10.9％，1955年から60年までは8.7％，1960年から65年までは9.7％，そして1965年から70年までは12.2％であった[7]。このような急成長は，1960年代までに日本をひどく汚染させることになった[8]。水俣市における有名な水銀中毒の例は，この恐ろしい状況を物語っている。1950年代と60年代に，水俣と水俣近郊にいた多くの人は，不可解な神経病にかかった。その原因は，科学者がついに見つけたのだが，メチル水銀化合物にさらされたことであって，それは水俣の川上でチッソの工場が工場廃液の中に捨てたものだった。水銀は食物連鎖に組み込まれ，最後に人が海産物を摂取するに至った。水俣病を巡る大衆の叫びは，産業の急成長がもたらした環境破壊に対し，1960年代と70年代に日本の市民の抗議を引き起こした。

第4章　富と貧困の世界での経済成長

比較的短期間に政府と企業は協力して，環境政策と環境倫理を向上させた。1970年代末までに，日本の環境規制は世界で最も厳しいもののうちに入るようになり，それまでに環境はずっときれいになった。今日，日本の人口密度と小さな国土を考えると，日本は世界で最も管理された環境のうちの1つであると言ってよい。

　経済成長と環境の質の向上との間の長期的な相関関係に関する研究のほとんどは，汚染物質に集中してきた。加えて，EKCは特定の天然資源について当てはまることを発見した研究もいくつか出てきた——アジア，ラテンアメリカ，アフリカにおける森林減少と国民所得の調査のように。世銀も，いろいろな国の実態を見ると，所得が上昇するとまずまずの公衆衛生と安全な水の供給を受けていない都市の住民の割合は下がると結論づけた。世銀は，いくつかの指標に関しては——例えば，都市のゴミと二酸化炭素の排出——，所得の上昇と共に問題も持ち上がるということを付け加えて，上の調査結果に条件は付けている。しかしながら，こういう但書きが，成長は全体の環境にとっては良いことなのだ，という市場自由主義者と多くの制度主義者の間にある信念を少しも揺るがせることはなかった。

　何故汚染レベルや他の様々な環境問題は，所得が上昇すると減少し始めるのだろうか。直感的には，生産と消費は所得と共に上昇するのだから，汚染レベルも上昇するはずだと思うかもしれない。しかし，大きな対抗する力が，成長と環境の質との間の逆U字の関係を引き起こす。経済が成長し，人々がより豊かになると，経済の中で構造変化が起こりうる——例えば，サービスや情報に依拠した産業への転換であって，こういう産業は省資源的で，汚染も少ない。同時に，富が教育，通信技術，より高い期待をもたらすので，環境問題に対する社会的関心（特に，健康問題）が高まる傾向にある。人々は環境を保護するために，政府による規制の強化を求め，こういう規制が実現されるのを期して税金を払う心構えができる。市場と政府は，汚染を抑える技術を開発するように企業を後押しし，従って，排出を減らす。さらに，可処分所得が増えると，「グリーンな〔環境に配慮した〕」製品を求める消費者の需要は拡大する。

　しかしながら，EKC仮説を支持するほとんどの市場自由主義者と制度主義

者は，諸国は環境政策なしで闇雲に経済成長を追求し，それができて初めてきれいにすればよいと主張しているのではない。EKC は，長期的な環境管理に関し，単に経済成長の意義を指摘しているにすぎない。成長は国家の発展の軌跡に沿ってある時点で問題を作り出すことがあるが，特に環境への施策が早くから取られるならば，成長自体が必ず問題を作り出すという訳ではない。[13] この関係に気づいた政策決定者なら，頑張って EKC に「トンネルを掘ろう」とし，環境に対して必要以上に損害を加えることなく，高いレベルの成長に達することができる。[14] だから，後の段階での経済成長は，さらにきれいな環境を維持することができる。市場自由主義者は又，その曲線の頂点の高さを下げるために，環境効率を高めるような市場重視の手段，とりわけ財産権を明らかにし，市場の歪みを小さくすることを提唱する（これについては，後述する）。制度主義者は，発展途上国が経済成長による環境への影響を下げられるように，必要な技術を入手しやすくするような国際協力の必要性にずっと多く焦点を当てている。そういう手段があるからこそ，成長は有益な力になれる。また一方で，市場自由主義者，制度主義者の両者とも，成長が遅いことや成長がないことは，環境にかなりの損害を与えかねない——おそらくは，急速な成長よりももっと損害を与えるだろうと主張する。

遅い成長と成長の欠如

　市場自由主義者と制度主義者によれば，成長が遅ければ，将来環境が良くなることを見込めない——同程度か，あるいは場合によっては，ますます勢いがなくなる経済成長と環境崩壊を繰り返すことになる。豊かな国では，成長が遅ければ，よりきれいな技術に対する政府と企業の投資を制限してしまう。これは発展途上国にとっては，さらに大きな問題である。というのは，成長が遅いことは，環境の向上が自然に起こるような EKC の決定的な点を発展途上国が越えられないままにしてしまうからである（従って，貧困を減らそうとすることが，環境に対する支出よりも優先しがちになる）。

　成長が遅いことは，貧困と環境悪化の悪循環を強め，それが多くの場合発展途上国における持続可能性を達成するのに最も深刻な障害になっている。[15] 特に

市場自由主義者は，貧困による環境への影響に焦点を当てる。制度主義者は，人口増加が貧困と環境悪化にいかに影響しあっているかをより強調している（そして，家族計画を支えるために制度が向上することを要求している）。貧困，人口増加，環境悪化の間の関係は，抜け出すことの難しい，自己増強する下向きの螺旋を作り出してしまう。

　この悪循環についての両者の見解では，貧しい者は環境悪化の被害者だけでなく，環境悪化をもたらす加害者としても見られている。貧しい者は，食と住のために，多くの場合土地を酷使し，身の回りの資源を使いすぎる以外に手はない。彼らは，こういったことが自分たちの長期的な利益にならないとしても，一時の必要を満たすためにそうせざるを得ない。従って，貧しい者は短期的な視野での決定を余儀なくされる。将来の世代のために，彼らが天然資源を保存するのをどうやったら期待できるというのだろうか。[16]

　発展途上国における田舎や農村を分析する場合，市場自由主義者と制度主義者は貧困と環境悪化を結びつけるのが普通である。国連開発計画(UNDP)は「世界の最も貧しい人々の少なくとも5億人は，環境的にぎりぎりの地域で生活し」，そして，発展途上国の多くの人々は環境的にもろい土地を耕作していると見ている。[17] 大抵は，貧しい者は耕作に不向きな土地を耕す以外にほとんど方法がなく，それが土壌浸食，土地荒廃，森林伐採をもたらす。こういう地域における人口増加は，休閑期間も短くし，土壌劣化と森林減少のペースを速めている。[18] 農家の子供たちは，さらに小さく分けられた土地で収穫を増やそうとして苦労することが多い。時には，有力なエリート（おそらくは植民者の子孫）が最も肥沃な土地を支配することから，状況はさらに悪くなる。時には，入植者が人口過密の地域を去って「人の住んでいない」土地（普通は，少数の先住民が実際にそういう地域に住んでいる）を占領するので，事態は悪化する。そういう悲惨な国内移民を奨励さえしてきた政府もあった。例えば，スハルト元大統領（1965/7年－1998年）の下でのインドネシアは，人口過密のジャワ島からいくつかの離島（カリマンタンのような）へ，貧しい住民を移す「移住計画」なるものを実施した。こういう人々のほとんどは，これら環境的にもろい離島を耕作する知識を持っていなかった。多くの農業用地は十分な収穫を上げることができなかった。こ

ういう農業用地は又，その土地の森林の生態系が持つ自然のバランスを狂わし，ピートモス〔泥炭ごけ〕の広大な土地を露出させ，カラカラに乾かすだけでなく，土壌侵食をもたらす。大火事がこういう地域をなめつくしてきた（スハルト一族とその取り巻きに結びついた企業によって森林が伐採され，傷められたこともあって，大火事を煽った）。これまでで最悪だったのは，1997～98年のもので，土地を安上がりに切り開くために農園を営む会社がつけた火は，制しきれないまま焼きつくし，500万～1000万ヘクタールの土地（100万ヘクタールの泥炭を含む）を焦土にした。泥炭の火事だけでも，1億5,000万トンの炭素を大気中に放出した。[19]当時，国連環境計画（UNEP）の事務局長だったクラウス・テプファー（klaus Töpfer）は，このような火事を「今世紀最後の10年間で，最悪の環境破壊の1つ」と表現した。[20]

従って，市場自由主義者と制度主義者は，貧しい人は環境問題を引き起こす危険な勢力だと指摘する。しかしながら，両者は，貧しい人はその影響を避ける手段がないことから，環境悪化に最も苦しむということも認識している。貧しい人は，汚い水やお粗末な衛生設備に，よりさらされやすい。彼らは，都市の中心部の汚染の発生源に一番近いところに住むことが多い。そして，彼らは木とか木炭のような種類の燃料に頼っていて，それが彼らの家の中の空気を悪くする。生産性が下がることから，こういったことすべてが貧しい者をさらに貧しくさせるという形で戻ってくる——それが又，貧しい者による環境への破壊的影響をさらに速めるということになる。図4.7で表されているように，[21]こうして貧困と環境悪化はお互いに補強し合っている。アフリカの経済調整に関する以下の世銀の報告は，こういった貧困－人口－環境の分析をしている。

　貧しい人々は，環境破壊の被害者であり，加害者でもある。貧しい人々——特に貧しい女性——は，より環境的にもろい資源しか利用できない傾向にあるので，土壌劣化や樹木で覆われた地の喪失のせいで，生産性がひどく落ちる目に会うことが多い。さらに，彼らが貧しいために，自分たちが利用できる資源から引き出せるもの以外に，ほとんど資源を持っていないこともある。貧しい家庭の高い出生率は，資源基盤をさらに損なう。[22]

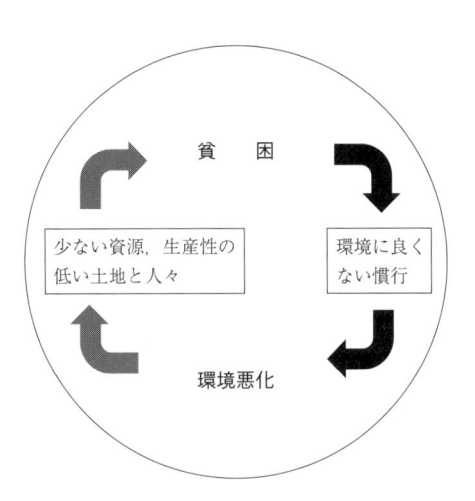

図4.7 貧困と環境悪化の悪循環

貧困 → 環境に良くない慣行 → 環境悪化 → 少ない資源，生産性の低い土地と人々 → 貧困

　市場自由主義者と制度主義者は，貧困－環境の悪循環は多くの理由から起こる主張する。市場自由主義者は，経済成長が足りないのと財産権が曖昧であることが貧困の主な原因だとして焦点を当てるが，一方，制度主義者は政府によるサービスが乏しいことを強調しがちである。経済成長が乏しいのは，世界市場に自国が十分統合されていないことでも起こる。曖昧な財産権は，とりわけ共同で保有する財産についての合意（共有形態，つまりCPR）が壊れて混乱に陥り，自由に利用できるようになると，貧しい者が地元の資源を利用しすぎてしまう強い動機を作り出す。曖昧な財産権は又，貧しい者に土地所有権をないままにさせ，従って，必要な時に融資を得づらくさせてしまう。特に女性は，多くの貧しい国で財産権がしっかりしていないことから，融資制度から締め出されることが多い。教育のように，十分とは言えない行政サービスも又，貧しい人々の間で平等に分配されている訳でなく，大抵，女性は平等に与えられることはない——これは，持続不可能な資源利用を長引かせている状況である。[23]「女性の発展」を促進させる多国間及び2国間援助計画は，今や当たり前となっている。こういう計画の根本的な目的は，一般に，持続可能な開発を促進することである。

市場自由主義者，制度主義者の両者とも，貧困と環境悪化の悪循環を止めるには，貧困を軽減することが必要だと強調する。市場自由主義者にしてみれば，それには貧しい国が世界市場に統合されることが必要である——つまり，諸国は貿易を自由化し，「管理されすぎた」産業を規制緩和し，多国籍企業に対して投資環境を改善させる必要がある。こういう方策を実施するために，政府は汚職や愚行をやめるだけでなく，グローバル・スタンダード（私有財産，関税，銀行業務，課税，環境規制など）を受け入れなければならない。そうやって初めて，こういう国は貧困レベルを引き下げ，より良い環境を持つ未来へと向かうことができる。制度主義者はこの見解にある程度同意するが，しかしながら，彼らは世界経済への統合を成し遂げるために，地方政府と中央政府の能力を高める必要性をより強調している。制度主義者は，女性に対する融資をしやすくしたり，より実効性のある家族計画を利用できるような，人口とジェンダーについての対策にも，もっと焦点を当てている。

市場の歪み，非効率，弱い制度

　特に市場主義者は，市場の歪みを自然環境に対する深刻な問題として見ている。市場の歪みは，最適ではない社会的影響あるいは環境への影響を引き起こすような自由市場の誤った状態である。こういう歪みは，資源とシンクの効率的でない利用を引き起こし，社会にも環境にも両方良くない結果をもたらす。

　特定部門における経済成長を促進させるための，あるいは経済を多様化させるための政府の補助金は，市場の歪みの最も一般的な例の1つである。政府が投資を奨励し，自国の国際競争力を向上させる方法として，特定の部門に資金援助をすることもある（支出，減税などの形をとって）[24]。例えば，多くの先進国は，資源を引き出す権利に対し多くの人が市場価格以下だとみなすものを課すことで，鉱業部門や伐採搬出部門に補助金を出している。アメリカとEU諸国も，食糧生産や食糧輸出を奨励するために，直接支払いや低金利の融資のように農業分野に補助金を与えるための様々な支援手段を使っている。発展途上国も特定の部門によく補助金を出す。最も一般的なのは，ごく少数の加工されていない天然資源の輸出（バナナ，金，木材のような）にひどく依存している経済から離

れ，輸出する前に自国の企業がこういう天然資源を加工する経済（これは経済価値をつけ，さらに職を生み出す）へと向かう戦略としてやっている。エネルギーへの補助金も，この種の産業化を促進する手段として発展途上国では一般的である。

　市場自由主義者は，そういう補助金の最終的な目的が適切で理に適っているように見えたとしても，それは地元の資源を濫用し，地元の生態系を汚染するような，無駄が多く，効率の悪い国内産業を結局のところ助けてしまうことになると主張する。木材，鉱物，石油，あるいは農薬の，人為的に低く抑えられた価格は，濫用と浪費を助長し，環境悪化と非効率的な市場をもたらす。補助金も又，環境技術を高める動機を失わせることがある。このことは，例えば，もっと燃料効率の良い技術を使おうとする動機を弱めてしまうような，燃料への補助金にはよくあることである。市場自由主義者はこの点を指摘することが極めて多いが，生物環境主義者，ソーシャル・グリーン主義者，及び制度主義者も皆，政府は環境に悪い影響を持つ補助金はなくすべきだということに合意する傾向にある。市場自由主義者は，非効率的という理由でほとんどの種類の補助金に反対しているが，市場自由主義者以外は，手段としての補助金にはもっと寛容である——例えば，よりきれいな生産を奨励するとか，その他の目標を達成するためには。

　市場自由主義者と制度主義者の両者とも，非効率的な生産及び消費による環境への障害を取り除くために，持続可能な消費という概念を広め始めてきた。こういった概念は，生産のソフト化と消費の最適化の両方を実体化させようとして，たびたび編み出される。これを「エコ・エフィシエンシー（ecoefficiency）[25]」とか「クリーナー・プロダクション（cleaner production）」と言う人もいる。これらは，より高いレベルの生産と消費を自然環境への悪影響から切り離すことを含んだ概念である。この考え方は，こういったことをすれば，環境に良いだけでなく，より効率的で，従って，企業の収益性も上げることになるというものである。利益を追求することが，環境をより有効に利用することになるのだから，この点でビジネスは環境保護のリーダーとして見られる。持続可能な消費という概念は勢いを得つつあるように思われる。例えば，

OECDは今や持続可能な消費についての研究計画を持つまでになっている[26]。

では，どうやったら地球社会は持続可能な消費を達成できるのだろうか。市場自由主義者は，理に適った税金，分かりやすく公平な使用料，そして排出権取引のように，よりきれいな技術を奨励する市場重視の手段を主張する。さらに，古くて汚い技術を個人や企業が使うのを奨励するような補助金をなくす必要が政府にはある。そういった変化が起こるなら，自由市場こそグローバル企業によってグリーンな技術を発展させ，普及させるのに一番良い方法だと市場自由主義者は主張する。

制度主義者は，国際協力の拡大こそ——例えば，妥当な環境法の世界標準化，環境に関する認証プログラム，政府支援，及び地球環境レジーム——，クリーナー・プロダクションと持続可能な消費の普及を助けるのに必要であると主張する。地球社会は自覚を高める必要があり，そうなればもっと沢山の個人がもっとグリーンな〔環境に配慮した〕製品を要求し始めるようになる。UNEPのような国際機関なら，そういう持続可能な消費の促進を支援できる。同様に，国際協定も特定の工業製品の使用を減少させ，さらに天然資源の投入による影響を引き下げるのに役立てる。政府は，グリーン技術の研究，開発，普及のための財政援助をすることができる。最後に，グリーン援助は発展途上国によりきれいな技術の移転を促進することができる[27]。

◆ 批判：生物環境主義者とソーシャル・グリーン主義者

生物環境主義者とソーシャル・グリーン主義者は，主流の新古典派経済学に対し極めて批判的で，人間の幸福を測る尺度として「経済成長」とGNP/GDPを強調することには，特に批判的である。実際のところ，成長はより良い環境を生み出すものではなく，どんな所得レベルにあっても環境悪化の原因である。エコロジー経済学者として知られる研究者は，最も説得力のある批判をいくつか展開してきた。こういう議論の多くは，1960年代末と1970年代初頭に出現し始め，グローバル・ポリティカルエコノミーによる環境への影響についてのもっと広いグローバルな問いかけの一部だった（第3章参照）。エコロジー経済

第4章 富と貧困の世界での経済成長

学者は，生物環境主義者又はソーシャル・グリーン主義者のどちらかのカテゴリーに入ることが多いが，新古典派の経済モデルの仮定と原理の多くを受け入れず，別のモデルを提示する。エコロジー経済学は，違う仮定に基づいているので，前に述べた「環境経済学」とは非常に異なっている。というのは，環境経済学は，多かれ少なかれ，新古典派経済学の枠組みの中へ環境問題を組み込むからである。エコロジー経済学のおそらく最も重要な仮定は，環境はマクロ経済のサブシステムというのではなく，むしろ経済こそが自然環境とか生態系のサブシステムになっている，ということである（図4.8参照）。

このように経済-環境の関係を枠づけることは，エコロジー経済学者が地球環境の変化の原因とそれへの解決策を如何に分析するかについて，重大な意味を持っている。このモデルは，経済成長には生物学的「限界」があることを強調している——つまり，地球というのは1つの限りある供給源であるという見方である。あとどれくらいで，我々はこういう限界に到達するのだろうか。何人かのエコロジー経済学者によれば，我々はすでにその限界を超えている。別のエコロジー経済学によれば，我々はその日に急速に近づいている。そこで，もっと念入りにこれらの議論を調べてみることにする。

発展の尺度としてのGDP/GNPにまつわる問題

ソーシャル・グリーン主義者，生物環境主義者の両者とも，GNPとGDPは概して発展及び人間の状況を測るにはお粗末なものであると主張する。GNPとGDPは，市場に出回るものしか計算できない——つまり，お金のやり取りを必要とする財貨やサービスである。しかしながら，生活の質を高める労働の多くは，市場に出回るものではない。従って，それはGNPやGDPの数字で数えられるものではない。これには，例えば，家事や子供の世話のような家庭でなされる労働，そして地域社会のボランティア活動が含まれる。特にソーシャル・グリーン主義者は，こういった労働の多くは女性によってなされ，GNPやGDPの数字は女性の労働をひどく過小評価していると強調する[28]。国家の富を計る方法も又，世界のいくつかの地域では自耕自給農業が食糧の主たる供給源であるにもかかわらず，これを過小評価している。こういった批判に結びつい

図 4.8 生態系のサブシステムとしての経済

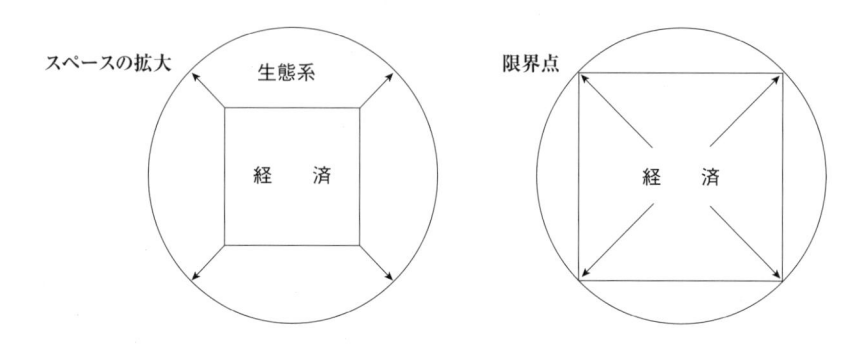

スペースの拡大　　生態系　　　　限界点

経済　　　　　　　　　　経済

　生態系のサブシステムとして見た場合,経済成長は,最終的に,資源とシンクに関し地球の持つ自然の限界に出くわす。
　出所：Daly 1996, 49 より用いた。

ているのは,水とかきれいな空気が湧き出る源泉のように,環境に関する財とサービスを市場はしょっちゅう無視したり,不当に安い値段を付けたりしているということである。こういうものは,GNP/GDPの計算に正確な価格で入っていないし,あるいは全く入っていない。[29]

　それと同時に,GNPやGDPは産業公害や資源採掘のように,人が生きる中で「悪い」と我々が考えるようなものまで計算に入れている。GNPやGDPから,そういうコストを差し引くべきだと主張する人もいる。[30]同じように,こういう尺度は,環境破壊(例えば,エクソンのバルディーズ号原油流出事故)とか,テロリストによる攻撃(例えば,2001年9月11日の世界貿易センタービルへの襲撃)の後片付けのように,人間の大惨事を扱うサービスへの支出を,単にこういう行為が市場を通過することから,計算に入れている。[31]GNPも,自然環境や人権状況のような,量を量りづらい物についてはほとんど何も語らない。さらに,GNPは所得の分配についても多くを語らない。主流派の経済学者のほとんどは,GNPは人間の幸福を測るには簡略化しすぎで,およそ完璧ではない尺度であると認めてはいるのだが,にもかかわらず,それを使い続けている。[32]

UNDP の人間開発指数 (HDI) は，教育と健康の指標を含めることで，こういう批判のいくつかに取り組もうとしているが，主な HDI 指数は環境の質を含めておらず，さらに未だに経済成長を主な構成要素としていることから，多くのソーシャル・グリーン主義者と生物環境主義者は，開発を測るには適当ではないと見ている。彼らは，経済や社会の測定と同じくらいの熱意をもって，エコロジー測定における様々な変化に政府が反応してほしいと思っている。しかし，環境についての政策決定には，今日，それに匹敵するような尺度がない。多くの学者や研究所は過去 10 年間くらい，エコロジー指標をいくつか提案してきたが，今までのところ，政策決定者の間では，どれも大して広まっていない（第 8 章でこれらの指標をより詳細に検討する）。

限りある天然資源とシンク

我々は先に，新古典派の経済学者は経済を生態系の一部ではなく，むしろ経済の一部として生態系を見ていると述べた。世界をこのように見ているので，彼らは資源を経済的な意味において，必ずしも有限であるとは見ておらず，天然資源の価格は実質で着実に下がっているということにより，一層強化された立場をとっている（**Box4.2** は，地球の天然資源の不足と価格を巡るジュリアン・サイモン（Julian Simon）とポール・エーリック（Paul Ehrlich）との間での，今やよく知られた賭けについて短くまとめてある）。経済と生態系との間のつながりを示すために熱力学の法則（特に，「エントロピーの法則」）を使ってきたエコロジー経済学者も含めて，上記のような仮説は多くの観点から問題にされてきた（**Box4.3** と図 **4.9** 参照）。

このような論者は，その多くは生物環境主義者の見解を一心に支持するが，市場自由主義者により鼓舞された永遠の成長という考えは，際限のない成長など物理的に不可能なのだから間違っている，ということを示すために熱力学の法則を使う。経済学を自然科学に結びつけることで，こういう論者たちは，経済過程を見る全く新しい方法を切り開いてきた。彼らによれば，経済は消費財の生産を刺激するのに，さらに消費財に伴う廃棄物を吸収するのに利用できるエネルギーと物質によって物理的に拘束される。言い換えれば，不足には物理

Box4.2　サイモン - エーリックの賭け

　1980年に，経済学者のジュリアン・サイモンと生態学者のポール・エーリックは天然資源価格の動向について，10年の賭けをした。エーリックは，クロム，銅，ニッケル，すず，タングステンの5つの金属1,000米ドル相当（それぞれ200米ドル）を選んだ。賭けは単純なものだった。インフレ調整後，1990年にこれら金属の市場価格が1,000米ドル以上なら，エーリックが勝つ（そうなれば，不足がますます募るということを示すから）。もし総額が1,000ドル以下なら，サイモンが勝つ。というのは，こうなれば，新しい代替物質と技術が低価格を維持するので，資源が経済的に無限であることを確認することになるという訳である。賭けに負けた者は，勝った者に1990年のインフレ調整後の価格で，その差額全部を支払わなければならなかった。エーリックは，初めのうち自信に満ちているように見えた。「サイモンは，鉱物資源の経済に関して間違っている。……鉱物資源価格についての長く予測されていた谷のような形が，今現れはじめた。……私と同僚のジョン・P・ホールデン……そしてジョン・ハート（バークレーの物理学者）は，欲深い連中が入ってくる前に，サイモンの驚くべき申し出をそろって受け入れた。[*1]」

　しかしながら，サイモンはもっと目先のきく相場師だということが分かった。1990年までに，5つすべての金属の市場価格は（実質で）1980年のレベルよりも下がっていた。ニッケルと銅の価格は，それぞれわずかに193米ドルと163米ドルにまで下がったが，クロムは120米ドル，タングステンは86米ドル，すずは56米ドルへと下落した。エーリックと彼の仲間は，サイモンに総額576.07米ドルを支払った。記者のジョン・ティアニーはエーリックに「ここから将来について学ぶことはあるか」と聞いた。

　「全くない」とエーリックは答えた。「私は，未だにこれら金属の価格は結局は上がると考えているが，それが重要なのではない。私の一番の心配の元は，人間による影響に対して，地球自体を守るための地球の能力が衰えていることなのだ。話題になってきた新しい問題，オゾンホール，酸性雨，地球温暖化……を見てみたらいい。もし，我々が気候変動をこうむり，生態系を悪化するにまかせるならば，我々は厖大な人口減少を喫することになるかもしれない。」

　ティアニーがエーリックの反応をサイモンに伝えた時，サイモンはすぐに言い返した。「じゃあ，エーリックは人口減少について言ってるんだね。こりゃ～，なおさら儲けられそうだな。そうならないことに賭けるよ。[*2]」

*1　Ehrlich 1981, 46.
*2　Tierney 1990, Simon 1996 ; Ehrlich and Ehrlich 1996 も参照。

的根拠があるのであって，それは経済的なものに限らないということである。[33] 彼らは，明らかに現実に存在する自然界の物理的限界を認識せず，その限界の中で生きることを学ばなければ，我々は地球の生態的限界を踏み越えてしまうだろうと主張する。すでに我々はこういう限界を超えていると心配する人も中にはいる。[34]

　グローバル・ポリティカルエコノミーが，こういう限界を明らかにすることができないことから，資源が「持続できない」やり方で使われている正にその時に，シグナルを送ることができないのである。従って，この章の最初の所で議論したサイモンの主張とは正反対に，エコロジー経済学者から見れば，価格は資源の有用性を決めるには良いものではない。彼らにしてみれば，グローバル・ポリティカルエコノミーの中では，新しい資源を発見しても，この固有の欠陥を解決するものではない。それがしているのは，ある限られた資源の使用を他のもので置き換えているだけなのである。天然資源の地球上のストックは，やはり限りあるものであって，太陽エネルギーと再生可能な資源のフローもいつだって限りがある。そういう限界は，市場の失敗はほとんどの経済学者が認める以上にずっと大きな問題である，ということを暗示している——つまり，環境汚染と資源枯渇をもたらす負の外部性は，経済成長に内在しているのであって，わずかばかりの市場志向のメカニズムが調整できるような，ごく稀に起こる出来事というのではないのである。[35]

　市場自由主義者と制度主義者は，こういう見解と直に論争するのに十分時間を割いてこなかった。経済成長の物理的限界という認識を普及させることに専念しているエコロジー経済学者のハーマン・デイリー（Herman Daly）は，1980年代末から1990年代半ばにかけて，世銀の環境局の上級エコノミストとして働いた。彼が在職中に，世銀は環境問題にずっと多く焦点を当てたが（第7章参照），デイリーは結局世銀を去った。多くの人は，彼が世銀を去ったのは世銀

図 4.9　エントロピーの砂時計

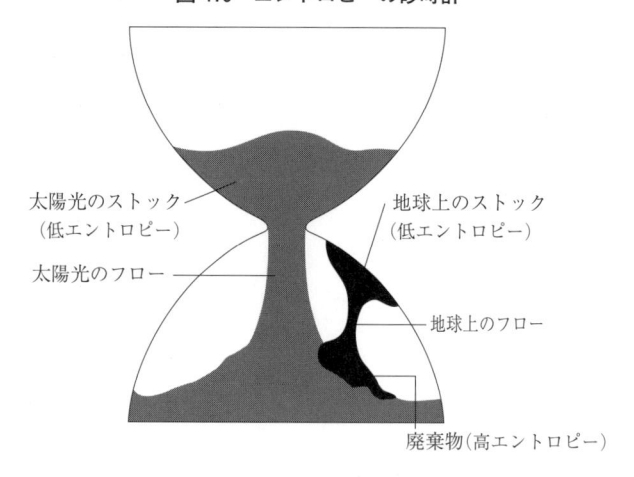

太陽光のストック
（低エントロピー）

太陽光のフロー

地球上のストック
（低エントロピー）

地球上のフロー

廃棄物（高エントロピー）

出所：ジョージェスク－レーゲン，Daly 1996, 29 の中で描かれているもの。

が彼の考えを本気で受け取らなかったのも一部あったのではないかと思った[36]。

環境クズネッツ曲線に対する批判

　生物環境主義者もソーシャル・グリーン主義者も，EKC により表されるような，成長すれば結局は環境をよくするという考えに極めて批判的である。こう考える人の多くは，EKC を確認するのに使われた方法論に関して疑問を呈してきた[37]。こういう人たちは又，環境の質の一般的指標として，成長と汚染レベルの間にできた関係はあまりにも単純化したもので，従って，政策を導くために EKC に頼るのは適当ではないと主張している。

　具体的な批判は多くある。第1に，環境クズネッツ曲線の研究は，限られた範囲の汚染物質と資源にしか適用されない。これは，例えば，経済成長とともに増え続ける二酸化炭素の排出には当てはまらない[38]。さらに，所得が上昇すれば特定の汚染物資の排出は下がるということを単にもくろんだとしても，十分とは言えない。同じ経済の中で，他の汚染物質の排出が増えることが，こうした減少を単に説明しているのかもしれない，というのは全くありうることであ

Box4.3 エントロピーとエコロジー経済学

　エコロジー経済学の先駆者であるニコラス・ジョージェスク‐レーゲン（Nicholas Georgescu-Roegen）が，初めて経済学の分野にエントロピーとの関連性を説いた。エントロピーとは孤立系の中で使えるエネルギー，又は物質の量である。高エントロピーはエネルギー又は物質があまり用をなさないことであり，低エントロピーはエネルギーや物質が役に立って仕事ができることをいう。エントロピーの法則としても知られている熱力学の第2法則は，使えるエネルギーと物質の量は，仕事がなされると孤立系の中では減っていくということを言っている。つまり，エネルギーや物質があるものを作り出すために変形する時，そのエントロピーは増加し，有用性は減少する。

　地球はいくつかの形態の低エントロピーエネルギーを我々に提供している——つまり，仕事をするために人間が簡単に使えるエネルギーである。エコロジー経済学者は，地球を閉じた系として見ており（つまり，エネルギーはその中を流れ，物質はその中で循環する），現在の世界経済の働きは熱力学の第2法則の意味を無視していると主張する。経済学をこのように見れば，自然は地球に低エントロピーエネルギーのフロー（太陽エネルギーの形をとって）と低エントロピーの再生できないエネルギーの一定のストック（例えば，化石燃料のような地球の資源からなるもの）を提供していることになる。現代経済は低エントロピーエネルギーの地球のストックを使い尽くす傾向にある。我々が物を作るためにこの天然資源を基にしたエネルギーを使う時，あるいは燃料としてそれを燃やす時——「スループット」と呼ばれているが——，大気中に放出される二酸化炭素のように，有用性の減った高エントロピーエネルギーを持つことになる。

　ハーマン・デイリー（Herman Daly）のようなエコロジー経済学者は，ジョージェスク‐レーゲンに従って，我々が現代経済の機能を維持するために，低エントロピーエネルギーを使い切れば使い切るほど，ますます我々には高エントロピーの使えないエネルギーが残されることになる，と論じる。太陽は従来どおり，低エントロピーエネルギーの一定のフローを提供し，予見できる将来にわたって，これを提供するだろう。人間は，地球にある低エントロピーエネルギーのストック使用の流量をもっと抑制しなければならない。デイリーは，我々はあまりにも急速に低エントロピーエネルギーの，地球に存在するこういうストックを使っていて，一旦これらが尽きると，手に入る太陽エネルギーのフローで運営しようとしても，経済を再編成するのは極めて難しいだろうと主張する。彼は，同じような論法を使って，次の

ように主張する。つまり、我々は地球にある低エントロピー物質のストック（鉱物のように再生不可能な資源）と低エントロピー物質（木材のような、太陽に依存して補充する、再生可能な資源）のフローを、地球がそれらを復元できる能力と一致しないスピードで使っているのだと。言い換えれば、今の経済には物理的な「スループット」が多すぎるのである。エントロピーが意味するものは、図4.9のように、エントロピーの砂時計で示される。

* 1　Georgescu-Roegen 1971.
* 2　Georgescu-Roegen 1993 ; Costanza et al. 1997, 56-59.
* 3　Daly 1996, 29-30, 193-98.

る。例えば、二酸化硫黄の排出は石炭を燃料とする火力発電所を取り替えることで減るかもしれないが、原子力発電所からの核廃棄物のように、別の種類の排出は増えるかもしれない。核廃棄物の場合のように、もし今の人がそういう排出による環境コストを負わないとしたら、所得が上がればこういう汚染物質の排出は減るだろうというのは期待しにくい[39]。

同じように、ある国で特定の汚染物質が減ることはあるかもしれない。というのも、こういう汚染物質が他の国へ、大抵は貧しい国へと移されてきたからである。例えば、日本は国内の環境を向上させようとしたこともあって、アジアと太平洋の発展途上国に汚染する産業を移転してきた[40]。EKCに関する初めのデータのほとんどは、OECD諸国からのものであった。世界中を眺めてみれば、所得と環境の質との関係に何が起こるかは、明らかではないのである。しかしながら、環境に害をもたらすある種の生産が豊かな国で減ると、それは貧しい国で増える傾向にある、ということは分かっている[41]。EKCを批判する人は、経済がグローバル化すると貧しい国に汚染がさらに移転しやすくなると主張する[42]。移転を引き起こすというのが極めて重要なのである。いくつかの豊かな国で汚染の程度が下がったとしても、地球の汚染の度合いは、上がり続けるかもしれないのである[43]。

さらにまたEKCを批判する者は、環境悪化からのフィードバックをEKCは無視しているとも言う。つまり、EKCは、環境悪化は将来の成長を妨げるも

のではないと想定しているのである[44]。にもかかわらず，ある種の汚染は累積し（CO_2, CFC, 核廃棄物），またある程度悪化は永続する（生物多様性と種の喪失）。こういう環境への害は負のフィードバックを作り出しかねず，将来の成長を阻むことになる。もしそうなら，ある国が曲線の途中で「立ち往生」することもありえ，EKC が予測するような汚染の減少を全く経験しないかもしれない[45]。

環境悪化の罪を着せられた貧困

　ソーシャル・グリーン主義者と生物環境主義者は，貧困と環境悪化が結びついていることを否定はしない。しかしながら，彼らは市場自由主義者と制度主義者が描くよりも遥かに複雑なものとして，その結びつきを見ている[46]。彼らは，いろいろな種類の貧困をもっと深く眺め，区別をすれば，この関係は単純なものでは全くなく，ある特定の社会が経験している貧困の種類により異なるということが明らかになると論じる[47]。多くの生物環境主義者は，これは重要な点だと認識しているが，貧しい人が環境悪化を招いているという考え方の偽りを暴くのに最も焦点を当ててきたのは，ソーシャル・グリーン主義者だった。何故貧しい人が環境を悪化させるのかを単に問うのではなく，ソーシャル・グリーン主義者は特に，貧しい人は何故貧しいのかをまず最初に問う。

　ソーシャル・グリーン主義者からすると，貧困自体が環境悪化を引き起こすのではない。そうではなく，人々を進歩から取り残し，常にではないにせよ，時に環境を傷める結果をもたらすような不安定な状況に人々を追い込むのは，世界経済が不平等だからである[48]。こう考える人たちによれば，貧しい人々の間で深刻な環境破壊がある時，それは開発がないからというよりも，開発自体の結果なのである[49]。ソーシャル・グリーン主義者によれば，発展途上国で生物の多様性が失われるのは，貧しい農民のせいではない。それは，工業的農業が普及したせいである。小規模で伝統的農民は，自分たちの畑に多くのいろいろな種を植える。ところが，現代農業のやり方はモノカルチャーに頼りがちで，ずっと大きな脆弱性，リスク，土壌劣化をもたらす[50]。

　従って，まず貧困をより広い背景の中に置き，次に国家による政策とグローバルな政策，さらに経済上の関係がローカルなレベルでの貧困にどのように影

響しているのかと問うまでは,貧困−環境の関係を十分に理解することはできない。とりわけソーシャル・グリーン主義者は,貧困のうちにある環境悪化のそれぞれの具体例の内部を見る必要があると主張する。[51] 言い換えれば,貧しい者を責めるよりも,我々はまず先に貧しい者を不毛の地へと追いやった力を調べ,次に,環境悪化はこういう力のせいかどうかを問わなければならないのである。[52]

よくソーシャル・グリーン主義者は,貧しい者をやっと生活できるような地へ追いやる主な力の1つは,「囲い込み」のプロセス――つまり,以前は共有形態（CPR）で保有されていた土地の私有化――であると言う。CPR は地域社会の知識と長期的管理方法を用いた,極めて持続可能な財産協定である。[53] こう考える人たちは,生物環境主義者のギャレット・ハーディン（Garrett Hardin）により書かれた,いわゆるコモンズの悲劇は,実際には誰でも自由に利用できる制度の悲劇であって,これは入会地の制度とはかなり違うものであるとしきりに指摘する。[54] 彼らは,CPR は誰でも自由に利用できるシステムとよく間違われ,いたずらに「非環境保護的」と攻撃されると述べる。

ソーシャル・グリーン主義者は,囲い込みは,国家や企業を含めて,より強力なアクターが入会地の支配を乗っ取ってきたという長い歴史過程の一部であると見ている。特に世界経済における強力なアクターは,貧しい者（とりわけ女性と先住民）の財産権を没収し,彼らを不毛の地へ,そして惨めな暮らしへと追いやりがちであった。だから,土地を奪われてきた少数民族は,多くの場合,その抵抗を鎮圧する国家暴力の対象であった。[55]

多くのソーシャル・グリーン主義者は,囲い込みは資本主義がグローバルに浸透した結果だと見ている。このプロセスは,多国籍企業や地元のエリートに木材とか輸出用作物にとって一番良い土地を占領させてきて,このせいで深刻な環境問題（土壌浸食や農業収穫高の低減のような）を抱えた貧民地域を作り出している。共有財産の一番新しい囲い込みは,先住民や女性の知識である。この場合は,強力なアクターが,パテントの形で自らの私有財産として,地元の環境についての人々の知識――例えば,種子とか植物の医学的価値――を自分のものだと言っている。[56] 例えば,活動家であり学者でもあるヴァンダナ・シヴ

ァ（Vandana Shiva）は，そういう知識を商品化し，私物化することは，世界の貧者の多くを一層貧しくすると強く主張している。このプロセスからは，地元の人が利益を得ることがあるとしても，ごく稀である。ある場合には，地元の人は自らの知識を「使う」権利を失うことさえある[57]。

多くのソーシャル・グリーン主義者も注目しているのだが，貧しい人たちの農業のやり方は十分持続可能なものである（あるいは，かつてはそうだった）。その1つの例は移動耕作であって，農民が数年耕作してから，ある土地から別の土地へと動き，開拓するために新しい土地を焼くことが多い。市場自由主義者は，発展途上国における植民者の態度とそっくりに，貧しい国でのこの手の農業は行きすぎた森林伐採と土壌劣化をもたらすと結論づける。制度主義者と何人かの生物環境主義者は，人口圧力がこの問題を悪化させることが多く，あるいは少なくとも，このかつては持続可能だったやり方を持続できないものにしてしまうと付け加える。しかし，ソーシャル・グリーン主義者は，この手の耕作は雑草が少なく，作物にとってより肥えた土地をもたらし，火事を拡大し破壊的なものにしないことから，工業的なモノカルチャーの農業よりも一般に環境を損なわないのだと強調する[58]。世界で貧しい者の声は弱いので，こういう時は，貧しい者と人口圧力のせいにすると楽かもしれない。しかし，ソーシャル・グリーン主義者にしてみれば，これは倫理的だけでなく環境的にも，間違っているのである。

貧困と環境の結びつきに関し，特にソーシャル・グリーン主義者の文献で述べられているもっと大事な点は，貧しい者は大抵は環境保護を積極的に実施し，環境を守っているということである[59]。貧しい人たちは，国家による，並びにグローバルな政治的，経済的プロセスのせいで，自らの先祖伝来の土地から立ち退かされてきた女性や先住民であることが多い。彼らは，物質的な富を欠いているかもしれないが，地元の知識――その多くは長期わたって環境を保存するやり方を中心に置いている――については豊富である。しかしながら，彼らが周辺に追いやられると，こういうやり方に倣う機会を彼らから奪ってしまうことがよくある[60]。

特に発展途上国で，環境に強い関心を持つような貧しい人で主に構成される

環境抵抗運動が実際に出現してきている。多くの場合，こういう活動家は産業の発展によって資源の利用が最も脅かされる女性である。インドのナルマダ・ダム反対運動（第7章参照）とチプコ運動，ケニアのグリーンベルト運動，ブラジルのゴム樹液採取者の運動（第3章参照）は，この種の草の根の抵抗運動の重要な例である。そういう活動家は，自分たちは環境悪化に手を貸す外部勢力と戦っていると考えている。政治学者のロビン・ブロード（Robin Broad）は，貧しい者が生きるために環境に依存する時，自分たちの土地は永久に変わらないという思いがある時，市民社会がよく組織されている時，このような時に環境運動は貧しい者の間で強まる傾向があると述べている。土地の権利のない者，あるいは先祖代々の土地を追われ，別の土地へ行かされた者，さらに政治体制が抑圧的な場合には，そういう人たちが環境活動家になる可能性は少ない[62]。

この分析から出てくる方策は，地域社会による入会地の管理を再獲得するという考えを中心に据えることになる。こういったことから，ほとんどのソーシャル・グリーン主義者は，貧しい人のために，我々はもっとはっきりした財産権，特に私有財産と土地の所有権を持つ必要があるという市場自由主義者の見方に対し，非常に懐疑的である。ソーシャル・グリーン主義者は，もっとローカルな経済へと向かうように世界経済の再調整を求めている。『エコロジスト』誌（The Ecologist）が強調したように，これは次のことを意味する。「囲い込みをする勢力を衰退させ，そうすることで世界中の資本の流れは縮小し，地方による管理は強まり，消費は切り詰められ，市場は制限されることになる[63]。」

富と浪費

生物環境主義者とソーシャル・グリーン主義者は，極端な富と極端な貧困とが結びついた環境問題は，互いに密接に関係していると見ている。彼らは，世界経済のグローバル化は所得と消費の不平等をますます偏らせる主な原動力の1つであると主張する。彼らからすれば，資源の有限性は必然的にゼロサム均衡をもたらすのだから，グローバル化がもっと進めば上げ潮が船を皆浮かばせるだろうという市場自由主義者と制度主義者の見解に批判的である。指折りのソーシャル・グリーン学者であり，活動家でもあるヴォルフガング・ザックス

第 4 章　富と貧困の世界での経済成長

(Wolfgang Sacks) は，これを次のように言っている。「資源に限りのある閉じた空間では，一方の側の過少消費は他方の側の過剰消費の必要条件である……押し寄せる波は，船を皆浮かばせる前に，堤防を突き破りそうである[64]。」

　生物環境主義者とソーシャル・グリーン主義者の両者とも，消費の拡大は，それ自体経済成長と強く結びついており，地球を破滅させていると主張する。世界は 1950 年以来，エネルギー消費は 4 倍の増加を見てきた[65]。消費は，1973 年から 1998 年までに実質 2 倍になった（世界の消費支出は 1998 年に 24 兆米ドルだった）[66]。工場生産品が，このような増大する消費の中でその割合を増している。1 人当たりの個人消費率を見ると，豊かな国の方が（1995 年では約 16,000 米ドル），発展途上国（発展途上国の多くでは，わずか 300 米ドル）よりも遥かに高い。アフリカの消費は，実際，過去 20 年間減少してきているが，アフリカ以外では概ね上昇してきた。世界人口のたった 15％しか占めていない先進国が，世界の消費支出の 76％を占めている[67]。先進国よりも発展途上国の方が消費は速く伸びているにしても，この格差は未だに残っている。

　消費のこういう偏った分配は又，再生可能なものであれ，不可能なものであれ，天然資源の使用に同じではない影響を与えている。世界人口のほんの 5％にすぎないアメリカだけで，世界の資源の 30％を消費している[68]。主に豊かな者が資源をこのように使うことから利益を得ているが，環境コストは広く及ぶ。例えば，グローバルな産業体制を維持するための石油掘削には，深刻な問題がある。埋蔵量が減ってくるので，石油を手に入れるための網はさらに広く投げられ，発展途上国にますます投資がなされている（詳しくは第 6 章参照）。森林と鉱物における国際貿易も主に発展途上世界に悪い影響を及ぼしているが，その資源のほとんどは最終的に先進国で使われることになる。

　消費のこのような不平等，さらに資源とシンクへの消費による影響を明らかにする 1 つの方法は，エコロジカル・フットプリント分析である。ウィリアム・リース（William Rees）とマティース・ワケナゲル（Mathis Wackernagel）は，平均的な生活様式の持続可能性を測るための計算方法として，このアプローチを考え出した。これは，食糧，住宅，輸送，消費財，及びサービスの人間による消費を豊かな土地の面積，つまりヘクタールに置き換えるものである。それは，

個人と国家にそれぞれ地球上のエコロジカル・フットプリントを比較させるもので，人が地球における生活の持続可能性について，その人の生態系に与える影響を考えてみるための鮮やかな方法である[69]。エコロジカル・フットプリントは，地域によって非常に異なる。例えば，平均的アフリカ人のエコロジカル・フットプリントは 1.36 であるが（例えば，ブルンジは 0.48，エチオピアは 0.78，モザンビークは 0.47〔ブルンジはアフリカ中東部，エチオピアはアフリカ東部，モザンビークはアフリカ南東部にそれぞれ位置する。〕)，アメリカ人の平均的エコロジカル・フットプリントは 9.7，カナダ人は 8.84，オーストラリア人は 7.58 である[70]。今のアメリカの消費レベルに世界のすべての人が到達すると，地球が 4 つ必要になるだろう[71]。

　ソーシャル・グリーン主義者と生物環境主義者の考え方で，不平等という概念が中心となるのは，1960 年代末と 70 年代初めにおける環境運動に戻る。第 3 章で述べたように，環境保護運動と発展途上国は，ストックホルムで不平等というテーマを強く主張した。もっと最近になって，特にソーシャル・グリーン主義者は，不平等の主な原動力で，それがまた環境悪化のプロセスを進めるものとして，グローバル化を特定してきた。反グローバル化運動も，これには多くのソーシャル・グリーン主義の論者が入っているが，この線に沿った議論をしてきた。グローバル化に対するこういう批判は，グローバル化を世界的な経済格差の主な要因として特定する左派の学術的研究により支持されてきた[72]。

　生物環境主義者は，豊かな世界の過剰消費と発展途上世界の人口増加の両方を強調する傾向がある。というのも，どちらも世界の消費拡大の一因になっているからである[73]。彼らは，1 人当たりの消費率を特に気にかけ，この点で，先進国は一番批判を受けることになる。環境分析の第一人者であるノーマン・マイヤーズ（Norman Myers）によれば，「膨大な消費の主な原因は，富める者にある。富める者は資源を必要以上に消費するだけでなく，貧困から抜け出そうともがいている人々よりも，自らの生活様式を変えられる条件が揃っている[74]。」

　こういう考えに基づいた分析は，1970 年代初めにポール・エーリックとジョン・ホールドレン（John Holdren）により概説された IPAT〔アイ・パット〕恒等式により影響を受けている。この公式は I ＝ P × A × T で，環境への影響（*Im-*

pact）＝人口（*Population*）×生活の豊かさ（*Affluence*：1人当たりの消費）×技術（*Technology*：消費1単位をするのに必要とされる資源と廃棄物の量に影響を与える）としている。この公式は単純だが，エーリックとホールドレンは，それは環境問題の根本に行き着くと感じ，いかにそれぞれの要因が互いに手がつけられないほど込み入っているかを示した。1970年代初頭では，ほとんどの生物環境主義者は地球の生態系に重大な圧迫を加えるものとして，発展途上国の人口増加に焦点を当てていたが，今日彼らの多くは，世界貿易が拡大すると歩調を合わせるように消費率も上昇させ，発展途上国が最終的には先進国と同率で消費するだろうということをもっと心配している（これはすべて，世界の人口増加が背景にある）[75]。

ほとんどのソーシャル・グリーン主義者は，豊かな世界の消費パターンをもっと正面から分析する方を支持して，消費の議論の中に人口を含めるのをきっぱりと批判する[76]。彼らは，主流派の分析の多くで，人口を政治的に利用していると強調する。『エコロジスト』誌（*The Ecorogist*）は次のように書いている。

> 「人口問題」は，囲い込みから利益を得てきた者が脅威とみなす人たちの集団を，政治的に抑えようとして使われている。さらに，「人口抑制」は女性をなお一層囲い込むために使われている。つまり，何人子供を持つかを決める決定権，そして自ら管理し，自分の健康を脅かさないような出産の調節の仕方を選ぶ選択権も女性から取り上げるのである[77]。

従って，彼らからすれば，人口問題，特に発展途上国の人口問題に焦点を当てるのは危険である。というのは，人口問題は，世界の貧者の大部分を占める女性から権力を取り上げてしまうからである。そうではなく，彼らは豊かな世界の消費パターンを正面から見つめ，さらにまた女性自身の体を守るために，すべての女性の権利を積極的に守ろうとする[78]。

消費の問題に関し，ソーシャル・グリーン主義者と生物環境主義者の両者とも，「過剰消費」問題と彼らが呼ぶものを指摘している。豊かな者が一層豊かになり，一層消費することから，豊かな者は必要以上に自然環境に害を加えている。これは，豊かな者の消費の多くは，必要に基づいているのではなく，欲望

に基づいているからである。必要を遥かに超えた贅沢品が蔓延しているように見える。豊かな先進国の多くの人にとっては，ショッピングはどうしても必要なことというよりも，むしろ娯楽となってきて，消費という1つの文化を創ったり，煽ったりしている。[79] 所得が上がってきたのとちょうど同じように，過去10年間に北米の都市の中心部でスポーツ多目的車（SUV）が増えているのは，正にその例である。4輪駆動で荒れ地を走るためのトラックのエンジンを積んでいるのが多いが，そういう車は都市を走るには，実際のところ必要なものではない。

豊かな者による，こういう過剰消費はエネルギーの備えを枯渇させ，「過剰汚染」と「廃棄物の過剰生産」の一因となっている。これは，企業と個人の両方の消費に当てはまる。[80] 人々は，以前よりも，もっと物を買い，もっと物を捨てている。こういったことは，コンピュータのような製品がほんの2，3年で古くなったり，技術者が意図的に短い間しかもたないように製品を設計したり，今やますます多くの人が自分の持ち物を取り替えるのを「楽しんだり」すること（宣伝が煽る流行）によっても起こっている。

豊かな国での消費は，過去200年の間，テンポを速めて拡大してきた。これまでのところ，豊かな国は世界の他の地域から資源を得ることで，当然起こる資源不足を何とか回避してきた，と多くのソーシャル・グリーン主義者と生物環境主義者は強く主張する。[81] 過去にあっては，このことは主に植民地主義と新天地への移民によりなされた。今日，それは国際貿易，海外直接投資，及び対外援助によりなされている。1国の「エコロジカル・シャドー（ecological shadow〔エコロジーの影〕）」とは，自国の消費を賄い，自国の環境問題を避けるために，世界の他の地域での，その国による環境への全影響をいう。[82] グローバル化はエコロジカル・シャドーの長さと幅を大きくし，消費による環境への負担を豊かな国の国境から遥か遠くへと移し，豊かな者に生態的な限界に打ち当たるという結果を何一つ被らせることなく，ますます消費させている。世界経済が「大きいこと」は，消費物資の供給と処分の連鎖を長く引き伸ばすのを助けている。このことは，採取と生産から，さらに廃棄物としてその最後の墓場[83]から，消費を「遠ざけ」[84]，消費による環境への影響を消費者が理解し，行動をと

るのをより難しくさせている。その一例がコンピュータである。コンピュータの生産と処分には，有毒金属とプラスチックが関係する。コンピュータ生産における危険な箇所は，普通，発展途上国で行われている。先進国は又，普通，リサイクルのために発展途上国へ不要になったコンピュータを輸出している。[85]

　何故，こういった傾向が起こるのだろうか。とりわけソーシャル・グリーン主義者は，今の国際政治経済の中で豊かな国が保持している特権的な立場のせいで，安い価格で発展途上国の資源を買い占めることにより，天然資源の1人当たりの消費を高いままにしておくことができた，そして，それが貧困と環境悪化の両方を引き起こす元になっていると主張する。成長と産業化のイデオロギーは資本主義に付き物であるが，貧しい国にのしかかる環境悪化に対して，そういった国の抵抗する力を弱めながら，ますますグローバル化する経済の中で先進国と多国籍企業の支配を引き起こしていると批判される。[86]この状況は，長い歴史的趨勢の一部として見られている。過去においては，豊かな国は植民地から資源を引き出した。今日では，経済のグローバル化のプロセスからそれをしている。どちらの時代も同様である。つまり，不均衡な発展と環境悪化の不均等な配分があって，貧しい者が最も影響を被っているということである。[87]

　富める者が消費を切り詰めなければならない，とソーシャル・グリーン主義者と生物環境主義者は主張する。それ以外に，適切で公正な選択はない。生物環境主義者は世界全体の消費を下げる必要があることを強調する。このことは，豊かな国は消費を下げなければならないだろうが，多くの生物環境主義者にとって同じように重要なことは，貧しい国が人口増加を抑制する必要があるということである。こういった勧告をする点で，本章の初めに述べた持続可能な消費と人口管理を強調する制度主義者の提案に，たとえそれが違う経路を経てこの点に到達したとしても，それほど遠い訳ではない。ソーシャル・グリーン主義者は，消費の不平等を狭める必要性を強調する——つまり，富める者が消費を少なくし，そうすることで，少数の者が欲しいものを手に入れるというよりも（牛飲馬食），より多くの人が必要な物を手に入れることになる（充足）。女性と先住民の意見を取り入れている地域社会は，地元の資源管理を維持し，多国籍企業にこの管理権を手放してはならないというのも決定的に重要である。こ

ういったことには，環境管理には個人的な責任が一層求められるというだけでなく，浪費が少なく，より現場に近い経済に報いるために，政治・経済のもっと大きな変化が必要なのである。[88]

♠ 結　論

　この章は，経済成長，貧困，及び富の影響を巡る環境論議が複雑に絡み合っていることを論じている。経済成長の問題に関し，批判する側のソーシャル・グリーン主義者と生物環境主義者のグループと，もう一方の市場自由主義者と制度主義者のグループとの間には，明らかに大きな意見の食い違いがある。しかしながら，よく見てみると，問題が変われば，違う組み合わせが現れてきたのが分かる。2，3の点では，すべての見解に一致するものさえある。

　主な問題である経済成長と経済成長が環境に良いのか悪いのかについては，市場自由主義者と制度主義者の両者とも，貧困を減らし，環境を良くするための費用を賄うために収益を上げるという目的で，成長支持の戦略を提唱する。市場自由主義者は，価格が引き金になって，技術革新や資源のより効率的な利用を奨励するはずだから，自由市場の促進は成長を促すのに最善の方法だと強調する。例えば，石油に代わるものは価格が物をいえば生まれるだろうし，太陽熱発電とか風力発電のように，それに代わるものを伴った変化はすでに始まっている。市場で使われる手段——例えば，環境税，使用料，資源取引権——は，市場の失敗と歪みに取り組むのに力になれる。このことは，環境規制すべてが悪いということではなく，単に，できるのならば，市場によるアプローチは長期的にはより良い環境管理の構造を生み出す傾向にあるということを意味している。制度主義者は，すべてを自由市場にゆだねることには，ずっと慎重である。制度主義者は，経済がEKCを潜り抜けるのに役立つ政策と構造を望んでいるのである——言い換えれば，豊かで繁栄して，もっときれいな世界へ向かう途中でやむを得ず起こる汚染を，上手に乗り切るためのもっと積極的な政策である。そのような政策の1つが，持続可能な消費という考えに根ざしている。

一方，生物環境主義者とソーシャル・グリーン主義者のグループは，経済成長は環境に直接害を加えると主張する。経済成長は貧しい者を貧困から引き上げることはなく，むしろ，世界経済の今の構造からすれば，単に不平等を悪化させるだけだろう。生物環境主義者とソーシャル・グリーン主義者は消費と成長，及び自然について全面的な再考を求める。両者とも，これには経済における物理的な「スループット」が，再生可能な及び不可能な天然資源の供給を追い越さないことが必要だと主張する。現在と未来の世代に「良い生活」を提供するのは，まだ可能である。しかし，そうするためには，資源を利用した「成長」の物質的様相を持続可能な程度にまで遅くする必要があるだろう。このことは，必ずしも「ゼロ経済成長」を意味するものではないが，徹底的な縮小を意味するだろう。ソーシャル・グリーン主義者は，世界の経済資源の再分配を要求することで，さらに経済成長自体を強調する代わりに，地域社会の発展にもう一度焦点を当てることを要求することで，論点をさらに深める。ソーシャル・グリーン主義者にすれば，地方経済間の交易制度，発展途上国の共有形態の復活，多国籍企業と貿易に対する強い規制を含めて，このようなより広い発展の概念に向けて努力する方法はいくつもある。

　貧困及び環境悪化と人口との関係のように，他の問題については，これら世界観の間で議論の一致が別にあるのが分かる。生物環境主義者は未だに人口増加に特に関心を持っていて，人口増加が消費と経済成長に複雑に結びついていると見ている。制度主義者はそういう懸念の多くを共有し，人口増加は貧困と環境悪化の悪循環にしっかりと結びついていると見ている。従って，両者とも持続可能性を促進するための政策の第一歩には，ある種の人口抑制手段を入れるべきだと感じている。他方，ソーシャル・グリーン主義者は，大抵は女性と貧しい者を支配するための政治的手段になるから，消費と成長の議論の中に人口を入れるのは危険だと見ている。様々な理由から，市場自由主義者も人口増加と環境との関係に多く焦点を当ててはいない。彼らからすれば，資源の不足は差し迫った環境問題ではない。従って，人間の数も同様に問題ではない。

　成長，貧困，富を巡る論争をこのように検討してみると，いくつかの点ですべての見解が一致していることも分かる。これには，最も目立つところでは，

環境に有害な補助金を引き下げること，さらにグリーン税の奨励という考えがある。環境経済学者（その多くは市場自由主義者や制度主義者の見解を支持している）は，こういう考えの多くを提案してきたが，一方でエコロジー経済学者（その多くは生物環境主義者やソーシャル・グリーン主義者の見解を支持している）も，これらを歓迎している。例えば，多くの国の緑の党は，環境にやさしい税へと「税制変更」を求めてきた。我々が概観してきたそれぞれの主義の集団は，様々な仮定と議論を使って，この方策にたどり着いた。例えば，ソーシャル・グリーン主義者と生物環境主義者は一般に，成長には懐疑的で，特に環境を破壊するような成長を緩和させる方法としては税制変更が良いと考えている。市場自由主義者は，成長は環境に良いことだと考え，補助金の削減とグリーン税により促進された効率的な成長は，なおさら良いと見ている。制度主義者は，こういう手段は国家のような機関が環境にやさしい成長を促進させる能力を高める1つの方法として見ている。

　従って，この章は，このような個々の論争になる時，それぞれの世界観は独自の受け取り方をし，2つのグループはすべての問題についてそれぞれ同じ立場に立つ訳ではない。次の貿易に関する章では，それぞれの世界観が持つ議論と仮説を比較し，そういった比較が持つ価値をもっと明らかにしようと思う。

第5章
国際貿易と環境

　国際貿易は，地球を救っているのだろうか。それとも，壊しているのだろうか。両方の言い分には，説得力のある論拠がある。[1] 市場自由主義者は，世界に商品が自由に流れるのは，環境にとっては良い力だと見る。この見方からすると，世界貿易は多くの利点を持っている。比較優位の論理により，自由貿易は世界の富と繁栄を生み出す。世界貿易は効率的で，無駄と重複を避ける。それは又，世界のあまり発展していない地域に，比較的単純な製品（鉱物や木材のような）と交換に進んだ技術と商品を提供する。国際貿易は，例えば，森林管理のようにエコロジーと労働に比較優位を持っている国に，木材輸出を中心とした経済を発展させる。続いて起こる社会的富が，今度は市民に輸入品（車やコンピュータのような）を買わせることができるが，その多くはその国家が製造できる能力をかなり超えたものだろう（あるいは，製造できたとしても恐ろしく非効率的だろう）。さらに，グローバル化の時代では，貿易を制限すれば困窮と不平等の拡大をもたらすだけだから，貧しい国は貿易を制限するしないに関して選択の余地はほとんどない。国家どころか全世界が，貿易を制限するのではなく，目一杯貿易を自由化する必要がある。従って，世界貿易機関（WTO）のような自由貿易機関と北米自由貿易協定（NAFTA）のような地域貿易協定は，地球の健全性に極めて重要である。というのも，これらは多くの環境問題の背後にある非効率性と市場の歪みを取り除くのに役立っているからである。

　生物環境主義者とソーシャル・グリーン主義者は，こういう市場自由主義者の議論の背後にある論理と証拠を疑っている。生物環境主義者は，（自由貿易協定と共に）国際貿易を地球環境危機の根本的な原因と見ている。自由な国際貿易から生まれるように見えるうわべの富は，実際は，目先の利益のために自然

を略奪することから生じている。自由貿易は環境コストと社会的コストを外部化する——つまり，交易された商品の価格は環境的価値と社会的価値を十分反映していない（例えば，硬木の板の価格は，鳥の巣や炭素の吸収源としての木の価値を反映していない）。製品の価格も製造過程の環境コスト——例えば，工場から出る水や大気汚染——を気にかけていないことが多い。加えて，世界貿易は，消費する場所から製造する場所を遠ざけてしまい，そのことが，消費者に自分の個人的な消費癖から生まれる環境への影響をあまり受けなくさせ，あるいは受ける気をなくさせている。生物環境主義者のように，ソーシャル・グリーン主義者も，地球環境問題の根本的原因として貿易を見る。ソーシャル・グリーン主義者は，生物環境主義者によって提起された点に同意するだけでなく，貿易は不公平かつ不平等なやり方で諸国民や地元住民を搾取し，環境問題と社会問題を不均等に分配してしまう，という点を強調する。特にソーシャル・グリーン主義者は，世界貿易体制は（労働者と地元の環境の両方に関し）発展途上国を搾取する一因となっていると主張する。

　制度主義者は，貿易については，これら大きな2つの立場の間でやや中立的な立場をとっている。一方で，制度主義者は，貿易は繁栄を増大させ，効率性を生み，環境問題を管理する総合的な能力の向上をもたらすことができるという市場自由主義者の一般的な見解に同意する。にもかかわらず，彼らは貿易を上手に管理することが決定的に重要だと付け加える。彼らは，政府は環境を守るために貿易を管理できる，そして管理すべき場合があると主張する——例えば，絶滅危惧種，有害廃棄物，危険な化学物質の貿易において。従って，制度主義者からすると，自由貿易協定には環境条項が必要で，場合によっては，地球環境レジームが貿易協定よりも優先する必要がある。制度主義者にとって重要なのは，国家がこういう問題について調整し協力することである。この章では，グローバル化と貿易についてのいくつかの基本データをざっと見た後で，貿易と環境に関するこれら3つの見解を吟味する。そこで，現実の貿易問題に照らして，これらの主張をさらに検討するために，この章ではいくつかの地域貿易協定だけでなく，グローバルな例としてのWTOを含めて，具体的な貿易協定を考えてみることにする。

第5章 国際貿易と環境

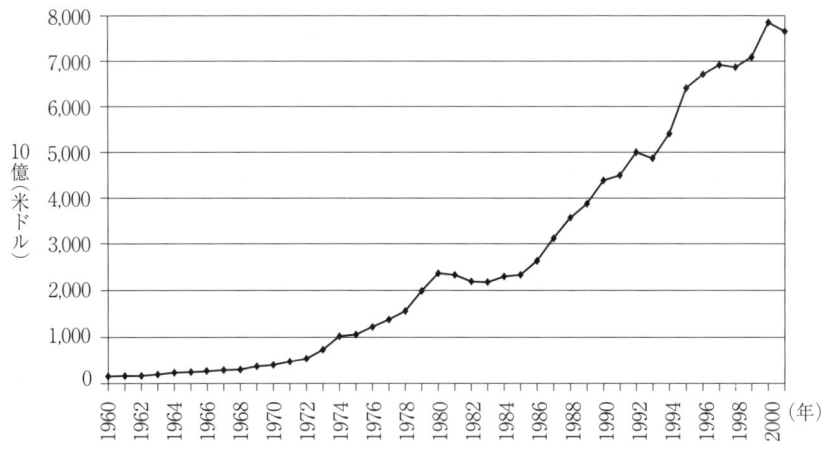

図5.1 財貨とサービスの世界輸出

出所：World Bank World Development Indicators：www.worldbank.org/data

🌲 グローバル化と貿易

　第2章で説明したように，過去50年間にわたり経済がグローバル化したことは，財貨とサービスの世界輸出における額と量を急上昇させた一因であった（図5.1と5.2参照）。世界貿易が国内総生産（GDP）に占める割合は，1960年の25％から2001年の58％へと着実に伸びてきた（図5.3参照）。貿易により説明される世界GDPでのこういった高い割合は，世界経済における貿易の重要性が大きくなってきていることを示している。実際，1950年から2001年まで，世界の商品輸出は20倍に跳ね上がった[2]。世界商品輸出の額は，2002年には6兆米ドルを超え，1948年の値（580億米ドル）を些細なものにしている[3]。この貿易の大部分は先進国間のもので，1996年では世界商品貿易の4分の3を占めていた[4]。

　貿易は世界的に見ると著しく伸びてはきたが，地域間及び地域内での格差は未だにある（図5.4参照）。西欧（41％），アジア（23％），北米（20％）を合わせると，商品における世界貿易の84％を占める[5]。ラテンアメリカは世界商品貿易

129

図 5.2 世界商品輸出量の伸び

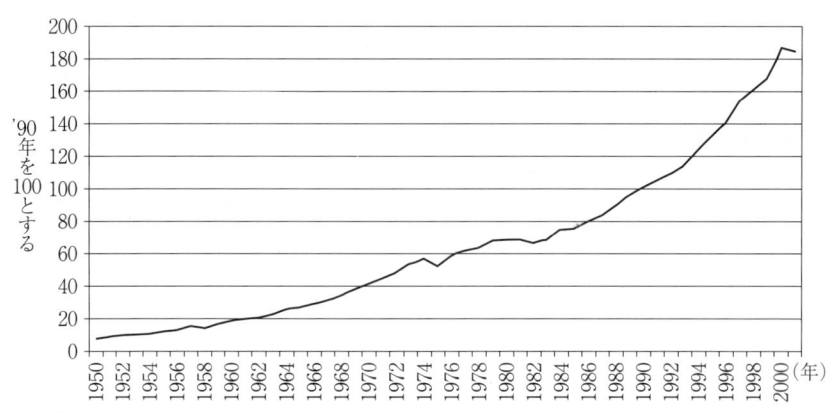

出所：World Trade Organization Trade Statistics : www.wto.org/english/res-e/statis-e/statis-e.htm. WTO, 2003.

図 5.3 世界貿易（GDP 比：％）

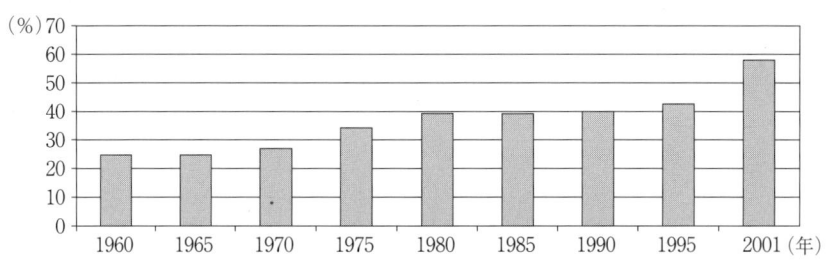

出所：World Bank World Development Indicators : www.worldbank.org/data

のたった6％しか占めず，中・東欧とCIS諸国は合わせてもたった5％，中東はわずか3％，そしてアフリカはほんの2％にしかすぎない。地域の中でも，国民経済に対する貿易の値に関し，同じように大きな差がある。例えば，アフリカでは，ルワンダ〔アフリカ中東部に位置する国〕の財貨とサービスの貿易はその国のGDPの6％を占めるが，赤道ギニア〔ギニア湾に面するアフリカ中西部に位置する国〕では貿易はGDPの97％を占める。世界貿易に占めるアフリカの割合が小さいにもかかわらず，赤道ギニアの例が示すように，いくつかの国は貿易にひどく依存しており，従って，市場の変動に極めて脆い。

第5章 国際貿易と環境

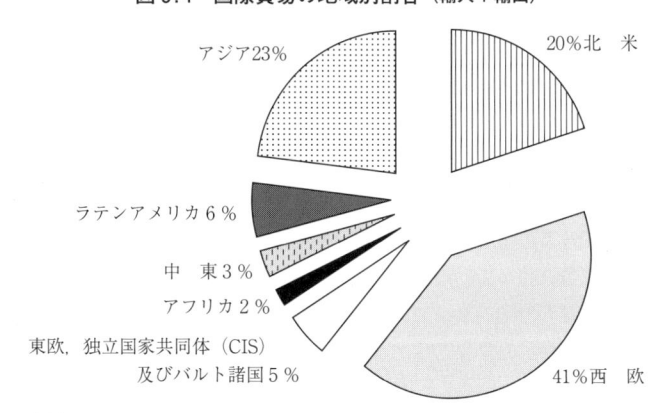

図5.4 国際貿易の地域別割合（輸入＋輸出）

アジア23％
20％北米
ラテンアメリカ6％
中東3％
アフリカ2％
東欧，独立国家共同体（CIS）及びバルト諸国5％
41％西欧

出所：World Trade Organization Trade Statistics : www.wto.org/english/
rese/statis-e/statis-e.htm. WTO, 2003.

◆ 貿易による環境への影響：3つの見解

最終的には貿易は環境に良い

　主流派のエコノミストのほとんどは，長期的には，貿易のグローバル化は地球環境の管理を邪魔するよりも，むしろ高めると想定している。コロンビア大学のジャグディシュ・バグワティ（Jagdish Bhagwati）のように，ごく少数の人たちが，環境面から国際貿易を批判する人たちに積極的に異議を唱えてきた。[7] 一般に，こういう考えを支持する人たちは，貿易は経済成長を促進し，次に経済成長は自然環境を維持管理するのに非常に重要であるという新自由主義的な経済の見方を受け入れる（詳しくは，第4章参照）。市場自由主義者からすると，貿易の促進はこの成長論議と密接に結びついている。しかし，何故貿易と環境保護の目的が相互補完的なのかに関し，もっと明確な議論もある。市場自由主義者によれば，貿易は効率を高め，よりきれいな技術や規格を広める。次にこれらがそれぞれ，環境の改善を促進する。貿易から生じる効率性は，比較優位の経済理論に基づいている（**Box5.1**参照）。この理論は，諸国が他の製品に比べる

Box5.1 絶対優位と比較優位

　貿易は必ず恩恵をもたらすという新古典派経済学の想定は，優位についての2つの理論に基づいている。つまり，絶対優位と比較優位である。

　絶対優位は，もしA国が，B国が作るよりも安くある商品（例えば，小麦）を作れるならば（おそらくは，環境的，労働的，技術的，又は社会的理由で），そして，もしB国がA国が作るよりも低コストで違う商品（例えば，布）を作れるならば，両国が生産で絶対優位を持っている商品に特化し，次にお互いにそういう商品を交易するのは，両方の国の財政的及び物質的利益になる。[*1] 従って，この場合，両国は絶対優位を持っている商品の生産に特化し，貿易に従事するなら，両国は両方の商品（小麦と布）をもっと手に入れることになるだろう。

　比較優位の理論は，1817年にデイヴィッド・リカード（David Ricardo）により初めて数字を使ってまとめられたもので，[*2] 絶対優位と矛盾しないが，貿易が利益をもたらす時にその事例を敷延するもう1つの論理を使う。A国は，どんな製品でもB国よりも製造において絶対優位を持っていないと仮定する。次にB国は布と小麦の両方をA国よりも安く生産すると仮定する。絶対優位の理論では，両国が貿易をするのは理に適うようには見えない。にもかかわらず，リカードが示すように，比較優位の点からすると，貿易はなお理に適うことになり，実際のところ両国の富を増やす。リカード（及び，以後の多くの者）は，もし両国が比較してみると一番良く生産できる商品に特化するならば（つまり，他の商品と比べて，比較的生産効率のいい製品），貿易からなお利益がでるだろうということを示した。

　この例を続けると，もしA国が比較的生産効率のいい商品に特化し（例えば，布を生産するよりも，小麦を生産する方が比較的得意である），次にA国が比較的生産効率の良くない製品（この場合，布）をB国と交易すれば，全体の生産高はやはり増加するだろう。このことは，布と小麦の両方を生産する場合，A国よりB国が断然，効率的であったとしても通用する。この特化と貿易は，効率性を生み出し，次に両方の製品の生産を高めるだろう。似たような，あるいは同じ比較優位を持つ貿易国の間での競争は，さらなる技術革新と効率性を助長するだろう。

　*1　アダム・スミス（Adam Smith；1976）は最も影響力のある貿易論の大要を述べた。
　*2　Ricardo 1817. ジョン・スチュワート・ミルの1848年の『経済学原理』によって，比較優位は国際政治経済学の分野で中心的なものになっていった。

第5章　国際貿易と環境

と比較的上手に生産できる製品に特化し，そこでお互いに貿易しあえば，世界の富は（能率が増すので）増大するだろうと述べる。

　比較優位の理論は，地球環境の管理と元々結びついていたものではないが，今日，市場自由主義者は一様に，効率性による環境への利益は特化によりもたらされると述べる。より効率的な生産は，生産過程における資源の使用を最適化し，世界はより少ない資源で，より多くの商品を得ることになる[8]。効率性の上昇は，投入1単位当たりにつき，より多く生産することを意味し，このことは理論上は経済成長を高め，1人当たりの所得を上げるはずである。所得が増加すれば，市民はよりきれいな環境を求めるようになると市場自由主義者は主張する（第4章参照）。財源がより多くあるということは，環境規則の実施のためだけでなく，環境保全のためにより多くの金が使えることを意味している。市場自由主義者は，生産の増大は初めのうちは環境を損なうかもしないということを否定はしない。比較優位を追求するのに必要とされる特化は，実際のところ，ある国では汚い産業の特化に至るかもしない。そして，もし生産が，効率性が得られるよりも速く増加するなら，汚染も増加するだろう[9]。しかし，大抵は所得が増えると，よりきれいな環境を求める社会的要求が大きくなって，汚染の増加に対抗することになる。市場自由主義者にとっての重大な問題は，金がどのように使われるかである。WTO が貿易と環境との関連性についての報告書の中で述べているように，「貿易と結びついて所得が増えれば，理論的には汚染軽減に必要なコストに使えるし，その上，経済的余剰をもたらすだろう。」[10]

　国際貿易が拡大すれば，環境にとって有益で新たな効率性も生み出すと市場自由主義者は主張する。市場を歪める貿易政策（例えば，関税，割当量，輸出補助金）は，天然資源が本当に希少であることを反映しない状況を作り出すことがあり，それがまた，濫用と浪費を駆り立てることになる。貿易の自由化は，こういう歪みを取り除くことを目的としていて，従って，資源の不当な安値は修正される必要がある。競争から自分たちを守ってくれる貿易障壁の背後で商品を作っている企業は，よりきれいな技術を使う動機をそれほど持たないということから，自由化は又，より環境にやさしい生産工程を広める。[11]世銀はこうい

う状況を上手にかいつまんでいる。「貿易が自由化されると，効率性と生産性の上昇を促し，汚染の少ない産業の成長とよりきれいな技術の採用と普及を促進することで，実際のところ，汚染を減らすだろう。[12)]」

さらに市場自由主義者は，自由度のより高い貿易政策を持つ国家は，より高い環境基準を持つ市場での競争に負けまいとして，より厳しい環境基準を採用しがちであると主張する。例えば，米国会計検査院は，アメリカの農薬規制の基準はアメリカに農産物を輸出しようとしている国によって，大抵は考慮に入れられていることを認めている[13)]。もう1つの例は，NAFTA が調印されて以降のメキシコである。今ではメキシコの環境規制は，より厳しくなっていることが分かる[14)]。

こういう理由から，市場自由主義者は，環境保護の目標を推進するために貿易を手段として使うこと——例えば，制裁（別の目的を追求するために，貿易に制限を加えること）——は，逆効果だと見ている。懸念されるのは，そういう術策は環境保護を装って，諸国に貿易障壁を立てるのを助長しかねないということである。バグワティは，ビール1缶につき10セントの税金をかけることで揉めた〔カナダの〕オンタリオ州とアメリカの「ビール戦争」の例を挙げる——それは，缶を捨てないようにさせるものだとオンタリオ州が主張したものだった。アメリカは，ジュースやスープの缶にはかからないし，アメリカの輸出業者がオンタリオ州に缶ビールのほとんどを供給していたので，アメリカに不平等にかけられることから，その税金は差別的だと主張した。結局のところ，オンタリオ州では環境は良くならず，瓶ビールを作っているカナダの生産者にとっての全くの保護貿易だった[15)]。

差別的保護貿易主義を避けるということもあって，市場自由主義者は，ある行為が環境に害を与える*かもしれない*という理由で，科学的知識が十分ないままに，国家が貿易を制限できるような予防原則を使うことに懐疑的である。例えば，市場自由主義者は，EU による 1998〜2004 年の間の遺伝子組換え作物（GMO）の輸入一時停止に反対しており，この件における予防原則の使用は，政府が国内市場を保護しているのとほとんど同じだと見ている。市場自由主義者からすれば，貿易を使っての干渉は，環境問題に取り組むのに最高の手段で

あることはまずない。貿易の専門家であるマイケル・ワインスタイン（Micheal Weinstein）とスティーヴ・チャーノヴィッツ（Steve Charnovitz）は、「貿易制裁は、せいぜいよくて幼稚な対抗手段であって、環境保護主義者は貿易制裁に夢中になるのを考え直すべきだ」と主張する。[16] 市場自由主義にしてみれば、必要なのは問題の原因に正しく向けられた、適切な環境政策なのである。つまり、貿易を通した間接的アプローチは、必然的に効率が悪く、環境問題を悪化させることさえある。例えば、（輸出業者に国内で丸太の加工を強いる）政府による原木輸出の禁止は、多くの国で森林管理の悪化を招いた。インドネシアでは、1980年代と90年代のそのような禁止は、会社に莫大な量の挽立て材と合板を輸出させたが、それは持続可能な管理にほとんど関心がないまま、無駄が多く非効率的な国内企業が加工処理したものだった。[17]

　国家の中には他の国よりも汚染を吸収する高い能力を持っている国もあり、それがそういった国の自然の比較優位の一部だ、とさえ言う市場自由主義者もいる。[18] WTOは、様々な様態の環境があるということは、国によって様々な基準が発展するということであると述べている。WTOはさらに、「環境の様態が全く同じであったとしても、環境の質を維持するために支払えるだけの所得と支出に差があることを示すためには、国際的に基準が多様であることは望ましいことかもしれない」とまで言っている。[19] 従って、市場自由主義者からすれば、単一で、統一のとれた世界的な環境規制を強いようとして貿易制裁を使えば、世界のいくつか最も貧しい地域における自然の優位性を多少なくしてしまうことになるだろう。そうなれば、世界の富を下げ、最終的には自然環境を傷つけることになるだろう。

　要するに、市場自由主義者は、自由貿易を環境問題の原因とは見ていない。むしろ、彼らは自由貿易は効率性と成長をもたらすと主張する。自由貿易は資源の浪費を少なくする。それは、企業や政府に環境技術を使ったり、環境技術を必要とするための資金を提供する。さらに、自由貿易は発展途上国の環境基準を引き上げる。政府は、適切な政策と動機を持って環境問題に取り組まなければならず、貿易を制限しても、そのような政策と動機を生み出すことはない。次の節で述べるが、市場自由主義を批判する者は、こういう議論のすべてを疑

い，多くの場合，反対の結論に至る。

貿易は環境に悪い

　生物環境主義者とソーシャル・グリーン主義者の両者とも，世界的な自由貿易に懐疑的である。要するに，この両者は多くの環境問題と世界的な自由貿易を結びつけて考える。つまり，自由貿易体制の下での大規模な経済成長及び経済成長率，豊かな先進国と貧しい発展途上国との間での輸出と輸入の相互作用により生まれる不平等で不公正な状態，自由貿易による隠れた環境コストと社会的コスト，そして環境基準の「レベル・ダウン」を考察する訳である。

　市場自由主義者と同じように，多くの生物環境主義者とソーシャル・グリーン主義者は，グローバルな自由貿易は世界経済を一層成長させる触媒のようなものだと見ている。しかし，第2〜4章で見てきたように，生物環境主義者とソーシャル・グリーン主義者からすれば，世界はそのような成長を維持できるはずがない。世界自由貿易体制は，多分生産をもっと「効率的に」するだろうが，しかし，それほど急速で上昇一辺倒の成長は，必然的に効率性から生まれるどんな利益をもしのぎ，従って自然環境に対する最終的な影響は良いものではない。こういったことは規模の効果と呼ばれているものだが，この場合，効率性が増すと資源をさらに使うことがある。生産が効率的になると消費者価格を下げるが，それがまた需要を伸ばすことになることから，こういうことが起こる。このような場合には，消費者は軽率になり，浪費するようになるだろう（要するに，製品には実質的価値はほとんどないとみなしてしまう）。典型的な例は紙である――供給量は潤沢で，しかも安い。読みもしない大量の紙を，どれだけ多くの人が印刷していることか。もし紙1枚がワイン1本と同じ値だったら，何人そういうことをするだろうか。製品への需要も，効率がもたらしうる増加を容易にしのぐかもしれない。例えば，車は30年前よりも遥かに燃費は良いが，今や車がこれほど沢山あるので，資源利用の総量は遥かに多い。国際貿易が拡大する状況は，消費の増大と密接に結びついているので，貿易量の純増がもたらす環境への影響は，貿易が増えることで起こる効率性の上昇を遥かにしのぐことになる。[20]

とりわけソーシャル・グリーン主義者は，世界「自由」貿易は，貿易相手すべてに平等に利益を与えるものではない，と付け加える。絶対優位と比較優位の条件下で貿易から生まれる利益という元々の理論は，資本や労働者ではなく，商品が動くということを想定している。このことは，そのような理論が遥か昔の初めて考え出された時には意味があったかもしれない。しかしながら，この前提はもはや有効ではないとソーシャル・グリーン主義者は論ずる。現代世界では，資本は非常に移動性を持つもので，このことは貿易と環境との関係と同様に，貿易と富との関係を根本的に変える[21]。今日，貿易の特化は製造地帯に汚染を集中させる——そして，普通，最も環境を汚染する品物を作ることにより，自由貿易による環境コストのほとんどを吸収しているのは発展途上国であるが，その一方で，豊かな国はこういう製品がもたらす恩恵を享受している。さらに，世界貿易は，環境コストを世界中にばら撒くことにより，避けられない成長の限界を単に先送りしているだけで，いくつかの国に自分たちの自然環境の収容力を遥かに超える消費をさせ，同時に他の国の環境収容力も使い切ろうとしている。エコロジー経済学者のハーマン・デイリー（Herman Daly）は次のように論ずる。「自由貿易は，世界中に環境への負担をより均等に拡散させる。従って，順次，そして国別というのではなく，同時に，しかもグローバルに，やがては問題に直面せざるを得ないにもかかわらず，限界に直面するまでの時間稼ぎをしているにすぎないのである[22]。」

発展途上国における輸出用の生産は，現地の天然資源を維持できないほど使うか，あるいは不潔で危険な工場（安い労働力に頼っている）に，ひどく依存する傾向にある。ラテンアメリカ，アフリカ，アジア・太平洋地域におけるコーヒー，グラウンドナット〔groundnut：落花生などの地下に実を結ぶ植物〕，ヤシ油（料理油とマーガリン用）の農園は，輸出用作物による環境被害を見せている[23]。これらの地域における林業，漁業，鉱業は，輸出用に大規模に天然資源を取り出したことによる環境破壊を一際目立たせている[24]。発展途上世界の至る所で，織物と電子機器の工場は，豊かな国の消費者のために安い商品を大量に生産することで，環境を汚染している[25]。言い換えると，貿易は諸国に環境収容力を輸出したり，輸入させたりさせ，それで豊かな者は自らの環境収容力以上の生活をし，

その一方，貧しい者は自らの環境収容力をずっと下回る生活をする。前の章でも述べたが，これを一国のエコロジカル・シャドーの一部だと言う人もいる[26]。又，これを「隔たり」と呼ぶ人もいる[27]。要するに，そういう貿易は，消費者から天然資源や汚染集約的商品（又は，その両方）の純輸出者である国に環境被害を被らせているのである。影の長さが長く，隔たりが大きい時（地理的な意味で，又は心理的な意味で），消費国にはエコロジーのフィードバックはほとんどない。

　貿易のしすぎには，他にも本質的欠点がある。自由貿易体制における商品とサービスの価格は，生産から生ずる実際の環境コストと社会的コストを反映していないことがよくある。この問題は，普通，天然資源を抽出することから始まる。例えば，老木の市場価値は，伐採のコストや工場への輸送コストに加えて，森林獲得のコスト（多分，税金とか買い切り）を主に反映している。その木（この時点では丸太）が，買い手の価格が伐採業者が負担したすべての費用よりも高い場合には，「利益」を出すために製材工場に売られる。にもかかわらず，その木が育つのにかかった何百年間に対し，政府が金銭的価値を決めるようなことはまずない。あるいは，森におけるその木の美的価値とか環境上の価値を決めることもまずない。又は，二酸化炭素を貯蔵し，吸収するものとして，その木の地球環境上の価値を決めることもまずない。そうではなく，その木は，国民国家における国民にとっての財政的価値として，時の政府が見るだけの価値なのである。多くの場合，それにはほとんど何の価値もない。実際，森からそれを切り出し，国際市場向けに「生産」することは，所得だけでなく，仕事を生み出し，経済成長を駆り立てるが，ほとんどの政府は森林獲得に対しわずかな手数料を決めるだけである。立木の価値——つまりは，森の中で1本の木に対する国家の全手数料——は，アジア・太平洋地域では，普通は消費者価格の1％以下で推移している[28]。木材の「真価」に見合うようにしようすれば，全く違う貿易構造を作ることになり，そうなれば，老木が世界貿易の中に入っていくことはまずないだろう[29]。

　交易された商品の環境コストの外部化は，ここで終わることはなく，生産過程に入って続く（伐採から，輸出業者，輸入業者，職工，小売店へと）。例えば，普通，消費者が払う価格は輸送の全コストを含んでいない。これが起こるのは，1つ

第5章 国際貿易と環境

には政府がエネルギー使用に補助金をよく出すし（成長と産業化に拍車をかけようとして），エネルギー資源そのもの（石油や石炭のような）が，普通はすべての環境コストを反映しないからでもある（例えば，大気への二酸化炭素の放出による気候への影響）。商品の長距離輸送——船，トラック，飛行機による——が不当に安いことは，貿易を一層奨励し，結局のところ，燃料をもっと使い，温室効果ガスを排出し，スモッグを出すことになる。さらに，適正な価格であったとしても，貿易の輸送による影響は，かなり大きな環境破壊を引き起こすだろう。

批判する者はさらに，貿易は環境基準を下げる圧力をかけると論じる。これが起こるのは，諸国は国際市場で一層競争力を持てるようにコストを下げようとして，時には，環境規制を低めたり，あるいは少なくとも環境規制の実施だけでなく，環境規制そのものを強化しないようにするからである。これを「底辺への競争」という人もいる。さらに，多くの国は「底辺に釘付けにされた」ように見える，と指摘する人もいる。批判する者は，競争力をつけるための弱い規制と実施は，単に環境コストの外部化を企業に奨励するだけだと主張する。多くの批判者はさらに，貿易協定が頼みにしている国際的な環境基準は，元来の条約国の国内基準よりも緩いものだろう，だから，先進国の環境規制を下げていると主張する。例えば，コーデックス・アリメンタリウス——貿易のための世界の食品安全基準を決める国連の委員会——は，1990年に農薬の基準を採用したが，それは米国環境保護庁と米国食品医薬品局の基準よりも42％も低かった。コーデックスの基準は，農民がアメリカの基準が認めるものよりも50倍以上のDDTを桃とバナナにかけられるようにした。

特にソーシャル・グリーン主義者は，1つには産業界が——ある時は企業を通して，又ある時は国家の機関を通して——議題と交渉に関して非常に大きな権力を振るうことから，ほとんどの国際貿易協定は，たとえ環境条項を持っている協定でも，環境への関心よりも経済的な関心を優先させると主張する。例えば，パブリック・シチズン（Public Citizen）という活動家団体の調査によれば，1990年代初めのアメリカの貿易諮問機関は製造業者により牛耳られていて，その多くは環境保護違反により罰金を科せられたか，又はアメリカの中で環境法を無効にするためにロビー活動をしてきたということが分かった。

139

貿易に伴う数多くの問題を見て，多くのソーシャル・グリーン主義者と生物環境主義者は，国家と国際機関が環境保護の目的を達成するために貿易を制限するのは全く理に適っている——実際のところ，大抵は必要である——と主張する。例えば，貿易制裁（又は，制裁の脅し）は，国際的な環境基準を逃れて，他国のより高い環境基準から生まれるグローバルな利益に「ただ乗り」する国を罰するのに有効な（しかも非暴力的な）方法となりうる。このように考える人たちは，持続可能な経済に至る唯一の方法は，国際自由貿易とそれに伴う成長に制限を加えることであると強調する。[39]

　それに加えて，生物環境主義者とソーシャル・グリーン主義者の両者は，これ以上の環境破壊を防ぐために，貿易協定における予防原則を使うことに賛成する。[40]行動をとる前に十分な科学的合意を待つというのは，そういった行動がとられても，深刻な（そして，おそらくは取り返しのつかない）環境破壊を防ぐには遅すぎるということに，常にという訳ではないが，大抵はなるだろうと彼らは論ずる。DDTは，そのよい例である。スイスのポール・ミュラー（Paul Müller）は，DDTはよく効く殺虫剤であるということを1939年に発見したことで，1948年に医学生理学のノーベル賞を受賞した。以来，DDTはマラリアを広める蚊や発疹チフスを移すシラミを殺して，何千万人の命を救ってきた。にもかかわらず，ミュラーのノーベル賞以後何十年かの間に，，科学者はDDTは動物の脂肪組織にゆっくりと蓄積するということを知るようになった（1つには化学的に安定していて，脂肪に溶けることから）。DDTは魚にも相当有毒である。生態的にも健康にも危険な副作用があることで，アメリカは1972年にDDTを禁止した。今日，30を超える国々がこの物質の使用を禁止，又は使用を厳しく制限している。しかしながら，それ以外の国では，農業と病気の制圧のために殺虫剤として依然使っており，国際社会は「残留性有機汚染物質に関するストックホルム条約」（2001年）の調印により，DDTの生産と貿易を管理する国際的な手続を作り出したばかりである（2004年に発効。第3章参照）。

　ストックホルム条約はDDTを禁止していない。その規則では，締約国は事務局に通告し，それ以後費用効率が高く，環境にやさしい別の科学物質がDDTに取って代われるまで，病気を制圧するためにDDTを使うことができる。

DDT は神経系と生殖器官だけでなく，肝臓にも障害を与えるということは，今では科学的に正確であると知られている。DDT は又，癌の原因であるとほぼ認められる。にもかかわらず，禁止の大幅な遅れと政治的妥協，病気を制圧する代替手段のための研究資金不足のせいで，DDT は未だに大気中に入り込み，これから何年も水道と食物連鎖を汚染し続けるだろう。その結果，世界中の幼児は母乳から DDT を吸収し続けるだろう。そして，世界中の子供も大人も，地元の魚や貝からだけでなく，DDT で汚染された（あるいは，未だに使っている）国から輸入された食糧から DDT を摂取し続けるだろう。[41]

管理貿易なら環境に良いかもしれない

　貿易は環境に良いか悪いかについての議論は，1990 年代初めのほとんどの間，貿易と環境を巡る初期の論争を占めていた。制度主義者の意見に沿って，妥協した立場が 1992 年のリオ地球サミット以降支持を得るようになってきた。そのサミットは，自由貿易と環境保護は対立するものではないということを強調しようとして，ひどく苦労することになった。例えば，リオ宣言の第 12 原則は「各国は協力的で開かれた国際経済体制を推進するよう協力すべきである」，さらに「環境目的のための貿易政策上の措置は，国際貿易に対する恣意的な，もしくは不当な差別または偽装された規制手段とすべきではない」と述べている。さらに，アジェンダ 21 は「国際経済は，貿易の自由化による持続可能な開発の促進……をすることで，環境及び開発の目標を達成するための協力的な国際環境をもたらすことだろう」と述べている。[42]

　「管理貿易」を提唱する者は，環境に関して市場自由主義者の大体の主張は受け入れる。[43] しかし，彼らは，そういう主張に条件を付ける。彼らは，国際貿易は地域貿易〔世界的にいくつかに分割したという意味での地域〕や地方での交易よりも環境に対して有害であってはならないと主張する。どの様な貿易にも，よさも悪さもある。貿易で比較優位を得るために，国家は確かに環境基準を緩めたくなるが，しかし，国際協定は自由貿易のこういう欠点を概ね解決することができる。[44] 言い換えれば，国際協力は貿易と環境の両方にとって良い結果を生むような，有効に解決する力なのである。[45] そういう協力は，実際，必要不可欠な

ものである。というのも,効率の良い貿易は健全な環境を必要とするからであり,その一方で,健全な環境は（少なくともグローバル化の時代にあっては）,貿易なくしては,悪化し,崩壊に至るだろうという理由からである（北朝鮮の環境をちょっと見ただけでも,これが分かる）。

　国際協定の中には貿易上の措置を,時には貿易制裁までも,認めているものがあると制度主義者は論じる。有害廃棄物と危険な化学物質（例えば,残留性有機汚染物資,オゾン枯渇物質,禁止された化学殺虫剤）の国際貿易を管理する必要性のある場合は確かに存在する。しかしながら,国際社会は貿易から生じる環境破壊が明らかな場合にだけ,そのような措置に頼るべきである。それと同時に,制度主義者は世界的な環境管理を一層良くするために,貿易を自由化するのは重要だと論ずる。農薬と燃料に対する補助金の撤廃は,貿易を自由化すれば,よりきれいな環境を増進するのにいかに役立つことができるかの一例である。[46]

　さらに,国際協力はグリーンな市場を生み出すことができる――つまり,一連の貿易の至る所で,価格が環境コストと社会的コストのすべてを一層反映するような市場である。こうなれば,消費を下げ,管理の継続に利用できる資金の額を増やすことができる。例えば,「持続可能な資源」から生まれた製品,あるいは,「持続可能な生産工程」で作られた製品へのグローバル・エコラベルは,消費者に（多分,問屋や小売業者だけでなく）地球環境に損害を与えるのが少ない製品に対して,思わずもっと金を出したくなるような気にさせることができる。持続可能と認定された木材や,有機栽培とかフェアトレードとラベルのあるコーヒーの市場の成長は,双方満足のいく貿易協定がここでは可能であることを示唆している。森林管理を向上させるために,1993年に設立された非営利の森林管理協議会（FSC）は,グリーンな市場を作るのを企てた団体の例である。その会員には,環境NGO,造林業,先住民団体及び地域団体,木材認証団体が含まれている。FSCは国内の認証機関を認定し,監視している。木材製品についている,そのシンボルマークは「この製品はよく管理された森林からのものです」と消費者に表示しようとするものである。[47]

　管理貿易を支持する制度主義者は又,予防原則が無制限に使われないことを主張する傾向にある。彼らは,国内産業を守りたいと願う国がこの原則を乱用

する可能性を見る一方で，予防措置が認められる例がいくつかあるとも考えている。[48]彼らは「汚染者負担の原則」（PPP）も支持している。この原則は，汚染者は「汚染抑止のための全コストを商品価格の中に内部化するのを促進する措置として，公的な補助金を得ることなく」汚染防止と抑制のすべてのコストを背負うべきである，というものである。[49]多くの場合，国内産業を育成するための政府の補助金と同様に課税制度も，浄化のコストに対する負担や，例えば，煙突のある工場での生産によって地球の大気に長期的に害を与えることに対して支払う負担を消費者にかけてはいない。そういう場合には，政府は汚染する商品の輸入や，かなり環境に害を与えて生産された商品に対し制限（例えば，関税とか禁止までも）を考える必要があるかもしれない。[50]そうなれば，企業も政府も，そういう関税や価格の上乗せから利益を得ることができ，持続可能な生産方法にその利益を投資できるかもしれない——ひょっとしたら，もっと抜本的に，過去の環境悪化に対して諸国に賠償するのに，こういう資金を使えるかもしれない。[51]

　管理貿易の提唱者は，国際貿易協定のグリーン化は，より豊かで，よりきれいな世界へ向かうための最も建設的かつ実際的な方法の1つだと見ている。そして，彼らは，そういう協定はどこからも非難されないような立場を作りながら，国際環境協定と釣り合いをとるべきだと主張する。

♦ 国際貿易協定のグリーン化？

　環境に対する貿易の功罪に関する理論上の相違は，国際的な論争と交渉に影響を与え続けている。しかし，それと同時に，この論争の多くは今や現実の貿易協定の背後で起こっており，そういった貿易協定の多くは，今でははっきりと環境管理に取り組んでいる。ここでは，NAFTA，ヨーロッパ連合（EU），アジア太平洋経済協力閣僚会議（APEC）を含めて，いくつかの地域貿易協定について検討するだけでなく，WTOのより詳細な事例研究を通して，これらの論争を調べてみる。

WTO：貿易という原則

　1995年に設立された世界貿易機関は，関税および貿易に関する一般協定（GATT）から，発展したものである。GATTは，より自由な貿易の達成を目指した世界的な貿易協定として，1947年に設立された。GATTはデイヴィッド・リカードの考えに従って，自由貿易は世界の富を増大させるという新古典派経済学の前提に基づいて創設された（**Box5.1**参照）。GATTの原則は，WTOの名の下でも，今日未だに有効である。重要な原則の1つは，最恵国（MFN）原則であり，どのGATT加盟国にも，その国が「最恵国」に授けたのと同じ貿易条件を他のすべてのGATT加盟国に授けることを求めている。加盟国は又，他のGATT加盟国にいわゆる内国民待遇を提供しなければならない。これは，生産国や生産工程に関係なく，「同種の産品」を同じに扱わなければならないことをGATT加盟国に求めている。GATTは又，関税の水準を全体的に引き下げ，貿易における量規制の撤廃を求めている。この間，GATTの事務局は貿易協定を監視する機関であった。

　GATTは，8回の貿易「ラウンド」を通じて，定期的に交渉された。1986年のウルグアイ・ラウンドは1994年の末に終わったが，世界貿易のルールを監督する恒久的機関としてWTOを生みだした。WTOは，「知的所有権の貿易関連の側面に関する協定」（TRIPS協定），「サービスの貿易に関する一般協定」（GATS協定），「貿易の技術的障害に関する協定」（TBT協定），「衛生植物検疫措置の適用に関する協定」（SPS協定），「農業協定」（AoA）——これらすべてウルグアイ・ラウンドの一部として交渉された——を含めて，他の多くの協定と同様に，GATT（商品貿易を扱う）の下で交渉されたルールを採択した。WTOは又，紛争解決機関を設立し，強制的で，拘束力のある紛争解決のプロセス——GATTの紛争解決プロセスが欠いていたもの——を採用した。[52] WTOの紛争処理小委員会〔以下，パネルとする〕の裁定に上訴を許す恒久的な上級委員会も作られた。WTOルールに違反したことが分かった国は，訴えを起こした国に報復的な貿易制裁をするのを許すことでその国に償おうとするならば，自らしかけた貿易規制を取り除く必要はない。

1999年末のシアトルで，WTOの下で貿易交渉の新しいラウンドを始めるのに失敗した後（第3章参照），最終的に新しいラウンドはカタールのドーハで2001年に始まった（ドーハ・ラウンドと呼ばれている）[53]。農業協定に対する一番重要な修正を含めて，多くの問題を巡って先進国と発展途上国との間で意見が一致しなかったことから，2003年9月にメキシコのカンクンで開かれたWTO閣僚会議での交渉は失敗に終わったが，協議は継続中である。今日，146カ国がWTOの加盟国であり，GATT/WTO貿易ルールは，今や世界貿易の90％以上をカバーしている[54]。WTO加盟国は，WTO協定の条項に従うことを誓約している。もし，ある国が，他国がこれら条項に違反した（それ故，自国に悪い影響を及ぼした）と考えるならば，裁定のためにパネルに持ち込まれる。

GATTは，地球環境の状態について大きな関心が持ち上がるずっと前に作られた。従って，GATTは環境について直接言及しているところがほとんどない。WTOの前文は，持続可能な開発を追及する必要性を述べ，元のGATT協定よりも多少は進歩的になった。しかし，GATTは，WTOの下で未だに商品に関する主な貿易協定なのである。環境問題に適用できるかもしれないように見えるGATTの中の主な条項は，第20条である（**Box5.2**参照）。この条項は，GATTルールの例外になれる事例を述べている。しかしながら，環境上の理由から例外になれるかどうかに関しては，一目瞭然という訳ではない。

第20条は，人，動物，植物の命，又は健康を守るため，あるいは確実に天然資源を保存するために，GATTルールの例外を認めている。しかしながら，こういう例外には条件が付けられている。もし，ある国が第20条(b)の下で，人，動物，又は植物の健康を保つために貿易制限を使う時には，そういう措置が必要であると見なされなければならない。つまり，もし貿易を制限しなくても済む他の措置が利用できるなら，その時は貿易制限は必要とはみなされない。もしある国が第20条(g)の下で，枯渇するかもしれない天然資源を保存するために貿易を制限するならば，そのような措置は，天然資源の枯渇と厳密に関連するものでなければならず，国内の制限も同時に設けられなければならない。つまり，もしある国が貿易を制限するならば，その国は同時に自国内にも制限を設けなければならないのである[55]。さらに，この条項の下でのどんな貿易措置も，

> **Box5.2　GATT 第 20 条**（GATT の一般的例外条項）
>
> 　この協定の規定は，締約国が次のいずれかの措置を採用すること又は実施することを妨げるものと解してはならない。ただし，それらの措置を，同様の条件の下にある諸国の間において任意の若しくは正当と認められない差別待遇の手段となるような方法で，又は国際貿易の偽装された制限となるような方法で，適用しないことを条件とする。……
> 　(b) 人，動物又は植物の生命又は健康の保護のために必要な措置
> 　(g) 有限天然資源の保存に関する措置。ただし，この措置が国内の生産又は消費に対する制限と関連して実施される場合に限る。

　この条文の初め（シャポー【chapeau：帽子】と呼ばれている）に明記されているように，任意の若しくは正当と認められないものであってはならない。

　概して，第 20 条は地球環境問題を十分にはカバーしていない。多くの環境問題は，例えば，地球温暖化とか海洋投棄のように，第 20 条の狭い条件には合わない。従って，GATT ルールの例外に適さない。制限している国の国境を越えて天然資源を守ろうとする措置も許されない——つまり，貿易措置は管轄権外で適用されてはならないし，一方的であってもならず，貿易措置を課している国における天然資源の減少，あるいは動物や植物や人の健康に対してのみ適用される。そうであっても，より最近のパネルの裁定は WTO の例外の範囲を多少とも広げては来た（これについては後述する）。

　さらに，WTO の内国民待遇のルールは，原産国，又はどのように商品が生産されているかに基づいて貿易を制限することはできないと規定している。要するに，これは，諸国は生産工程方法（PPM）に基づいて製品を，その製品がそれ以外は全く同じなら，差別することはできないことを意味している。第 20 条だけがこれを補足している。諸国は作られているものに基づいてのみ，つまり，製品の組成物質に基づいてのみ，貿易を制限することができる。こういうことが起こるのは，WTO の貿易ルールは「同種の産品」——生産の方法がきれいか汚いかに関係なく，物の質において同様のもの——の間での差別を許さ

ないからである。しかしながら，こういうルールは，化学製品の中身，製品の出す排出レベルなどのように，製品の物質的特徴により，諸国が制限を加えるのは許している。

第20条とGATT/WTOでの環境論争

環境保護のためのGATT/WTOルールに潜む曖昧性，さらに，従わなければならない厳しい条件を考えると，今までにGATT/WTOにおいて多くの環境に関係した貿易紛争があったとしても不思議ではない（表5.1参照）。環境上の理由から，貿易制限を正当化する根拠として第20条を引き合いに出した国もあったが，そういう国はほとんどすべてGATTに違反すると裁定されてきた。1991年と1994年のマグロ・イルカ事件は，GATT/WTOでの貿易・環境紛争の最もよく知られた2例である。1991年の紛争では，メキシコはアメリカの海棲哺乳類保護法（MMPA）は，漁業の方法がイルカに危害を加えていないことを証明できない国からのマグロの輸入禁止を命じていると訴えた。GATTのパネルは，アメリカの敗訴とし，メキシコの勝訴とした。アメリカは，自国の行為は人又は動物の生命を守るために「必要」であると主張することにより，GATT第20条(b)に基づく行為を正当化しようとした。さらにアメリカは，天然資源を保存する措置を実施したのだと主張することで，第20条(g)にも依拠した。具体的に言うと，アメリカは自国の領域外で，製品に関係しないPPM〔生産工程方法〕に規制を加えることは——この場合では，イルカに危害を加えるマグロ漁——イルカを守るために必要だと主張したのである。GATTのパネルは，この主張を十分受け入れず，第20条はこの場合には適用されないと裁定した。アメリカの行為は，「同種の産品」を差別しており，従って，GATTの内国民待遇に違反しているというように，一方的かつ管轄権外（つまり，アメリカの外での国内法の適用）として見られた。さらに，パネルは，アメリカはイルカの殺害を減らすために，多国間で貿易制限を少なくするような試みを追求できたはずだと指摘した。しかしながら，パネルは，「イルカに害なし（dolphin-safe：ドルフィン・セーフ）」のラベルは許されると述べた。

その裁定については，様々な見解が唱えられてきた。MMPA〔海棲哺乳類保護

表 5.1　GATT/WTO の環境に関する紛争処理小委員会 [パネル] で主なもの

提出日	パネルを要求した政府	申立てられた政府	関連する条項	争　点	結　果
1991年9月3日	メキシコ	アメリカ	商品：GATT 20条の一般的例外	アメリカは自国の法律で定められたイルカ保護の基準を満たさなかった外国の生産者を対象にマグロの輸入を禁止した。アメリカは又、マグロ製品に「ドルフィン・セーフ (dolphin-safe)」のラベルが貼られものを求めた。	GATT のパネルはアメリカの禁輸を敗訴とした。GATT 20条はアメリカ国内及び外国の生産者を対象とするなら、ラベルを貼るのは容認された。報告は採択されなかったが、アメリカはメキシコと合意した2国間協議を開いた。GATT の枠外でその合意を目指すメキシコとアメリカの枠外でその合意を目指す2国間協議を開いた。
1994年6月16日	EU 及びオランダ	アメリカ	商品：GATT 20条の一般的例外	アメリカは、自国へ向かう途中でマグロを扱う「中継」国に対し、(上記の) 禁輸を拡大した。	1994年のパネル報告は、最初の「マグロ」パネルの裁定のいくつかを支持し、その他は修正した。アメリカは、その細かい検討を終えるには時間が不足しているし、従って：旧 GATT 体制下のアメリカの要求である／そのコンセンサスは考えない。
1995年1月23日	ベネズエラ	アメリカ	商品：GATT 20条の一般的例外	米国の大気浄化法の1990年修正法、米国内で精製されたガソリンよりも輸入ガソリンの化学的特徴に対し、厳しい新ルールを適用した。	WTO のパネルと上級委員会は、アメリカのルールは「差別的」と裁定した。
1996年1月31日	EU	アメリカ	衛生植物検疫措置の適用に関する協定 (SPS 協定)	EU によるホルモン投与牛肉の禁止（ヨーロッパの農家と外国の生産者にも同様に適用される。）	WTO のパネルは EU による禁止を敗訴とした。
1996年10月14日	インドネシア マレーシア パキスタン タイ	アメリカ	商品：GATT 20条の一般的例外	「カメを逃がす仕掛け」のないのエビの漁獲及び輸入の禁止。アメリカによる禁止は、（国内及び外国の生産者にも同様に適用される。）	WTO パネルはアメリカの規制は貿易ルール違反であるとした。上級委員会はその裁定を支持したが、アメリカの規制は差別的に適用されたとし、より狭い根拠に基づいていた。
1998年6月3日	カナダ	フランス	貿易の技術的障害に関する協定 (TBT 協定)	フランスによるアスベストとアスベストを含んだ製品の輸入禁止。	パネルと上級委員会はカナダによる申立てを退けた (WTO 協定は自国民を考慮する程度の保護により、人間の健康と安全を加盟国が守ることを支持している)。
2003年5月20日	アメリカ カナダ アルゼンチン	EU	衛生植物検疫措置の適用に関する協定 (SPS 協定)	遺伝子組換え食品と種子の承認に関し、EU による延期。	未　決

出所：WTO website: www.wto.org/english/tratop_e/envir_e/edis00_e.htm

第 5 章　国際貿易と環境

法〕がとったやり方に欠点があり，それ故，GATT ルールに違反したのだと言う人もいる。特に，MMPA は，同時期のアメリカの漁師が実現したもの——メキシコの漁師が前もって知ることはできなかった——に基づいたイルカ殺しは許容されるとした。けれども，多くの人は「域外適用」に対する GATT 裁定に批判的だった。それは，現代の国境を越える環境問題には不自然でふさわしくないと見られた。1994 年の第 2 のマグロ・イルカ紛争では，自国の規制を満たさない第三者の売人からのマグロに対してアメリカが課した間接的な輸入禁止に，ヨーロッパ連合〔EU〕が異議を申し立てた。GATT のパネルは，再びアメリカの敗訴とし，この場合の MMPA の適用は一方的で，任意であり，従って，第 20 条の下での例外に該当しないと述べた。

　WTO は，他にも環境に関連した紛争も裁定してきた。1996 年にブラジルとベネズエラは，ガソリンの清浄度に関するアメリカの法は，これら 2 国からのガソリン輸入を差別しているとして WTO に提訴した。このケースでは，米国大気浄化法の 1990 年修正は，1995 年以降，1990 年の数値を基準として燃料をきれいにすることを精製業者に求めていた。その法は，米国内の精製業者は 1990 年の業者自身の基準を使えるが，外国の精製業者は 1990 年のアメリカの平均的なガソリンの質に対応して，アメリカに輸出する燃料をきれいなものにしなければならないと規定していた。ブラジルとベネズエラはこの紛争に勝ったが，その結果，米国環境保護庁はガソリンの清浄度に関する法を修正しなければならなかった。WTO のパネルは，大気清化法の基準は有限の資源を守ろうとしているので，原則として第 20 条(g)はこの法の基準に該当するが，こういう数値をアメリカが設定し，適用したそのやり方が，正当と認められない差別をなしていると裁定した。とりわけ WTO のそのパネルは，アメリカは国内企業と外国企業の両方に対し，数値について同じルールを適用することで，外国の精製業者に対してより差別的でないことができたはずだと述べた。再び，環境保護運動家はこの裁定を「反環境的」と解釈した。しかしながら，その他の人たちは，アメリカの法律は明らかに差別的であって，WTO は環境保護に不利な裁定をしたのではなく，差別的な法に不利な裁定を下したのだと論じた。

　環境保護団体は又，1996 年のエビ・海亀事件を WTO のアプローチが反環境

的であることの証左として見た。この事件では，タイ，マレーシア，パキスタン，フィリピン，インドは皆，アメリカの法律が要求しているような，網に亀を逃がす仕掛けを使わないで取ったエビの輸入に対し，アメリカの法律は差別していると提訴した。これらの国は，亀を守るために別の方法を使っていると主張した。アメリカは，第20条に基づいてWTOルールの例外を主張しようとした。WTOのパネルは，アメリカの国内法に他国は従えというアメリカの要求は，WTOルールの下では認められないと，再び裁定した。この行為は生産方法に基づいた製品に対する差別であり，さらに，それが一方的な措置であったことから，第20条の下での例外には該当しないとみなされた。アメリカはこの事件を上訴し，上級委員会は裁定を多少変えた。上級委員会は，原則的には第20条はアメリカの措置に適用されうるが，しかし，アメリカは，すべての国はアメリカの法が要求するものに等しく合わすことができると想定しているがために，アメリカの措置はやはり正当とは認められない，かつ任意の方法で施行されたと付け加えた。[61] 上級委員会は又，アメリカは提訴国と海亀保護の協定を交渉するために十分な努力をしなかったと裁定した。WTOは，そのような問題を扱うには，一方的な措置ではなく，多国間で力を尽くすのがよいと考える。

　こういう裁定は，環境よりも貿易を重んじているように見える。しかし，よく調べてみると，WTOは実際には多くの環境問題に配慮していることが分かると論ずる人もいる。[62] エビ・海亀事件の裁定では，正当とは認められない，かつ任意の方法で施行されなかったとしたら，アメリカの措置は原則的に第20条(g)により認められただろうという決定は，イルカを保護する措置がアメリカの管轄権外で適用されために，第20条の下では全く認められないとしたマグロ・イルカ裁定とはかなり違っていた。この裁定は又，生産工程方法に基づいて差別するという考え方に，WTOは多少寛容であることを示している。[63]

その他 WTO協定と環境

　ウルグアイ・ラウンドから生まれたWTOの下では，他の多くの協定もどうにか環境を取り上げてはいる。[64] 衛生植物検疫措置の適用に関する協定（SPS協

定）は，食品の安全性，人，動物，植物の健康と安全に関する規則について述べている。この協定の目的は，貿易に不公平な障害を作り出すような安全措置を国家に採用させないようにすることである。この協定は，科学的に疑いのある場合に一定期間貿易を止めるだけでなく，環境を守るために国家がSPSの措置をとるのを認めるという例外が含まれている。こういう場合には，措置はリスク評価と科学的検証を受けなければならない。このことは，WTOでは予防原則を極めて限定して使用するというように解釈されてきた。WTOは，各国にSPS基準を一致させるように，あるいは国連食糧農業機関と世界保健機関のコーデックス委員会〔食品規格委員会〕により作り出されたような国際的に認められた基準を採用するように奨励している。しかしながら，各国はコーデックスにより決められた措置よりも，もっと厳しい措置をとることが許されている。SPSの措置も又，他の基準に合わせなければならず，特にその措置が任意の若しくは正当と認められない方法で適用されてはならない。

　SPS協定違反だとして，WTOに紛争がいくつか持ち込まれてきた。例えば，1996年にアメリカとカナダは，EUがホルモン投与牛肉を輸入禁止したことに異議を申し立てた。WTOのパネルは，輸入禁止は根拠の確実なリスク評価に基づいていないという理由で，ヨーロッパの敗訴とした[65]。この事件で敗れはしたが，EUは輸入禁止を継続し，協定違反の報復としてWTOが認める貿易制裁に直面した。EUによる1998年のGMO〔遺伝子組換え作物〕の輸入一時停止は，SPS協定の下で正当化されるという理由で実施され，EUが科学的評価をする間のそういう作物の輸入禁止は暫定的なものであるとEUは明言した。アメリカ，カナダ，アルゼンチンは，2003年5月にEUを相手にWTOに申立てを行った[66]。これがきっかけで，2003年7月にEUはGMOのラベル貼りに関する厳しい新法を通過させた。これで，EUは2004年にGMOの輸入一時停止を解くことができた。しかしながら，原告が申立てを取り下げるかは明らかではない。というのも，原告は，新しい法律はSPS協定下では同じように正当と認められないと主張しているからである。

　貿易の技術的障害に関する協定（TBT協定）は，貿易の障害となる技術的規制と基準を諸国に使わせないようにするものであるが，これも又，人，動物，

植物の生命又は健康，あるいは環境を守るために，諸国が技術的規制を採用するのを認めている。しかし又，こういうルールには条件が付きやすい。この場合，そういう措置は明快で，差別的であってはならない。SPS 協定のように，TBT 協定は基準を一致させるように各国に奨励したり，あるいは国際的に決められた基準があるならば，それを採用するように奨励するが，しかし又，必要ならば例外を認めている。TBT 協定と環境に関係する，ある紛争が WTO に持ち込まれた。それは，アスベストとアスベスト製品の輸入を禁止しているフランスの法律に関し，カナダが EU を相手に申立てを行ったものである。当初パネルは，輸入禁止は TBT 協定の下での技術的規制ではない，さらに GATT の第 20 条(b)により輸入禁止は許されると裁定した。しかしながら，カナダが上訴した結果，上級委員会は，輸入禁止は実際は技術的規制であると裁定したが，にもかかわらず，第 20 条(b)により許されるとした裁定を支持した。[67]

サービスの貿易に関する一般協定（GATS 協定）も，GATT 第 20 条に似た条項を組み込んでいて，それは枯渇しうる天然資源の保存には関係しないが，人，動物，又は植物の生命や健康を守るのに必要ならば，例外を認めている。しかしながら，又もや，そのような措置は任意の若しくは正当と認められないものであってはならない。知的所有権の貿易関連の側面に関する協定（TRIPS 協定）——特許権と著作権のような知的所有権に関するルール及び貿易に関するルールを定めている——も又，環境についてかなり含みを持たせている。この協定は，発明（製品と工程の両方を含む）に特許権を利用させることを各国に求めている。それには，微生物，さらに動植物を生産するための生物学的方法が含まれている。植物の品種には特許若しくは効果的な特別の制度（特定の目的のために考案されたもの）により，保護が与えられることになっている。しかし，この協定は，発明を特許の対象から除外することが環境保護のために必要であるということを示せるならば，WTO 加盟国に環境に危害を加えるかもしれないような発明には，何であれ除外できることを認めている。最後に，農業協定（AoA）は，農業に対する補助金を下げようとするものだが，各国に貿易を歪めないようなやり方で農業に補助金を与え続けることを認めている（こういう補助金は「グ

リーン・ボックス (green box)」と呼ばれている)。この協定の下で許される補助金には，環境保護に関係したものが含まれる。但し，この手の環境保護関係の補助金は明らかに限定された政府の環境保護計画，又は保存計画の一部でなければならない。AoA, TRIPS, GATS に関しては，今までに環境に関係した申立てはない。

貿易と環境委員会，及び多国間環境協定と貿易紛争の可能性

　過去10年間にわたり，WTO は環境面についてそのイメージを上げるために，他にも目に見える努力をしてきた。1994年に WTO の一般理事会は，貿易と環境委員会（Committee on Trade and Environment：CTE　1970年代に作られた組織だが，何年もの間，会合を開いていなかった）を貿易と環境の関係を討議する恒久的な組織として改組した。この委員会は，今は定期的に会合しているが，貿易協定と多国間環境協定（MEA）との関係やエコラベルのような問題を WTO はどう扱うべきか，さらに貿易と環境が知的所有権とサービスに関する貿易ルールにどのように関係するかについて討論している。CTE は，環境目的が貿易目的に取って代われる場合，もっとはっきりとルールを書くように WTO 協定を修正すべきかどうかを含めて，これらの点について勧告をする責任を負っている。

　これまで CTE で大いに議論されてはきたが，こういう面での具体的な行動はあまりとられてこなかった。このゆっくりとした展開は，1つには発展途上国からの反対があったためと，さらにアメリカの側でリーダーシップを欠いていたせいでもあった。[68] 発展途上国は，現在討議中のエコラベルのルールを特に心配している。というのも，発展途上国は，このルールは先進国が生産工程に関する環境情報を製品に貼っていないということで，自分たちへの差別を許すだろうと恐れるからである。そういうラベルを貼る計画は，貧しい国にとっては実施しがたく，しかもお金がかかる。貿易と環境の問題は，1999年11月から12月のシアトルでの，開始できなかった貿易交渉の公式議題に載ってさえいなかった。しかしながら，貿易交渉のドーハ・ラウンドを始めた2001年ドーハでの WTO 閣僚会議では議題に載せることになった。閣僚たちは，MEA〔多

国間環境協定〕とWTOルールとの間の関係を明らかにするために交渉を行うことを，その会議で合意した。[69]

MEAとWTOルールとの関係の問題は，当然ここでさらに煮詰められることになる。というのは，これは貿易紛争になる可能性がある領域であり，さらに，この問題はかなりの論争を引き起こしてきたからである。約200のMEAがあり，そのうちの約20に貿易条項がある。言い換えれば，環境協定は環境保護の目的を果たす手段として，何らかの点で貿易を制限している。貿易条項を持つ比較的有名なMEAには，バーゼル条約，絶滅のおそれのある種の国際取引に関する条約，モントリオール議定書，京都議定書，カルタヘナ議定書，ストックホルム条約，ロッテルダム条約がある（詳細は第3章，表3.1参照）。場合によっては，あるMEAは，それが管理しようとしている危険な，あるいは絶滅のおそれのある産物の貿易を制限するだろう。又，別の場合には，あるMEAは諸国にそのMEAに加入するのを促す手段として，さらに，そのMEAが規制しようとしている産品については市場を非締約国には利用させないようにするだろうから，締約国と非締約国との間で特定の産品の貿易を制限するだろう。[70]多くのMEAには，技術移転や事前通報同意のための条項のように，貿易に影響を与えるかもしれないような規制措置が他にもある。

MEAは，確実に遵守させ，環境保護の目的を果たそうとして，そういう貿易制限措置を使う。しかし，アナリストの中には，これらはWTOと一致しない可能性があると主張する人もいる。つまり，こういう措置は，WTOの量的制限撤廃の要求に関してと同様に，最恵国待遇及び内国民待遇問題に関してWTOルールと両立しないと解釈されることがある，ということである。そういう不一致は，MEAの締約国である国が，MEAの締約国ではない国に貿易制限をかけ，しかも両国ともWTO加盟国である場合，一番問題になるように見える。1つの例が，モントリオール議定書で，これは締約国どうしよりも，締約国と非締約国との間での方が，オゾン枯渇物質とかオゾン枯渇物質を使ってできた製品の貿易に，より厳しい制限を加えている。ほとんどのアナリストは，両国ともMEAの締約国である場合（従って，協定の条項を自発的に承認してきた），貿易と環境についてのルールを巡る紛争は，WTOまで行くことはないだろう

と思っている。しかし，こういう場合でも，問題は起こりうる。例えば，バーゼル条約は，条約の附属書VIIに載っている締約国（主に，非OECD諸国）と載っていない締約国との間での有害廃棄物の貿易を禁止している。この条約の締約国のいくつかの国は，OECDに加盟しているという理由で差をつけているのだから，これは差別的だと，理論上は主張できるだろう。予防原則や知的所有権を扱うもののように，別種のMEA貿易関連措置も又，緊張を作り出す可能性がある。[71]

WTOと一致しないとして正式にMEAに申立てをした例は，今のところない。しかし，環境保護活動家は，いくつかの国が批准を拒んでいるような環境協定の数が増えているのを心配している。例えば，バーゼル条約，カルタヘナ議定書，京都議定書を含めて，いくつか重要な環境協定は未だに多くの国が，とりわけアメリカも含めて，批准していない。重要な経済国が，貿易条項を持つMEAの締約国でないような場合は，WTOに申立てをする可能性は高まる。そのような紛争の帰結は，WTOルールにより拘束されるだろうし，将来の事件の先例をなすだろう。

WTOルールとMEAルールとの間での潜在的な不一致に，WTOが取り組めるかもしれない方法がいくつかある。多くの提案が討論されてはきた。その1つは，貿易制限がMEAの目的のために課せられた時には，WTOはいくつか貿易上の義務を放棄するというもの。もう1つは，貿易上の申立てから免除されたMEAを加えるために，WTOルールを変更するというものだろう。[72] WTOも，MEAの貿易措置がWTOルールと一致しなければならないようなルールを作成することもできるだろう。[73] しかしながら，WTOルールの変更は総意によってのみ可能なのであり，しかも，すべての国が変更の必要性に同意している訳ではない。WTOルールを変更するに至っていないので，その関係を明確にするのは，必然的にパネルの裁定によらざるを得ないだろう。

MEAとWTOとの関係は，2002年の持続可能な開発に関するヨハネスブルグ世界サミットで論じられた。そのサミットから生まれた実施計画は，署名国に次のことを要求した。「多角的貿易体制と多国間環境協定の両方が並置されることの重要性を認める一方で，WTOにより合意された作業計画を支持しつ

つも，持続可能な開発の目標と矛盾しないように，多角的貿易体制と多国間環境協定との間の相互支援を促進すること。」しかしながら，CTE〔貿易と環境委員会〕での協議は，この点に関し，何の具体的な勧告も未だに生み出していない。

WTO 改革？

WTO の中でとられたこういった処置は，環境への配慮に関し，この組織の中で多少の進展があることを示していると主張されることがある一方で，そういう変化が起こっているのか，起こっているとすればどの程度なのかについて，未だに意見の相違がある。ほとんどの市場自由主義者は，現在構成されている WTO ルールは環境問題を十分扱っていると主張し，極端な市場自由主義者は貿易政策の中では環境問題はほとんど，あるいは全く入り込む余地はないと主張する。もっと穏健な市場自由主義者は，WTO にマイナーな改革がいくつか起これば，環境と貿易政策との関係をもっとはっきりさせるのに役立つだろうと思っている。ほとんどの市場自由主義者は，例えば，MEA と WTO ルールとの間の関係を明らかにすることはいいことだと考えるが，しかし，なお懐疑的な人もいて，そういう人たちは，環境協定は本当に環境保護を意味し，単に偽装した保護主義ではないようにしたがっている。透明性の増進やエコラベルに関するはっきりしたルールも又，求められている。

WTO におけるこういった変化はマイナーなことだとみなされていて，全体的に見て，ほとんどの市場自由主義者は WTO ルールは十分グリーン〔環境に配慮している〕だと主張している。農業貿易の自由化は，この点で好例である。WTO の農業協定の目的は，農産物の関税引き下げであり，農業補助金の撤廃，又は引き下げにある。市場自由主義者は，こういう措置は単に貿易と成長の促進に重要なだけでなく，環境保護にも重要なのだと主張する。というのも，貿易を歪める関税や補助金をなくせば，土地利用はずっと有効になるからである。従って，こう考える人たちによれば，貿易自由化のこういった本来の目的に向けて進むことこそ，環境にとって最善の政策なのである。市場自由主義者は又，WTO ルールに予防原則が組み込まれるのを心配している。彼らはそれを保護貿易を招くものだと見ている。

第5章　国際貿易と環境

　制度主義者は，WTO にもっと実質的な改革を求める傾向にある。彼らは，WTO というものの価値を認め，WTO に大掛かりな再調整を加えることが，持続可能な開発を追求するのに必要不可欠だと見ている。制度主義者は環境保護の目標を達成するには，MEA で貿易制裁を使うことをより強く唱えてはいるが，MEA と WTO とを調和させることで，もっとはっきりした図式が必要だという点では市場自由主義者と一致している。制度主義者は又，エコラベルに関する明確なルールが必要であること，さらに WTO のプロセスにおいて透明性，説明責任，及び市民社会の参加が必要であることに同意している。[77]ほとんどの制度主義者は，市場自由主義者よりも先を行っていて，WTO での紛争解決で予防原則を限定的に用いることを支持し，生産工程や生産方法に基づいて差別することを認めている。[78] WTO の権力に対抗するために，世界環境機関（World Environment Organization：WEO）という形態の新しい組織を論じる人まで いる。[79]非政府系アクターと共に，このような組織はグローバル・ポリティカルエコノミーの中に環境規範を埋め込むのに役立つだろう，とこういう制度主義者は考えている（第 8 章参照）。

　ほとんどのソーシャル・グリーン主義者と何人かの生物環境主義者は，WTO にずっと批判的で，しょっちゅうその組織の徹底的な総点検，時にはその解体まで要求している。多くのソーシャル・グリーン主義者は，WTO/GATT 体制を貿易を自由化するために資本主義国と企業により利用される 1 つの手段として見ている。[80]さらに，彼らは，WTO/GATT 体制は秘密主義的，非民主的，差別的，反環境保護主義的だと主張する。このため，彼らは既存の枠組みを使って本当の改革をするのは，ほとんど不可能だと思っている。[81]彼らは，貿易制裁をすることがある，いくつかの国際環境協定を称賛している。[82]しかし，彼らは，環境に有害な貿易を制限しようとするなら，こういう条約はずっと先に進むことができるだろうとも論ずる。加えて，多くのソーシャル・グリーン主義者と生物環境主義者は，自国の（及び地球の）環境保護のために，国権の 1 つとして，一方的な貿易措置を正当化する。[83]中には新しい国際制度の創設を提案する人もいる。例えば，グローバリゼーションに関する国際フォーラム〔IFC〕のコリン・ハインズ（Colin Hines）は，「持続可能な貿易に

関する一般協定」(General Agreement on Sustainable Trade : GAST) というものを提唱する。GAST なるものは，貿易を阻害することはないだろう。むしろ，それは諸国に人権，労働者の権利，及び環境を尊重するような国からの商品を優先的に扱わせるだけでなく，国内産業を好意的に扱うよう奨励するだろう。それは又，市民団体が協定を破る企業を告訴できるようにするだろう。その他の提案には，「フェアトレード (fair trade : 公平貿易)」の拡大がある——つまり，商品にもっと公平な価格を払い，環境にやさしい生産が確実にできるような地域社会との小規模な貿易である。フェアトレード運動は，コーヒー，手芸品，バナナのような品目では増えてはいるが，未だに世界貿易のほんのわずかな割合しか占めていない。

♠ 地域貿易協定——もっとグリーンなモデルが生まれるチャンス？

　貿易と環境の間の緊張を緩和させる難しさが WTO の中にあるとすれば，地域貿易協定ではどの程度期待できるだろうか。ここでは，NAFTA，EU，及びアジア太平洋経済協力閣僚会議 (APEC) を地域貿易協定の例として眺め，それぞれどのように環境問題と取り組んでいるかを見る。

　1990 年代初めに交渉された NAFTA は，ほぼ間違いなく GATT/WTO よりも環境にやさしい貿易協定である。NAFTA は明らかに，GATT よりも大幅に環境問題を扱い，協定の前文と本文 (20 章のうち 5 章) で環境について特に触れている。NAFTA 本文の第 1 章は，この貿易協定の中で名を挙げられている環境条約がいくつかあるが (多国間条約の CITES，バーゼル条約，モントリオール議定書，その他 4 つの 2 国間条約を挙げている)，これら環境条約に書かれている貿易条項が優先すると規定している。しかし，このような条約に対する今述べた規定には条件が付けられている。NAFTA 締約国は，これら条約の下で自国の義務を果たすために，政治的又は経済的に実行可能かどうかにかかわらず，貿易と調和しない措置は最小限にしなければならない。NAFTA 本文の第 11 章は又，明らかにポリューション・ヘイヴン (pollution haven : 汚染逃避地) を妨害している。つまり，第 11 章は，締約国が保健，安全，又は環境に関する国内基準

を緩めることで，投資を奨励するのは適切ではないと述べている（次の章で，ポリューション・ヘイヴンの概念と NAFTA の投資条項をもっと詳細に検討する）。NAFTA 協定の別の箇所でも，より予防的なアプローチを組み込みながら，GATT よりも柔軟に，しかも明瞭に環境について触れている[88]。

　加えて，NAFTA 本文の中の措置に平行して，環境についての補完協定がある。それが，北米環境協力協定（North American Agreement on Environmental Cooperation: NAAEC）である。この補完協定の目的は，NAFTA 締約国間での環境協力を促進し，締約国は自国の環境法を遵守並びに実施し，さらに環境を巡る紛争を解決するメカニズムを確立することにある。締約国は，この補完協定により，自国の環境についての状況を定期的に報告しなければならない。新しい機関である環境協力委員会（Commission on Environmental Cooperation: CEC）は NAAEC を監督するために作られた。それは，NAFTA 諸国の環境パフォーマンスと政策についての研究をする。さらに，環境についての苦情を聞き，紛争を解決する。もし，ある締約国〔A 国〕が，この協定の他の締約国の 1 つ〔B 国〕が，その国の〔B 国の〕環境法を相変わらず実施できていないと思うならば，〔A 国は〕CEC に苦情を申し立てることができる。CEC は，市民と NGO が参加することに関し，WTO よりもずっと開かれていて，こういう団体が個々に申立てを起こすことができる[89]。この補完協定は又，国境環境協力委員会（BECC）と北米開発銀行なるものを設立した。

　環境保護団体の間でも，とりわけアメリカの環境保護団体の間で，NAFTA 協定における環境の部分に関して，交渉の間中，深刻な意見の相違があった。地球の友，シエラ・クラブ，パブリック・シチズン，そしてグリーンピースを含めて，ソーシャル・グリーン主義者と生物環境主義者の分析を利用する団体は，その協定のほとんどの面に極めて批判的だった。とりわけ，これらの団体は環境と開発に悪い影響があると予測したために，その協定に反対した。彼らは，企業の利益が事実上取り入れられたような感じがする交渉過程にも批判的だった。天然資源保護協会（Natural Resources Defense Council），WWF，環境防衛（Environmental Defense）を含めて，制度主義者と市場自由主義者の理論にもっと従う団体により取られた，より穏健的な立場は，環境への関心がその協定

159

に取り入れられたことを概ね支持した。彼らは，貿易の自由化は潜在的に良い力である，あるいは，いずれにせよ貿易の自由化は起こるものだということについて基本的に同意し，環境保護条項がその協定の中に間違いなく組み込まれるのを望んだ。[90]

しかしながら，他の貿易協定よりも，実際に NAFTA が「よりグリーン」であるかどうかを十分評価するには，まだ早すぎる。いい面では，1990 年代にアメリカでは基準や実施において大きな後退はなかった。[91] この間，メキシコの環境法は，NAFTA が効力を持って以来，実施の程度にむらがなくなって向上してきた。[92] アメリカ国境付近のメキシコの産業地帯における深刻な環境法違反も，400 社を超える企業が環境コンプライアンス〔法令遵守〕行動計画に署名することで，72％減少した。[93] 悪い面では，カナダの NAFTA 後の記録は，見事と言えるほどのものではない。[94] これまでのところ，CEC〔環境協力委員会〕も多くを達成してこなかった。NAFTA 実施後の環境の質について CEC がやってきた調査は，選んだ方法と問題に関し批判されてきた（例えば，毒性廃棄物よりも，むしろ農業）。批判する者はさらに，NAFTA は土地使用の慣行を変え，有毒の化学物質で田舎を汚染し，メキシコの小自作農の農業を荒廃させてきたと論じる。メキシコとカナダによるアメリカからの毒性廃棄物の輸入は，NAFTA 以降増加してきている。メキシコだけでも，1994 年以来，有害廃棄物の輸入は 2 倍になった。テキサス政策研究センター（Texas Center for Policy Studies）が発行した報告書は，アメリカからメキシコへの有害廃棄物の輸出は，1995 年の 15 万 8,543 トンから，1999 年には 25 万 4,537 トンにまで増えたと述べている。同様に，カナダも同じ時期に，有害廃棄物の輸入は 38 万 3,134 トンから 66 万トンへと増加した。[95]

貿易と環境の緊張関係を EU が扱う場合は，多少 NAFTA とは違っている。EU の起源は，ローマ条約が調印された 1957 年に遡り，この条約はヨーロッパ諸国の間で（単に，貿易の自由化ではなく）経済的，政治的統合を促進しようとしたものであった。[96] 単一欧州議定書（1986 年），欧州連合条約（1992 年），アムステルダム条約（1997 年）は，環境法の統一を含め，政治と経済の一層の統合を推し進め，EU の新生面を開いてきた。[97] この間，EU は環境保護について EU 大の政

第 5 章　国際貿易と環境

策を発展させ，採用してきたが，これらの政策は，経済目標に比べると二次的なものだとは考えられていない。[98] 環境に関しては，EU 内で規制を一致させようとして，多くの政策指令が採用されてきた。これには，例えば，廃棄物，大気汚染，水，自然保護，及び気候変動に関する政策が挙げられる。[99]

　経済統合だけでなく，政治統合という EU の目標は，同一の環境法の実施が経済統合とは平行していながらも，これとは別に起こってきたことを意味している。こういったことから，ヨーロッパにおける環境法の一致とその経済的影響についての大きな論争は今までなかった。事実，基準の一致は，その地域における貿易の促進に，重要だと考えられてきた。しかしながら，いくつかの EU 諸国——まず第 1 に，ギリシア，ポルトガル，スペイン，イタリアのような，主により低い環境基準を持つ国——は，他の EU 加盟国よりも EU 全域にわたる厳しい環境政策を採用することにためらいがちであった。このため，EU の環境指令は，加盟国の経済的，環境的状況に従って，指令が命ずるものに多少の差を許すことで，柔軟性をある程度組み込ませている。[100] しかしながら，こういう差にもかかわらず，EU は経済統合の拡大という状況の中で，環境法の上方一致に成功した事例であると広く見られている。

　APEC における貿易と環境問題の取扱いは，NAFTA や EU の下でよりも，かなり違った結果となってきている。「持続可能な開発」は APEC の重要な政策目標ではあっても，この地域での環境面での協力に関しては，今までほとんど何もされてこなかったと言われてきた。[101] APEC は南北アメリカの他に，東アジア，東南アジアの諸国を含む太平洋全域で，お互いに貿易をする多くの国からなる広大な地域集団である。そのように，APEC には，先進工業国（例えば，日本，アメリカ，カナダ，オーストラリア）と多くの新興工業国（例えば，フィリピン，インドネシア，メキシコ，チリ）と過渡期にある国（例えば，中国，ロシア）が入っている。[102] APEC は，冷戦終了後に太平洋全域での経済関係を発展させるための手段として，1990 年代初めに設立された。APEC の目的は，経済及び技術協力——技術協力には環境面での協力も含む——の促進だけでなく，貿易自由化を含めて貿易を促進することである。これら 2 つの目標は APEC にとっては中心的なものであるにもかかわらず，それらを別々の外交ルートで追求してきた。

161

さらに，APEC加盟国は，環境・経済状況に関し，とりわけ広い多様性を持っており，それがこの地域での協定作りを特に難しくしている。その結果，貿易と環境問題の統合はほとんどないままで，その地域全体での強力な環境政策としては，ほとんど何も現れてこなかったのである。[103]

♠ 結　論

　貿易と環境は互いに共存できる——実際，両方とも相手が健全でなくてはならない——というコンセンサスが，世界の政策集団の中では大きくなっている。貿易に関する制度主義者の立場は，ここ10年間強くなってきており，今日，ほとんどの政府が選択した国際的な政策目標は，経済成長と環境の向上の両方を促進するために，貿易を「管理」することである。このことは，より強力な国内環境政策，国際環境法及び規範を必要とする。これは又，国家に自由貿易協定の中へ環境問題を組み込むのを求めている。にもかかわらず，これらルールが共通して強いるものは，世界の至る所で経済成長を促進し続けられるように，貿易をなお「好きなだけ自由」なままにさせておけ，ということである。この見解にあっては，環境保護の手段として貿易を使うようなことはしない，というのが決定的に重要である。というのは，そうしてしまうとかえって効率の良い配給と地球環境の資源利用を歪めるからである。

　このことは，貿易を巡る「戦い」が終わったというのではない。市場自由主義者は未だにやりすぎる可能性を見ている——そして，このことがすでに起こっていると感じる人もいる。つまり，地球環境レジームは，世界の富の蓄積に対するもう1つの別の障害になるだろう——そして，それがまた，すべての人を貧しくするだろうということである。多くの生物環境主義者とソーシャル・グリーン主義者は，管理貿易という妥協に関し，市場自由主義者よりも遥かに懐疑的である。彼らは，世界貿易体制に付き物の過剰消費や甚だしい不平等を管理貿易は取り組んでいないと主張する。管理貿易は多国籍企業による破壊的活動をほとんど規制しないし，交易された商品の価格に社会的及び生態的価値のすべてを内部化することもほとんどない。それは又，世界の環境基準を高め

ることもほとんどないし，多くの場合，国家に国内基準を低いままにさせる（そして，それを奨励さえする。さらに，国家に基準をさらに低めようとする動機を作りさえする）。要するに，ソーシャル・グリーン主義者と生物環境主義者は，世界貿易と自由貿易協定は持続不可能なマクロ経済成長のエンジンとほとんど同じであって，地球の生態系に対しますます大きな圧迫を作り出していると見ている。

　制度主義者でさえ，彼らの多くは先は遠いと感じている——もっとも，こういう心配はもっと個々の事柄に関することであって，貿易と環境についての理論上の根拠についてそれほど心配している訳ではない。例えば，多くの制度主義者は，特に生産方法や工程方法に基づく有害産品の貿易禁止は，とりわけWTOとNAFTAの下では，やはりあまりにも難しくてできないと主張する。制度主義者の多くはさらに，世界貿易のルールは，環境規制について最低限の基準を設けていないことを強調する——つまり，天井だけあって，底がない——。国際貿易法の下では，他国の高い環境基準を不公平だとして異議を唱える方がずっとたやすい。つまり，低い環境基準を不公平だと異議を唱える方が遥かに難しいのである。従って，国家にとってのより安全な立場は基準を弱め，底辺への競争を進めることである。最後に，多くの制度主義者は，環境条項を持つ貿易協定と貿易条項を持つ環境協定の部分的重複は，国際貿易と環境に関する分かりづらく，時には曖昧なルールを作り出すと指摘する。

　自由貿易の原則と環境に関する貿易条項は，多国籍企業〔TNC〕が環境に対して行うことの多くを方向づける。次の章では，TNCによる環境への影響をより詳細に見ることにする。

第6章
国際投資と環境

　普通の人は，企業と言えば世界で最も目立つ多国籍企業をよく連想する。つまり，ゼネラル・エレクトリック，シティー・グループ，エクソン・モービル，ウォルマート，マイクロソフト，ゼネラル・モーターズ，プロクター・アンド・ギャンブル，ジョンソン・エンド・ジョンソン，シェブロン・テキサコのような企業である[1]。がしかし，TNC〔多国籍企業〕の親会社は何万もあり，さらに何十万もの系列会社がある。売り上げと利益がこういう企業を駆り立てる。自由貿易，民営化，規制緩和を拡大し，さらに国際金融の流れの量とスピードを大きくしているような経済のグローバル化も又，こういう企業の権力を強めている。国境なき世界市場では，売り上げと利益が拡大するチャンスがますます多くなる。10億人以上の人がいて，国内消費が急速に伸びている中国における機会をちょっと見ただけでも，それが分かる。今や中国は世界貿易機関（WTO）の加盟国であり，TNCはその地に投資するために勢ぞろいしている。というのも，そういう投資から莫大な利益が生まれる可能性があるからだ[2]。

　市場自由主義者は，こういう展開を賞賛している。TNCがうまくいっているというのは，世界経済が健全であることを意味している。健全な世界経済は，豊かな国でも，貧しい国でも，国民経済の力強い成長を意味し，延いては環境管理を向上させるための国家と企業の資金が増えることを意味する。さらに，TNCは発展途上国におけるかなり大きい投資のための財源を持っており，より高い経営水準だけでなく，新しい技術（それまでの企業よりもきれいで，効率的な技術）をもたらす。言い換えれば，TNCは先進国と発展途上国の両方にとって，持続可能な開発のエンジンなのである。制度主義者はこの点に関しては同意している。しかしながら，彼らは次のことを付け加える。つまり，企業の利

第6章　国際投資と環境

益第1主義に対しては，持続可能な開発を確実に実現しようとするなら，場合によっては国際社会が（法と財政的奨励措置により）企業行動を導く必要がある。貿易に関して，生物環境主義者とソーシャル・グリーン主義者は，TNCの環境に与える影響について市場自由主義者や制度主義者とは非常に異なる見解を抱いている。生物環境主義者は，TNCを過剰生産と過剰消費のエンジンと見ている。TNCは，地球の天然資源の大半を抽出，加工し，豊かな国へ輸出することで，森林減少，魚の乱獲，過剰採掘，及び砂漠化を作り出している。TNCは，世界の製品の大部分を製造し，商標を付け，販売し，上手に宣伝することで消費主義〔消費拡大は経済に良い〕の文化を創っている。TNCは，ダイオキシン，フラン，ポリ塩化ビフェニル（PCB），DDTのような危険な化学物質で地球の空気と水を汚染している。さらに，TNCはゴミや有害廃棄物を輸送し，適切に処理せず，時にはこれを豊かな国から貧しい国へと移す。ソーシャル・グリーン主義者は，環境に関しては，生物環境主義者のTNCに対する評価を概ね受け入れている。しかしながら，ソーシャル・グリーン主義者は，TNCは利益を最大にしようとすることで，人類の多くが被っている不平等と搾取の張本人でもあると付け加える。現在，莫大な数の人が，輸出用作物（例えば，コーヒーやナッツ）のために，ますます不毛になる土地を耕したり，危険な工場（例えば，安物の布を縫うような）であくせく働くことで，生きるためにわずかな額のお金を奪い合っている。自耕自給農業に備わっている栄養のバランスはもはやない。過去にあった地域社会の安寧も，協力しあって環境を管理することも，もはやない。言い換えれば，TNCは自然と人類の両方に対する不公平と搾取のエンジンなのである。

　この章では，TNCと海外直接投資のグローバル化における最近のトレンドを概観することから始める。次に，環境基準を巡る論争を検討し，発展途上国の緩い環境規制を利用しようとして，企業は移転するかどうかの問題に特に取り組むことにする。その次に，発展途上世界におけるTNCの現場での活動の分析をする。この章では又，環境改善の圧力に対するTNCの反応を検討し，産業界は「グリーニング（greening）〔環境保護の推進〕」していると主張する人と，産業界は単に「グリーンウォッシュ（greenwash）〔環境問題に関心のあるふりをす

165

ること〕」をしているにすぎないと主張する人とに議論を分けることにする。最後に、地球環境及び投資のガバナンスにおける TNC の役割について討議することで、この章を終える。

♠ グローバル化と多国籍企業

　TNC による海外直接投資（FDI）は、経済のグローバル化の主な原因と結果の1つである。FDI は所有権、つまり、海外の企業に投資家が直に経営者の役割を担うような投資を必然的に伴う[3]。当然のことながら、多国籍企業というのは、海外活動に対して投資をする。一般に、TNC の親会社は複数の国で、多くの支店、子会社、系列会社の少数又は大部分の株式を保有しており、複雑な経営構造を作り上げている[4]。

　TNC の数は、1970年以降、目覚しく増加しており、1970年には TNC の親会社は 7,000 だったのが、2002 年には 6 万 5,000 以上になり、世界中に約 85 万の外国の系列会社を持つまでになった（図 6.1 と 6.2 を参照）。外国の系列会社は、今や世界 GDP の 4 分の 1 を占め、企業内貿易は世界輸出の 3 分の 1 を占めている[5]。

　世界の FDI の純流入が加速したのは、概ね 1990 年代ではあったが、世界 FDI の純流入は 1970 年代以降、大幅に伸びてきた。1970 年の FDI の純流入は 92 億米ドルで、それが 1988 年までには 6,890 億米ドルにまでなった[6]。FDI の流入は、2001 年の 7,350 億米ドルに落ちる前に、2000 年には空前の 1 兆 4,900 億米ドルにまで達した（図 6.3 参照）[7]。驚くことではないが、世界の対内直接投資残高〔外国からの直接投資残高〕の総額は、過去 40 年間着実に増加してきた。つまり、1960 年には 680 億米ドルだったのが、1996 年には 3 兆 2,000 億米ドル、2001 年には 6 兆 8000 億米ドルになった[8]。FDI のこのような増加は、特に過去 10 年間顕著であったが、貿易と同様に FDI も均等に振り分けられてはこなかった。2001 年には、先進国は FDI の 68.4％を占め、西ヨーロッパ、アメリカ、日本がそれぞれ 45.7％、16.9％、0.8％を引き寄せた。2001 年では、発展途上国は、FDI 流入のわずか 27.9％しか占めず、そのうちの 62％がたった 5 ヵ国

第6章 国際投資と環境

図6.1 世界の全TNCの数（親会社）

出所：UNCTAD, *World Investment Report* 1990, 1995, 2000, 2002

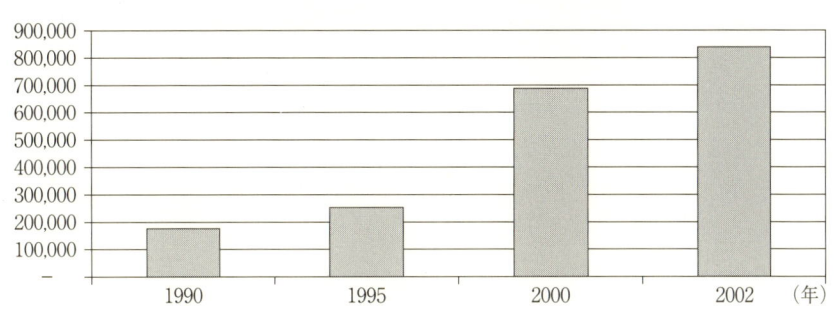

図6.2 TNCの海外系列会社の，全世界の総数

出所：UNCTAD, *World Investment Report* 1990, 1995, 2000, 2002

の発展途上国にしか行かなかった。発展途上地域については，2001年にはアジア・太平洋地域とラテンアメリカが，それぞれ13.9％と11.6％の世界のFDI流入を引き寄せたが，その一方でアフリカはわずか2.3％しか引き寄せなかった。中・東欧は，2001年に世界のFDI流入の3.7％を占めた。世界のFDIの額と世界の経済成長率との間には関連があるが，その関連は発展途上国にではなく，先進国と結びついている[9][10]。

1980年代と90年代にかけて，投資規制が自由化されたことは，その時期のFDIとTNCの急速な増加のテンポと密接に関係していた。1991年から2001年の間に，国内FDI規定に関し1,393ほどの規制の変化があったが，そのうち1,315（94.4％）は投資に対しより都合の好い状況をもたらした変化であ

167

図6.3 世界の海外直接投資，純流入額

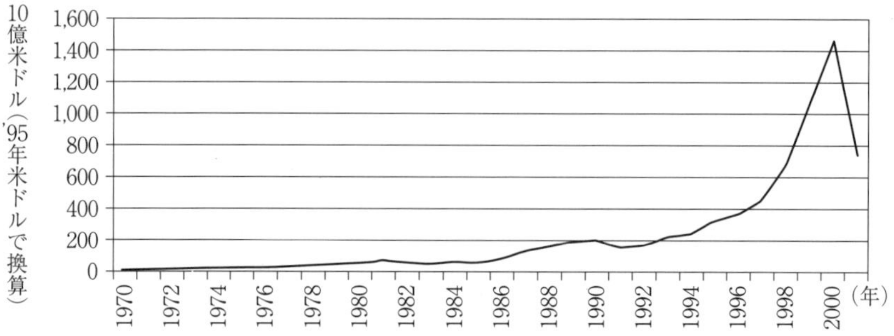

出所：World Bank World Development Indicators：www.worldbank.org/data

った。[11]

　多くの世界企業は，過去10年間に合併や買収により，その力を拡大してきた。2001年の米ドルで計ってみると，TNCによる国境を越えた合併と買収の額は，1990年には1,510億米ドルで，2000年には1兆1,400億米ドルだったが，2001年には5,940億米ドルに下がった。[12] 1986年と1990年の間では，TNC間での国境を越えた合併と買収は年平均26.4％で伸びた——2000年だけをとってみると，その率は49.3％であった。[13] その結果，ますます企業は巨大化してきた。実際，1999年には，上位200社の売り上げ集計の額は，10大国を除くすべての国のGDPを合わせたものより大きかった。[14] グローバル化は又，特定の市場に対する支配を促進することで，企業の力を集中させてきた。1990年代の半ばには，電子機器・電気製品の5大企業は世界市場の40％を占めた。耐久消費財では，5大企業が世界市場の70％を支配した。[15]

▲ 基準に差がある：ポリューション・ヘイブン（汚染逃避地），産業逃避，二重の基準？

　TNCを批判する人は，TNCは環境規制が弱かったり，あるいは環境規制を十分に実施していない地域に，その操業の場を意図的に置いているとよく非難する。ここでの中心的な議論は，環境をひどく汚染する産業は環境規制の緩い

国へ移動するかどうかである。厳しい環境規制を押し付ける国からの，企業の「産業逃避」はあるのだろうか。企業は，より低い環境基準を持つ国に「ポリューション・ヘイブン（汚染逃避地）」を捜そうとするのだろうか[16)]。こういう論争を理解するためには，産業逃避とポリューション・ヘイブンを注意深く区別することが肝要である。産業逃避は，ある国で環境基準が高くなることが，より低い基準を持つ別の国へとその産業の移転を引き起こす時に起こる。ポリューション・ヘイブンは，以下の2つの要件を満たす時に現れる。第1に，ある国（必ずという訳ではないが，普通は発展途上国）が外国投資を引き寄せるために，その環境基準を効果ないほど低いレベルに設定する（経済的見地から）。第2に，産業は汚染減少のコストを節約するために，この国に移転する。ポリューション・ヘイブンというのは，単に低い環境基準を持つ国のことではない。あるいは，単に汚染を多く抱える地域でもない。こういう状況は，発展途上世界ではありふれている，ということでは皆意見が一致する。世銀のエコノミストであるデイヴィッド・ウィーラー（David Wheeler）は以下のように説明する。

　相手を満足させるためには，その地域はコストにうるさい汚染者に投資を促す誘因として，弱い環境基準を使う他ない。これら汚染企業は，国内の投資家が所有しているかもしれないし，外国の投資家が所有しているかもしれない。こういう企業は，新しい施設を使うかもしれないし，移転された施設を使うかもしれない。そして，彼らは国内市場に向けて生産するかもしれないし，海外市場に向けて生産するかもしれない。ポリューション・ヘイブン論争に本当に重要なのは，所有権とか市場の位置とかではなく，発展を促そうとして受入国政府が自発的に「環境カードを切る」意志にある[17)]。

　ポリューション・ヘイブンと産業逃避は従って，表裏一体の問題である。つまり，大事なことは，両方の概念とも国家間で環境基準が違うこと（従って，コスト）が意味するものを捕らえようとしているのである。

　ポリューション・ヘイブンと産業逃避は実際の現象なのかという論争は，1970年代に始まった。それは，アメリカのより高い環境規制が産業，そしてそれと同時に仕事も，環境規制のより低い発展途上国へと駆り出してしまうかも

しれないという恐れから起こった。こういう心配は，今日未だに強く残っている。しかしながら，それは，汚い産業を受け入れる国にとっては，環境と健康への影響に関する不安に相当するものである[18]。発展途上国における環境事情は，特に懸念される。というのも，先進国の状況が向上するにつけ，発展途上国での状況は悪化し続けているからである[19]。しかしながら，再び，このことが産業逃避やポリューション・ヘイブンが実際にあることを確証する訳ではない，ということに留意するのが肝要である。次に，こういう現象が存在するかしないかについての証拠と論点に移ることにする。

基準に差があるのはやむを得ない

　ポリューション・ヘイブンと産業逃避に関わる基本的な仮説——つまり，環境規制の変化に対応して企業は移転するという考え——を調べる研究は，1970年代と80年代に多くあった。これらの研究は，市場自由主義者の見方から主に来ているのだが，専ら計量経済学的で，アメリカの製造業者に関する汚染物質排出と排出抑制コストのデータを利用していた。そういった研究のほとんどは，豊かな国のより厳しい環境規制を逃れるために，企業が発展途上国に移転する可能性は低いとみなしていた[20]。ポリューション・ヘイブンと産業逃避が「理解しづらい」として挙げられた主な理由の1つは，大抵は単純なものである。つまり，労働者と技術のようなコストは環境コストよりも遥かに高く，従って，環境規制に変化があっても，企業にこういう理由だけで移転する気にさせることはないということである。汚染抑制コストが，売上げ高の2％以上になることは稀である[21]。他にも要因はある。ある産業——例えば，発電——は，市場の近くに留まる必要があり，移転はできそうもないだろう。又，ある産業にとっては，安定し，かつ予測できる基準は，法令遵守のコスト以上に重要である[22]。

　汚染のひどさは，いくつかの貧しい国では間違いなく上昇している。にもかかわらず，デイヴィッド・ウィーラーのような市場自由主義者は，これが豊かな国と貧しい国との間の規制の差を利用したTNCによる反応と関係しているとは考えない。実際，ウィーラーは，発展途上国でFDIを受け入れた3大国——ブラジル，中国，メキシコ——では，過去10年間，大気の質は向上してき

第 6 章　国際投資と環境

たことに気づいた[23]。1960 年と 1995 年の間に，先進国で「汚い」産業に対する投資が減少してきたことは，ますます厳しくなる環境規制と明らかに対応している。そして，明らかに発展途上国で同じようにひどく汚染する産業が多く出現してきた。にもかかわらず，市場自由主義者は，その原因は国内の生産と消費のパターンの変化であって——大抵は「汚い方法」から生まれた製品は自国で使うものであり，輸出用のものではない——，規制の差につけこむためにTNC の投資に変化が起こったのではない，と主張する。言い換えれば，豊かな国から産業が逃避する，あるいはポリューション・ヘイブンに引きつけられる結果として，「底辺への競争」がある訳ではない。さらに，ポリューション・ヘイブンが起こる稀な事例でも，比較的短期的な現象である。経済成長は，規制強化のように環境に一層適切に対応するための手段，さらに，よりきれいな生産工程への投資の増大をすぐにもたらす[24]。

従って，市場自由主義者にしてみれば，基準に差があることが発展途上国への外国投資の流入を引き起こしているのではない。緩い基準が FDI を思いとどまらせるとさえ主張している人もいる[25]。環境問題は，基準に差があるからではなく，国内産業の成長の一部として主に起こるのである（第 4 章の EKC 予測で見たように）。ほとんどの市場自由主義者にとっては，国家間で環境基準に差があるのは普通であるし，少なくとも免れがたいものである。第 5 章で見たように，彼らの見方では，すべての国が全く同じ基準と環境の状態を維持するのを期待するというのは，現実的ではない。いろいろな国が，政治的にも物理的にも，異なる汚染吸収能力を持つのは極めて自然である[26]。そういう違いは，国家に生産と貿易に役立つ絶対優位，又は比較優位を与えることさえある。世銀の前副総裁であり，チーフ・エコノミスト，さらにクリントン政権の前財務長官であった，ラリー・H. サマーズ（Larry H. Summers）のサインのある，1991 年の世銀のメモは，その論理をありのままに説明していた。

　健康を損なう汚染のコストの測定は，罹患率と死亡率の増加による放棄所得〔要するに，罹患率と死亡率の増加によって失われる所得の額〕によって計られる。この見方からすると，健康を損なう汚染は，コストが最も安い国でなされるはずであり，それ

171

は当然賃金が最低の国だろう。賃金が最低の国に大量の有害廃棄物を捨てることの背後に潜む経済論理はそれなりの合理性があり，我々はこれを正面から見据えるべきだと私は思う。[27]

　市場自由主義者は，基準の差は発展途上国にきれいな技術とより良い管理が移転されることと並行して生じると主張する。発展途上国では，汚い産業のTNCでさえ，〔現地の〕国内企業よりは持続可能な技術と手の込んだ環境への対処方法を使うだろうと彼らは主張する。[28]では，何故TNCは現地の企業（大抵は，TNCよりも遥かに小さい）よりもうまくやるのだろうか。おそらく，最も重要なことには，TNCはより洗練された技術や経営者を利用できる財源や組織を持っている，ということである。それ以外にもTNCを補強する要因はある。TNCは，リスク管理戦略の一環として，時々，海外の基準を比較的高めに設定しておく。そうすることで，突然の環境改善や訴訟があっても企業活動を中断させることはなくなる。TNCは，NGO，国際機関，消費者を「進んで」安心させるために，時に，海外の環境基準を上げることもある。TNCは又，生産で競争優位を得ようとして，より高い基準やよりきれいな技術を使うかもしれない（新しい技術は，普通，もっと効率的で，一層高い品質の製品を作る）。そして，この効率性は，TNCの操業場所や基準の差に関係なく，自分たちのすべての製造工場で同じ基準・技術を使う場合，一層高まる。[29]

　市場自由主義者は，発展途上国の小さい現地企業こそ，実際のところ，より大きな多国籍企業の系列会社よりも汚染していると主張する傾向がある。これは主に，こういう現地企業はよりきれいな生産技術を設置するための資金を欠くためである。発展途上国の人が所有する企業は又，大衆や「外から」の圧力に対し秘密主義になりがちで，説明責任を持ちたがらない傾向にある。加えて，小さい企業は分散されていて，このため，こういう企業に環境規制を遵守させるのは厄介だろう。地元の人が所有している企業も又，東南アジアの多くの場合のように，土地の所有権や権利が明確にされていない所では，「よりきれい」にするための動機が低いために，もっと汚染しているかもしれない。[30] 市場自由主義者は，発展途上国における地方の国営企業は，ひどい汚染者に特になりや

すいと見ている[31]。

　市場自由主義者は，TNC と現地の企業の環境パフォーマンスのこうした違いを指摘するが，彼らは TNC の海外基準は本国の基準と同じであるとは主張しない。むしろ，彼らは，TNC の環境パフォーマンスは現地の企業と受け入れ国の法律の最低限の基準よりは，大抵はましだと強調する。市場自由主義者は，現地の企業と TNC の環境パフォーマンスをさらに向上させるため，汚染物質排出に関する情報の一般公開と汚染に対する罰金のような，市場に害を及ぼさない手段を要求している。彼らは，排出の情報公開が企業の環境に対する行いに影響を与えてきたインドネシアやフィリピンのような発展途上国における事例を強調している[32]。

基準に差があることが環境被害を生む

　市場自由主義者以外は，自然環境に対する海外直接投資の影響に遥かに懐疑的である。ソーシャル・グリーン主義者が，おそらく最も批判的である。とはいえ，生物環境主義者と制度主義者も，ソーシャル・グリーン主義者の懸念のいくつかを共有している。こういった主義者のほとんどは，ポリューション・ヘイブンと産業逃避は現実の脅威，あるいは潜在的脅威と見ている。実際，最も環境破壊をしている産業は，主な投資者であり操業者である TNC に集中する傾向がある[33]。最悪の業者の中には，天然資源を引き出す世界的 TNC——伐採業者，石油採掘業者，鉱山業者——がある。環境に深刻な影響を与える産業のこの手の海外直接投資は，先進国と発展途上国の両方を悩ませてきた。もっとも，発展途上国は今やますますこういった投資を受け入れているが。ソーシャル・グリーン主義者と生物環境主義者により出された証拠は，確かに，市場自由主義者の統計データよりも，詳細な事例研究に依存してはいる。市場自由主義者は，その多くは単なる逸事にすぎないと反駁している。しかし，とりわけソーシャル・グリーン主義者にしてみれば，この証拠こそ，現実の人々に対する TNC の影響——個々人の生活や地域社会の安寧に関するものであって，データを計量経済学的に概観することでは容易に捉えられない概念——の分析に役立つものである。

ソーシャル・グリーン主義者と生物環境主義者は，ひどく汚染する産業の割合が発展途上国で増えていることを心配し，両者が「ダブル・スタンダード〔二重の基準〕」と呼ぶものを TNC が使っていることを非難している——つまり，企業は，ある国ではその操業において，ある一連の基準を使うが，別の国では違う基準を使うということである。[34] 普通，このことは，発展途上国ではより緩い基準が TNC の操業で使われ，一方，本国では同じ生産工程に対しより厳しい基準が厳守されることを言う。国連によるいくつかの研究は，発展途上国で操業している TNC は，本国の基準よりも低い基準に従っているということを明らかにしてきた。[35] すでに述べたように，市場自由主義者はこういうことが起こるのを否定はしない——彼らは，それでもこれは受け入れ国の基準に従うよりもましな状況であると単に主張するだけである。とりわけソーシャル・グリーン主義者は，こういった慣行を不公平で，搾取的，しかも危険と見ている。

　ソーシャル・グリーン主義者は，史上最悪の産業事故の現場となった，インドのボパールにおけるアメリカの TNC のユニオン・カーバイドの例をダブル・スタンダード〔二重の基準〕と環境破壊の明らかな事例であると強調する。[36] カーバイドのボパール工場は殺虫剤を生産していた。ユニオン・カーバイドは 51% を所有し，インド政府が残りを所有していた。多くの人は，ユニオン・カーバイドは 1980 年代の初めには，この工場はウェスト・バージニアにある同社が所有していた同様の殺虫剤工場（全く同じ殺虫剤を生産していた）よりもずっと緩い環境，健康，及び安全基準を使っていたことを知っていた，と公言する。[37] インド工場の改良はほとんどされなかった。そこで，1984 年 12 月 4 日の深夜，ボパール工場で有毒ガスが漏れ，それは町中に広がった。8,000 人が即死し，そして数十万を超える人が健康を害した。[38] ユニオン・カーバイドは，工場にもっとましな検査をしなかったということで，その惨事をインド政府のせいにし，おそらくサボタージュが事故を引き起こしたのだと主張した。しかし，批判する者は，それをユニオン・カーバイドによる怠慢のせいだとし，それは事故ではなく，むしろ「起こるべくして起こった惨事」と主張した。[39] 会社は告訴され，犠牲者の多くに賠償金を支払うのを余儀なくされた。しかし，それ以外の多くの人は被害に対して何も得られず，お金があたった人もわずかな支払いを受け

取っただけだった。ユニオン・カーバイドは10年後にインドから引き上げ，その会社は最近ダウ・ケミカルに買収された。『ニュー・サイエンティスト』誌（*New Scientist*）による調査は，その工場の設計はアメリカの本部に責任があり，さらに，ユニオン・カーバイドは1980年代初頭にボパールにおける安全技術への投資を削減したと断言している。

　メキシコにあるマキラドーラ〔保税輸出加工区〕の製造工場は，発展途上国でのTNCによる環境破壊のもう1つの例である。ゼネラル・エレクトリック，フォード，ゼネラル・モーターズ，ウェスティングハウスを含む，約2,000のアメリカ企業は北メキシコへと国境を越えて組み立て工場を移し，有毒物質排出を規制するカリフォルニアの環境法を逃れてきた。実は，メキシコの法令集には妥当な環境法が載っている。しかし，メキシコ政府はそういう環境法を実際には実施していない。1960年代と70年代には，マキラドーラの工場のほとんどは，衣服の縫製のような分野のものであって，ひどく汚染するものではなかった。しかし，1980年代を通して，これら工場の構成に劇的な変化があった。今や，その主な分野は化学，電子機器，家具であって，そのどれもがひどく環境汚染をしている。1990年代の初めまでに，マキラドーラの約90％は，生産するのに有毒物質を使用した。こういう変化があった1つの理由は，1970年代からこういう分野への投資額が増加したことであった。例えば，アメリカで産業に対する環境規制が強化された後，1982年から1990年までにマキラドーラの化学工場への投資は20倍になった。これら工場周辺の状況に関する過去20年間の環境調査は，地元の川，土壌，そして上水道が汚染されていることを明らかにしてきた。労働者は深刻な健康問題を抱え，さらに，先天性欠損症が増えてきた。悪いのは環境規制を無視している企業だ，と批判する者は断言する。

　ソーシャル・グリーン主義者と生物環境主義者にしてみれば，これらの事例においてTNCが生態系に対してやっていることは，一般にTNCがいかに発展途上国の人々と環境を搾取しているかの典型例なのである。ソーシャル・グリーン主義者はTNCが引き起こす不公平と環境被害を強調するが，生物環境主義者は主にTNCの生態系への影響に焦点を当てる傾向がある。両者とも，

経済のグローバル化は，ほんのごくわずかのコストの差が，どこで操業するか，そして一旦移転したらどのように操業するかに関する会社の決定に，ますます影響を与えつつあるということを論ずる。それは又，厳しい規制が企業を追い出してしまうのではないかと恐れるので，政府は厳しく規制するのをますますためらうようになるということでもある。従って，グローバル化は，市場自由主義者が言うように，よりきれいな技術を世界中に拡散しているというのではなく，遠く離れた環境や人々をますます多くのTNCに搾取させているということなのである。

生物環境主義者は，企業は皆——普通は，資本主義，利益極大化，過剰消費ということを背景にして——，環境問題の原因となりうると考えている。ソーシャル・グリーン主義者は，TNCは地元社会とつながりをもっておらず，そのことがTNCに労働者と環境を搾取させ易くしていると見ている。彼らからすれば，地元の企業は元来TNCよりも上手に環境を管理するものなのである。地元の企業は，TNC以上に地元のニーズに合わせている。地元企業は，資本集約的というよりは労働集約的で，普通はTNCよりも小さい規模で活動する。地元企業は又，近隣の人々のニーズにより合った製品を生産しがちである。もちろん，中国のように例外は多くある。中国では，小規模製造業者が汚染のかなりの割合を占めている。そうは言ってもやはり，TNCが製品の大半，従って，汚染の大半を作り出しているのは，多くの発展途上国においてである。

議論を発展させる

環境基準に差があることに関する論争は，あまりにも狭く，両極端で，具体的な政策手段をとって前へ進むことを難しくしているという意見も又，市場自由主義者によるTNCの見方に批判的な人たちの間で大きくなってきている。ポリューション・ヘイブンに関する経済文献が，この論争に幅を利かせてきた。そういう経済文献は，「汚い産業」を狭く定義し，従って，グローバルに操業するすべての汚染企業の立地決定を十分理解できていない。さらに，どの分野〔セクター〕がひどく汚染していて汚いかを決めるのに，汚染物質の排出とか製造業者による排出抑制のための支出に関するデータにひどく依存する傾向がある。

批判する者は，これではあまりにも製造業者に焦点を当てすぎで，有害廃棄物を出す企業や天然資源伐採掘企業のような，世界最悪の汚染業者や環境悪化業者のいくつかを無視していると主張する。[47]単なる産業汚染ではなく，環境悪化の逃避地があるかもしれないにもかかわらず，そんな狭い枠組みでは，それを無視してしまう。[48]計量経済学の研究が持つもう1つの問題は，企業が直面する唯一の環境コストとして，排出抑制にかかる支出に焦点を当てていることである。これだと，全体の環境コストを少なめに見積もってしまうことになる。[49]他の環境コストも，計算するのは多分もっと厄介だろうが，同様に重要である。これには，広報活動，責任保険，レスポンシブル・ケア〔Responsible Care〔化学物質総合安全管理〕〕，あるいはISO14000（後述）のような自主規制の認証に関係するコストが含まれる。

　制度主義者は，あえて言えば，市場自由主義者が（狭く定義された）ポリューション・ヘイブンの統計的証拠を求めようとすることに多少批判的である。制度主義者は，国際社会はもっと大きなアプローチ，つまり，基準に差があることによる不公平と悪影響を直す政策に焦点を当てるようなアプローチをとる必要があると主張する。そういうアプローチには，国家の政策と企業行動に影響を与えるようなもの——現実のものであれ，あるいはそう思われているものであれ——を調べることが必要である。こういうものは，経済的であると同じくらい大いに政治的であるはずだ。これには，レギュラトリー・チル（regulatory chill）の可能性のような問題を扱う必要がある——これは，ポリューション・ヘイブンに関係する問題であるが，市場自由主義者によるポリューション・ヘイブンの分析のほとんどが無視しているものである。「レギュラトリー・チル」という言葉は，投資が逃げて行ったり，国に入ってこなくなるだろうということを恐れて，国家が現状よりも環境基準を上げられない場合をいうものである。基準をこのように上げられないことに対して，実際に企業が対応するかどうかは，核心的な問題ではない。そうではなく，問題は企業が動くだろうという恐れが，豊かな国でも貧しい国でも規制の厳しさに影響を与えることがある，ということである。[50]レギュラトリー・チルというのは，数量化するのがほとんど不可能なものである。しかしながら，企業が反応するかもしれないという恐れ

が，環境規制を強めるかどうかについての政府の決定に影響を与えることを示す研究はある。例えば，アメリカでも EU でも，業界団体は競争力という問題を強調することで，政府により厳しい気候変動規制を押し付けないよう説得するのに成功した。[51]

もっと広い議論を望む人は，ポリューション・ヘイブンが存在するという確かな証拠がなくても，「ウィン・ウィン（win-win）〔双方にとって好都合〕」である政策を提唱しがちである。どういう主義者であれ，こういった広い観点については合意できるが，企業行動に対する規制の種類と範囲について合意に至るのは遥かに難しい。市場自由主義者と制度主義者の見解に傾く人は，豊かな国から貧しい国への援助，企業情報を一般公開することへの支持，規制強化，汚染を減らすためのより費用効率の高い方法を主に提唱する。IMF と世銀は構造調整計画によって汚染が一層悪化するリスクを明らかにすべきだ，と主張する人もいる。[52]さらに，TNC による海外直接投資に厳しい環境規制を課す国際投資協定のような，より一層厳しい行動が必要だと強調する人もいる（後述する）。

◆ TNC と現地での慣例

　企業の投資と環境に関する文献で次に主要なものは，より低い環境コストを利用するために企業が移転するかどうかを中心に置くのではなく，多国籍企業の実際の環境活動を評価するものである。大抵，執筆者たちは簡単な質問に集中する。つまり，企業活動は環境に害を与えるかである。企業を批判する人は，これに関する文献の多くに幅を利かし，特定地域における特定産業の違法で破壊的な活動についてよく書く。[53]世界資源研究所（World Resources Institute）のような研究機関やプロジェクト・アンダーグラウンド（Project Underground），熱帯林行動ネットワーク（Rainforest Action Network），グローバル・ウィットネス・イン・カンボディア（Global Witness in Cambodia）のような NGO は，こういう企業活動を明らかにし，同時に彼らの調査結果はインターネットや無料の出版物により世界中に配布される。[54]天然資源伐採掘企業に関する文献と製造業者に関する文献とは，多少違った批判と論争を生み出す傾向にある。先進国における企

業活動(大抵は,以前よりはましな環境活動)についての文献と,これに対し,貧しい国での企業の現地での慣例(大抵は,より低い操業基準,おまけに透明性があまりない)についての文献も同様の傾向がある。

文献のこういった内容を例示するために,発展途上国における3つの天然資源分野(伐採,鉱業,石油)と2つの製造業分野(化学,電子機器)をごく短く検討することにする。市場自由主義者と制度主義者は,適正な市場とか適正な制度があれば,こういう問題は解決されると考える傾向があるために,この手の文献は生物環境主義者とソーシャル・グリーン主義者の見解を反映しがちである。ソーシャル・グリーン主義者と生物環境主義者は,問題はもっと根本的なものであって,資本主義の性質と企業自体から生まれると見る。彼らにしてみれば,利益と強欲を神聖化する教義である資本主義は,略奪者や強奪者を作り出す[55]。それは,「地球売ります」という,ちらちら光るネオンサインとほとんど同じである[56]。グローバル化は企業に「世界を支配」させている[57]。グローバル化は,「企業惑星」を作り出している[58]。会社は,より大きく,より権力を持ち,より無責任になりつつあり,低賃金労働の世界と「無限にある」環境資源を結びつけている。

ソーシャル・グリーン主義者と生物環境主義者は,無責任で違法な伐採業者が,熱帯地方における森林劣化の主な原因の1つなのだと考えている(森林劣化が,火災を起こしたり,農民を入植させたりして,森林の減少が進むきっかけになる)[59]。生物環境主義者も企業行動と共に人口増加を重要な原因だと強調するが,ソーシャル・グリーン主義者はもっぱら世界資本主義の枠組みの中で企業の役割に焦点を当てる。伐採業者は決まって環境規制を逃れ,大抵は,現場への立入り許可と訴追から守られることを国家の役人に頼っている。取締官と税関職員を買収するのは,よくあることである――実際,商売を続けるには,そうする必要がよくある。多くの調査の結果,実際には持続可能な伐採を実施している会社はまずないということが分かった(つまり,伐採業者がいつか将来再び同じ量を伐採できるくらい森林が再生されるには,ざっと50~80年くらいかかるだろうということである)[60]。アジア・太平洋地域をちょっと見ただけでも,伐採した結果がすさまじいものだというのが分かる。日本,マレーシア,インドネシア

からの TNC は，過去 40 年間，熱帯林伐採業の中心にいた。三菱商事のような日本の商社が資金供給し，市場を「保証」してきた。大抵マレーシアとインドネシアの企業が，実際の伐採作業とか監督をしてきた。天然林（natural forests）は，20 世紀の半ばには，まだアジア・太平洋地域のほとんどを覆っていた。現在では，森林はメラネシアでようやく 4 分の 3，インドネシア，ラオス，カンボジアの半分，そして，マレーシアとビルマ〔ミャンマー〕のわずか半分以下を覆うにすぎない。この状況は，タイ（4 分の 1），フィリピン（5 分の 1）では，さらに悪い。森林劣化の規模は，さらに大きな問題である。アジアの未開拓林（frontier forests）――未だに十分な生物多様性を維持しているほど広く，かつ原始の地域――の約 95％はすでに失われた。実際，フィリピンは伐採され尽した（フィリピンは 1990 年代から熱帯木材の純輸入国となっている）。アジア・太平洋地域の残りの地域も，最近のペースと今の伐採のやり方では，10～20 年後にはフィリピンの後を辿ることになるだろう。

多国籍採鉱企業も過去 10 年にわたり，同じように情けない様相を呈してきて，その産業における環境基準と社会的規範を上げるだけでなく，大衆の問題意識を上げようとする環境保護団体により標的にされてきた。世界で楽に入手できる鉱物のほとんどはすでに採掘されたので，鉱業 TNC は新しい埋蔵物を遠く広く探さざるを得ず，一層希少化し，手に入りにくい鉱物を採掘するために，ますます発展途上国で操業するようになってきた。このため，その産業のリスクは大きくなっている。そして，こういうリスクのために，採鉱会社はますます多国間開発銀行と輸出信用機関から投資保険と投資保証を求めるようになっている（第 7 章参照）。しかし，そのような機関は，こういう操業に対し，ほとんど環境規制を設けていない。過去 2, 30 年の間，採鉱から生じた女性への経済的，健康的，社会的悪影響を含めて，生態的，社会的破壊だけでなく，数多くの記録に残る事故や数十もの環境汚染の事例があった。森林伐採，さらに水路や土壌への選鉱くずや危険な化学物質による毒物の浸出は，採鉱に伴う数多くの環境問題のほんの一部にしかすぎない。採掘での事故と採掘現場での環境破壊――例えば，1995 年のガイアナと 1996 年のフィリピンでの廃石池の決壊――は，普通は企業が適切な予防措置をとらないがために起こる。多くの場合，

第 6 章　国際投資と環境

鉱山業者は先住民を立ち退かせ，ある場合には，抵抗を抑えつけるために TNC が受け入れ国政府と取引することから，深刻な人権侵害が起こっている。活動家は，継続中の重大な環境及び人権問題を強調してきた——例えば，インドネシアのグラスバーグ鉱山とパプアニューギニアのブーゲンビル鉱山の周辺。[67] 会社側はその環境パフォーマンスを向上させようといくつか対策をとってきたが，活動家は未だにその動機を疑っている。

　石油探査と採掘は，同じように環境に悪い影響がある。石油は世界のエネルギー利用の中心にあるもので，従って，世界の発展の中心でもある。石油と採鉱産業についての意識を高めることにのみ焦点を絞った NGO のプロジェクト・アンダーグラウンドによれば，石油産業は新しい石油とガスの埋蔵地を捜すのに年間約 1,560 億米ドルを使っているという。[68] 需要は伸びるが，埋蔵量は次第に減少するので，発展途上国を含めて，ますます広い領域に網が張られるようになってきた。採掘に関しては，TNC は地球規模で石油とガスを探査する中心的存在で，TNC は輸出信用機関から自らの開発事業を支える資金をよく求める。ヨーロッパ，日本，及びアメリカに市場を持つ石油 TNC は，発展途上国の経済を呑み込んでしまうことがある。例えば，エクアドルでは，石油パイプラインの建設を企業が推し進めたことで，石油収入への依存をもたらしてしまった。世界市場での石油価格がすこぶる不安定なために，石油収入に依存しすぎることは，国内経済のにわか景気と不況のサイクルを駆り立て，貧困率の上昇だけでなく，対外債務の度合いを増すことになる。[69] 活動家は，発展途上世界——西アマゾンから，西・中央アフリカ，東南アジアまで——で操業している多国籍石油企業は人権侵害と環境の濫用をしていると非難してきた。石油探査の環境への影響は沢山あるが，それには油を含んだ廃水と廃石池に似た池に貯められた有毒の掘削泥水による水路への汚染も含まれる。石油を陸上輸送や海上輸送している間だけではなく，石油の流出やガスの炎上も又，石油掘削地の近くの地域社会に対し常に脅威を与えている。[70] 採掘に関しては，探索地と掘削地の近くの道路や開拓地も，森林減少のきっかけとなる。[71] さらに，現地の人への人権侵害もよく起こる。ナイジェリアでのシェル石油による石油採掘の環境に与える影響に抗議したことで，ケン・サロ＝ウィワと他 9 人の活動家を

181

同国政府が1995年に処刑した時，多くの人が激昂した[72)]。ソーシャル・グリーン主義者は，これらの事件を囲い込みと国家が暴力を使って先住民族を抑圧しようとすることの明らかな例と見ている（第4章で検討したように）。

　危険な製造業の現地での慣例も又，批判する者の怒りを招いてきた。特に化学産業のTNCは，しきりに標的にされる。化学産業は過去10年間，アジアとラテンアメリカで生産を伸ばしてきた[73)]。発展途上国で操業している化学TNCの多くは，極めて有毒な物質と廃棄物を作り出している。例えば，TNCとその系列会社による危険な殺虫剤の生産は，発展途上国で広く行われている。ある場合には，そういう化学物質の使用は先進国ではひどく制限されているが，発展途上国ではそうではない。例えば，ダースバンは神経毒であり，内分泌攪乱物質と疑われているが，にもかかわらず，ダウ・ケミカルはそれを南アフリカ共和国で生産し続けている[74)]。多国籍化学企業は，極めて有毒な物質である塩素を含む化学製品やプラスチックの製造にもかかわっている。これには，ごく普通に使われている弾力性のあるプラスチックのポリ塩化ビニル（PVC）の生産も入っている。燃やすと，塩素は，人類が知っている最も有害な化学物質のうちのダイオキシンとフランを放出する[75)]。安全でない慣例を止めさせようとしている活動家団体は，違法な廃棄物投棄からの有毒廃棄物による土地や川の汚染と，発展途上国での化学物質の生産に関係した労働災害を実証してきた[76)]。環境と健康についての苦情に対応して，政府が企業に命令して生産を止めさせてきた例もある。

　ハイテク電子機器部門でのTNCの活動も，活動家団体による監視と批判にさらされてきた。この部門のTNCもアジアとラテンアメリカにおいて投資を増加させてきたが，その環境パフォーマンスが，TNCが生産している技術と同じくらい最先端であったことはない。電子機器と部品の生産——例えば，シリコンチップ，半導体，コンピュータ——は，砒素，ベンゼン，カドミウム，鉛，水銀のような危険物質を必要とし，これらはすべて発癌物質として知られている。こういう有毒物質は，この産業で働く労働者にとって脅威であるだけでなく，大抵は土地と水路を汚染する廃棄物となる（TNCにより雇われた現地の廃棄物処理業者は，普通，この廃棄物を適切に処理しない）。シリコンチップと半導体の

製造業者も，製品をきれいにし，製造現場をきれいにしておくために使われる大量の水とエネルギーを必要としている。加えて，ハイテク製品の寿命が来た時の処分も又，特にその有毒部品のせいで問題がある。古いコンピュータ，携帯電話，その他ハイテク製品のためのリサイクル計画はいくつかあるが，北米でリサイクル用に集められたそれらのかなりの割合が，発展途上国，特に中国，インド，パキスタンに輸出されることになる。厳しい規制のない国が，そういう物をリサイクルする時に，深刻な環境被害が起こることがある。このような物に入っている重金属にさらされるだけでなく，銅を再利用しようとしてPVCで覆われたケーブルを燃やすと，空気と川をひどく汚染してしまう。ハイテク部門は世界経済の中で一番速く成長しているものの1つであるので，批判する者は，今すぐ行動がとられないと，こういう問題は将来大きくなるだけだと主張している。

♠ グリーニング，それともグリーンウォッシュ？

1980年代末と1990年代初頭に，多くの世界的企業は，環境への対応が特に発展途上国で乏しかったという批判に対応して，自らを「グリーン」にし始めた。世界的企業を規制する外部勢力がなかったことで，彼らは自主管理活動をすることで自己規制に取り組んできた。自己規制に対する産業のこういった意気込みは，1つには自らのイメージアップを図ろうとすることにより，又1つには経済要因によっても駆り立てられている。市場自由主義者は，市場が自動調整し，企業が環境問題に対処できることの証であるとして，グリーニング（greening）の経済効果を熱烈に支持してきた。しかしながら，ソーシャル・グリーン主義者と生物環境主義者は，こういう試みの誠実さと有効性に疑いをもっている。一方，制度主義者はこの論争の中間にいる。

もっとグリーン

1980年代を通して，特に1992年の地球サミットの準備段階で，多くの企業はその操業に関し，環境へのかかわりをもっと真剣に考え始めるようにな

った。レスポンシブル・ケア（Responsible Care〔化学物質総合安全管理〕），つまり，化学産業の業務について詳しく述べた環境及び安全規定は，ボパールでの事故の後，1985年に作られた。1990年に国際商業会議所（ICC）により作られた世界環境管理発議（Global Environmental Management Initiative：GEMI）は，持続可能な開発のためにICCビジネス憲章の実施を託された。産業界も1992年のリオ地球サミットでは重要な役割を果たした（下記参照）。実際，アジェンダ21は，自主管理活動をすることは，持続可能な開発を促進するための重要な戦略だと認めた。リオに続いて，産業界により作られたそのような自主規制が一気に押し寄せた。資源採掘部門における多くの「ベスト・プラクティス」コード（"best practice" codes）だけでなく，国際標準化機構のISO14000環境マネジメント規格が1990年代の半ばに確立された（**Box6.1**参照）。2000年に始まった産業界との国連グローバル・コンパクトは，社会及び環境に関する責任についての9原則〔2004年に腐敗防止が加わって10原則になった〕に企業が従うよう奨励している。2002年のヨハネスブルグ・サミットでは，産業界は再び自主管理活動を促進する上で，重要な役割を果たした（下記参照）。このような労をとることで，産業界は環境への認識を伴う自主的な企業責任——環境問題への企業好みの取り組み方——に焦点を定めようとしてきた。

　市場自由主義者からすれば，ISO14000のような自主管理活動を厳守することこそ，環境に対して唯一良い結果をもたらすだろう。企業にできることとできないことを一番よく知っていることから，産業界こそがそういう基準を作る最良のアクターと見られている。市場自由主義者はそういうアプローチを好む。というのは，規制という重荷を国家から企業に降ろし，そうすることで環境パフォーマンスを遥かに効率的に監視できるからである（「エコ・エフィシエンシー」にとって重要である：下記参照）。さらに，グローバル・スタンダードを厳守することは，国家による執行が弱い時でも（発展途上国ではごく普通），企業に現地の規則をきちんと守らせるのに役立つからである。企業は意思決定の間中，環境への影響を思案するから，ISO14000のようなグローバル・スタンダードは又，事後きれいにすることに焦点を当てるよりも，よりきれいな技術を採用するよう企業に奨励している。そういう基準は，国境を越えてだけでなく，サプライ

チェーン〔供給連鎖〕の至る所で，よい環境活動を広めることを意図している。というのも，認証された企業は供給業者に認証されるように奨励しなければならないからである[84]。

　産業界は，その新しい環境への認識とその認識がもたらすであろう利益を指すために，エコ・エフィシエンシー（eco-efficiency）という言葉を作り出した。営業活動に環境への関心を結びつけることで，企業は環境保護に役立つだけでなく，経済上の利益を期待することができる。これには，環境浄化コストの低下，リスクの低下から来る資本コストの低減，イメージの向上により得られるマーケット・シェアの拡大が含まれる[85]。同時に，エコ・エフィシエンシーは環境保護に役立つと考えられている。効率のよい企業は，あまり廃棄物を出さず，環境コストが少なくて済む。従って，効率と環境保護は相乗作用を引き起こして利益をもたらすと考えられている。エコ・エフィシエンシーを推進することは，市場で競争優位を勝ち取る１つの方法であり，そういう方針を採用できなかった企業は，最終的には廃業に追い込まれることになるだろう。このように，環境スチュワードシップは健全なビジネス感覚を作るものとして見られている。

　今日，制度主義者陣営の中のエコロジー近代化論者のような分析者は，環境への関心は制度化されつつあると主張する——つまり，環境への関心は，制度の仕組みと意思決定過程の一部になりつつある[86]。こう考える人たちは，ヨーロッパの経験を引き合いに出しながら，資本主義的政治経済の構造改革が起こりかけており，従って，企業も政府も環境マネジメントをコストではなく，ビジネス・チャンスと見るようになるだろうと考えている[87]。こういう状況では，企業はますます「コンプライアンス〔法令遵守〕よりもさらに先を」行き，環境規範とその実施を取り入れ，従って，環境活動に関し法が求める以上のものをあえて試みようとする[88]。例えば，ヨーロッパのいくつかの有名な石油会社は京都議定書を支持し，化石燃料から離れて代わりの再生可能なエネルギー源へとエネルギー事業を移すプロセスを始めてきた[89]。化学産業におけるいくつかのTNCも，発展途上国での操業に新しく取り入れた環境活動と行動規範を実施することで，「環境保護主義の輸出」をしていると見られている[90]。

Box6.1　ISO14000環境マネジメント規格

　ISO14000環境マネジメント規格は，おそらく産業の側で最も広く受け入れられたグローバル・レベルでの自主管理活動だろう。これら規格は，リオで自主管理活動を確立するために産業界によりなされた誓約のすぐ後で，国際標準化機構（ISO）の後援で1990年代初頭に開発された。ISO14000規格は管理規格であって，環境改善のために企業自身の目標を設定することにより，自覚を高めるような管理システムをつくるよう企業に奨励するものである。1996年に出されたISO14001規格は，このシリーズにおける唯一の認証規格である。認証を得るためには，企業は自らが所在する管轄権内での準拠すべき環境法のすべてに従う意志を示す環境声明書を用意しなければならない。企業は，常に環境管理を向上させるだけでなく，汚染の防止に努めなければならない。企業は，自らの環境政策声明書に合致する管理システムを採用しなければならない。さらに，部品〔製品〕製造業者と請負業者に，ISO14001規格に合致するような，これら業者自身の環境管理システムを確立するように奨励することになっている。2002年までに，118カ国の約4万9,000の企業がISO14001規格の認証を得た。[1] 先進国と発展途上国の両方でこれらの規格を採用する企業の数が増えるに従い，規格の遵守は世界市場でビジネスをする事実上の条件にますますなっていくだろう。

　批判する者は，ISO14000規格が環境パフォーマンスにおいて本当に差を生じさせることになるのか懸念している。[2] 例えば，ISO14001は，TNCは操業している国の環境法のすべてに従わなければならないと強調している。これは，アジェンダ21とはかなり違っており，アジェンダ21はTNCは本国の基準に従うことを求めているのである。このように，ISO14001は国家間での基準の差を認めているが，発展途上国での基準を上げるのにはあまり役立たないだろう。同時に，ビジネスの中には，故意により厳しい規制を避けようとして，ISO14000や他の産業自主規制を使おうとしているものもある。多くの国の産業界は，例えば，環境規制の監視に際しISO14001認証企業に対しもっと寛大になるよう，ある種の規制緩和を政府に迫っている。例えば，アメリカ，アルゼンチン，韓国，メキシコは，規制の監視と実施に関し，ISO14001の認証を考慮に入れる措置をとってきた。[3]

* 1　ISO, 2003.
* 2　Kurt and Gleckman 1998 ; Clapp 1998 ; Kimerling 2001.
* 3　Speer 1997, 227-228 ; Finger and Tamiotti 1999.

第 6 章　国際投資と環境

グリーンウォッシュ

　明らかに，今やどこの企業も広報や表に出す企業方針の中に，環境用語を入れている。ほとんどのソーシャル・グリーン主義者と多くの生物環境主義者を含めて，企業を批判する人たちは，これを「グリーンウォッシュ（greenwash）」と呼ぶ。つまり，企業は環境に対して責任を持っていると消費者や株主に納得させようとするが，その目的は内容よりもイメージについてのものである事象を言う。[91] オゾン層を壊した化学物質の生産に励んだ会社が，もはやこういう化学物質を生産していないので，今やオゾンを「守る」のを手柄にしている，というのがその一例だろう。あるいは，ある汚染過程から廃棄物を抜き取り，別のものに原材料として使い，それを「リサイクル」と呼んでいる会社。あるいは，自らは「グリーン」であると主張しているが，同時に環境規制に反対してロビー活動している（あるいは，ロビー団体に資金提供している）会社である。[92] こういうことを見ている人の中にはさらに，企業は環境協定を弱めようとしたり，[93] あるいは環境保護運動を打倒しようと一所懸命になっていたり，あるいは，会社は自らの目的を推進するために環境保護主義を「乗っ取ろう」としている，[94] と主張する人もいる。グリーンピースは，リオ・サミット直前にグリーンウォッシュの問題を取り上げ，このサミットで配るために『グリーンピース・ブック・オブ・グリーンウォッシュ（Greenpeace Book of Greenwash）』を刊行した。[95] グリーンピースやコープ・ウォッチ（Corp Watch）のような団体は，彼らが考える巨大産業の「リーダー」は偽って宣伝しているとして標的にし，定期的にそういう会社に「グリーンウォッシュ賞」を出している。NGO の第 3 世界ネットワーク（Third World Network）が出版した本の中で，活動家のジェド・グリーア（Jed Greer）とケニー・ブルーノ（kenny Bruno）は以下のように論じている。「現実には，TNC は環境の救世主とか世界の貧者の救世主どころではなく，未だに汚く，危険で，そぐわない技術の主な創造主であり行商人である。[96]」

　とりわけソーシャル・グリーン主義者は，主として，企業は自らの未だにやっている慣例に合致するように，持続可能な開発をまんまと再定義してこれたのだから，企業は「環境保護の大道」を歩むことができる訳だと言う。社会学

者のレスリー・スクレア（Leslie Sklair）は次のように説明している。「持続可能な開発というのは，こういう論争の渦中にある人なら皆，勝ち取りたいと願っている賞のように思われた。当然のことだが，勝者がその概念を再定義するようになる。」[97]スクレアが見るように，企業は1990年代にその論争に勝利し，企業自身の利益に適うように持続可能な開発の概念を再定義してきた。そうすることで，企業は自らのやっていることのいくつかが環境にやさしくない時でさえ，自分たちは環境にやさしいと気兼ねなく宣伝してきた。多くの場合，大企業は自分たちが宣伝している実際の環境保護計画よりも，「我々はグリーンだと認定された」と宣伝することの方にもっと沢山の金を使っている。[98]批判する人は，「自発的企業責任」（業界用語）は「企業責任」に取って代わられるべきで，そうすれば，約束を果たすよう迫られるだけでなく，企業に自らの行動の責任をとらせることにもなるだろうと言う[99]。

このテーマについてなされたもっと具体的な議論の中には，市場自由主義者と制度主義者は経済効率と環境保護を結びつけているというものがあって，批判する者はこれは危険な先例を作るものだと見ている。実際，よりきれいな生産方法を採用しているビジネスの例のほとんどすべては，政府の規制圧力から生まれたもので，効率性を獲得する方法としてビジネス自体の中から現れたものではなかった。[100]ビジネスにより売り込まれた「グリーン投資」は，「クリーン（きれい）」というよりも，単に「クリーンアップ（大儲け）」にすぎないと指摘してきた者もいる。要するに，産業界は本当に方針を変えたというのではなく，ただラベルを張り替えただけ，と批判する者は言うのである。

♠ TNC，投資と環境のグローバル・ガバナンス

TNCの環境パフォーマンスに関する激しい論争が吹き荒れているのと同時に，TNCの活動を規制しようとする世界的なルールが環境にどう影響するかについての論争だけでなく，地球環境ガバナンスの形成におけるTNCの役割に関する論争も現れ始めている。次は，こういう問題について検討する。

実に様々なルートを使って，TNCは地球環境ガバナンスの形成に重要な役

割を演じてきた。第3章で述べたように，TNCは，自らの利益を守る方法として，環境に関する国際ルールの形成に影響を与えるために，従来自国政府に対しロビー活動をしていた[101]。しかしながら，だんだんと産業界も国際的なレベルで政策決定者に直接ロビー活動をし，前にも記したような大きな環境会議だけでなく，具体的な環境条約についての交渉にも参加するようになっている。1972年のストックホルム会議で，産業代表によりなされた15分間の参加に比べると，1992年のリオ地球サミットでも，2002年のヨハネスブルグ・サミットでも，産業界の団体はこれら大きなサミットに関与できるよう大いに奮闘した[102]。地球サミットの事務局長だったモーリス・ストロングは，持続可能な開発に関する経済人会議（Business Council on Sustainable Development：48ほどのTNCで構成されていて，1990年にできた法人組織のロビー活動団体）の自身の友人であるステファン・シュミットハイニー（Stephan Schmidheiny）に積極的に役割を担うように勧めた[103]。国際商業会議所（ICC）も，リオ・サミットでは積極的だった。ICCはリオ後に産業界が貢献するために，1992年に世界産業環境協議会（WICE）を作った。1995年に2つの団体が合わさって，持続可能な発展のための世界経済人会議（WBCSD）が形成された。ヨハネスブルグ・サミットでロビー活動することを主な目的としたビジネス・グループの連合体として，持続可能な開発のためのビジネス・アクション（Business Action for Sustainable Development：BASD）が2001年に形成された（主に，ICCとWBCSDの勢力が合わさったもので，161ほどのTNCから成っている）[104]。明らかに市場自由主義者の側にいるこれらの両者が一緒になったことで，産業界により唱えられた主な主張は，持続可能な開発を促進するには，TNCを外部から規制するというよりは，産業界によってまとめられた自発的な自己規制が最も効果的かつ効率的な方法であるというものだった[105]。

TNCの「構造的権力」は，地球環境ガバナンスに対するもう1つ別の重大な影響力である。これは，世界経済におけるTNCの支配的な立場を利用してガバナンスの形成と運営に影響力を振るうTNCの能力を指しているが，その能力でTNCは主流派のイデオロギーと国家の政策を形づくることができる。国家と国際機関に対する企業のこの手の影響力を測るのは極めて厄介なのだが，

多くの研究者は世界の環境政策の成り行きを理解するには，そうすることが重要だ強調している。この手の分析は，史的唯物論者の見解――特にグラムシの考え――に頼るソーシャル・グリーン主義者から主に来ている。こういう研究者たちは，アクターの「ブロック」――多国籍企業だけでなく，産業界の利益に仕える特定の国家と重要な知識人から構成されている――が，持続可能な開発についての支配的イデオロギーと言説に対しどのように影響を与えるかを概説している。106) この影響力は，国際的な環境協定の交渉においてだけでなく，（前にも述べたように）持続可能な開発を定義する上で企業が演じる役割の中にも見出せる。107) このように分析する者からすれば，世界的な経済競争が激化する今の時代は，多くの国が自国に投資を留め，あるいは引きつけるために，企業に喜ばれるような国内政策を遂行するということを引き起こしてきた。

多国籍企業も，前に述べたように，例えば産業界が主体となった団体を設立したりして，グローバルな環境政策に関する重要な国際フォーラムに参加することで，地球環境ガバナンスに影響を与える。例えば，ISO14000環境マネジメント規格は――初めは一連の自主規格として立案されたが――，今では世界貿易機関〔WTO〕により正規の規格として認められている。このように，多国籍企業は地球環境ガバナンスを構成するものの一部となってきた。批判する者の中には，政府や環境保護団体からの意見をほんのごくわずかしか取り入れないTNCによって立案過程が支配されていることから，こういう事態が進展することに懸念を表明してきた者もいる。108)

産業界が地球環境ガバナンスの成り行きを支配するかもしれないのと同時に，政府間の投資規定も又，環境問題に取り組むことを特に考えていない企業も含めて，これら企業の行動に影響を与えている。OECDの中の協定だけでなく，投資条項を持つ世界的及び地域的な貿易協定も，投資と環境に重要な意味を持ってきた。ここで，これら投資規定のうちいくつか取り上げ，TNCにとっての重要性を考えてみる。

環境に関し細分化された投資規定で最もよく知られているものの1つはNAFTAの第11章で，それはこの貿易協定の下での投資家の権利を述べている。この章の明らかな特徴は，外国の投資家に対し内国民待遇を与えることを

政府に要求し，さらに，企業が自らの投資が収用されたと思ったり，あるいは「収用と同様の」行為が企業の利益を損なう時は，企業は賠償を求めて政府を訴えることができる，というものである。第11章は，訴訟が持ち出された時，それを処理するための投資家対国家の紛争処理メカニズムを備えている。NAFTAは，企業にとってのそういう明確な権利を含んだ，初めての貿易協定である。第11章は，もっとFDIを奨励する手段として，国有化に対する企業への一般的な保護として元々は考えられたものだが，結局は，それは環境に対し非常に大きな意味を持ってきた。1994年以来，NAFTAの第11章によって提訴された27の訴訟のうち，8つは明らかに環境に関係している事件である（表6.1参照）。これらの多くは，環境規制を巡る紛争を扱った訴訟であって，訴えている企業にすれば，新しくできた法律は利益のかなりの損失を引き起こしてきたと考えられたために，いくつかの環境規制の実施は第11章に違反していると企業が主張したものである。環境に関係した8つの事件では，損害賠償として15億米ドル以上が投資家により請求された。

　ソーシャル・グリーン主義者と生物環境主義者は，NAFTAの第11章を酷評してきた。彼らにしてみれば，第11章は明らかに環境規制を弱めようとする試みであり，レギュラトリー・チルだけでなく，「底辺への競争」も奨励するものである。こう考えるのは，彼らは投資規定を政府の環境を守る能力を制限するものとして見ているからである。例えば，化学物質のMMT（ガソリン添加剤）の輸入禁止を巡って1997年にカナダに対しエチル社が起こした訴訟で，カナダ政府はその化学物資の禁止を撤回することになった。その上，カナダ政府は示談により，その会社に1,300万米ドルを損害賠償として支払わなければならなかった。要するに，今のような第11章では，政府は告訴されるのを恐れて，新しい法律を実施する気にはならないだろう，と批判する者は言う。こういうことから，批判者は投資条項が削除されるか，書き直されるかを望んでいるのである。制度主義者と市場自由主義者は，環境規制を一律に脅かすものとしてこういう事件を見る傾向にはない。むしろ，彼らは，それぞれの事件の裁判は，各判決に確かで詳細な理由を示したし，さらに第11章には環境規制に対する反感などないと主張している。

表 6.1 NAFTA 第 11 章における環境に関係した紛争

提訴日	提訴した会社	提訴された政府	争点	状況
1996年10月2日	メタルクラッド社 (Metalclad Corp.)	メキシコ	アメリカの廃棄物取扱会社がサン・ルイス・ポトシ州のラ・ペドレラで有害廃棄物の埋め立て式ゴミ処理の操業許可を与えないメキシコ地方政府の決定、及びその地域に環境保護区を作る州政府の決定に異議を申し立てる。	審判団 (tribunal) は、メキシコは 1105 条 (待遇の最低基準) 及び 1110 条 (収用及び補償) に違反したと裁定を下した。メキシコは 1,670 万米ドルを支払うように命じられた。メキシコは、審判団はその管轄権を超えていたという理由で、最高裁にその裁定の法的検討を求めた。最高裁は、その裁定のほとんどは有効であるとした。この事件は、2000 年 10 月に解決した。メキシコは損害賠償金を支払ったが、その額は公表されていない。
1996年12月10日	ロバート・アジニアン他 (Robert Azinian et al.) (Desona ※)	メキシコ	アメリカの廃棄物取扱会社がナウカルパン・デ・フアレスにおける廃棄物処理と管理の不履行のために、契約は無効とメキシコの裁判所が裁定したことに異議を申し出る。	1999 年 11 月、審判団は投資者の請求を退けた。
1997年4月14日	エチル社 (Ethyl Corp.)	カナダ	アメリカの化学会社が、カナダによるガソリン添加剤 MMT の輸入と州間取引の禁止に異議を申し立てる。その添加剤は車載の故障診断措置に支障を来たすと自動車メーカーが主張するものである。マンガンを基にした MMT は又、神経毒の疑いがある。	審判団による予備審判の後で、カナダ政府は MMT 禁止を撤回。その会社に謝罪し、1,300 万米ドルで示談した (州間取引禁止に関しては、この事件以前に、カナダの拘束力のない国内通商協定違反であるとされていた)。
1998年6月30日	U.S. ウェスト・マネジメント社 (U.S. Waste Management Inc.)	メキシコ	アメリカの廃棄物取扱会社がアカプルコにおける廃棄物処理の業務に関し、メキシコの子会社との契約を巡る紛争において、中央政府と地方政府の措置に異議を申し立てる。	2000 年 6 月に審判団は自らは管轄権がないと裁定した――ウェイスト・マネジメント社が NAFTA が要求するように自国内の法的権利を正式に放棄しなかった。

第 6 章　国際投資と環境

日付	会社	相手国	事件の内容	状況
1998年7月22日	S.D.マイヤーズ社 (S. D. Myers Inc.)	カナダ	アメリカの廃棄物処理会社が有害PCB廃棄物の輸出をカナダが一時的に禁止したこと（1995年11月～1997年2月）に異議を申し立てる。	投資者は意思表示書を再提出した。審判団は、その管轄権を正式に認めた；紛争は継続中。審判団はカナダは1102条（内国民待遇）と1105条（待遇の裁定基準）に違反していると裁定した。審判団は損害賠償に500万米ドルと利子を認めた。カナダは裁定を無効にしようとカナダ連邦裁判所に照会したが、拒否された。
1998年12月2日	サン・ベルト・ウォーター社 (Sun Belt Water Inc.)	カナダ	アメリカの飲料水会社がブリティッシュ・コロンビア州の水保護の立法と同州からの大量の水の輸出を一時停止したことに、異議を申し立てる。	カナダ政府は、その請求は無効と主張しているが、投資者は未だ係争中と主張している。
1999年6月15日	メタネックス社 (Methanex Corp.)	アメリカ	カナダの化学会社がカリフォルニア中の土地と地表水を汚染してきたガソリン添加剤であるMTBEの同州による段階的廃止に異議を申し立てる。	審判団は証拠の適格性を認め、デービス・カリフォルニア州知事が禁止令を出した時に、同知事が、ある商売敵により、不当に影響を受けたという申立てで裏書きする証拠をもっと出すようにメタネックス社に要求した。
2001年11月6日	クロンプトン社 (Crompton Corp.)	カナダ	アメリカの化学会社がカノーラの種と種の処理に、発癌性物質として知られるリンデンを使うことをカナダが禁止したことに異議を申し立てる。	審判中。

出所：WTO Watch website：www.tradeobservatory.org
※ [Desona（デソナ）は、その事件に関係したメキシコの会社。]

OECDによるもう1つ別の投資規則である多国間投資協定（Multilateral Agreement on Investment：MAI）は，1990年代の半ばから末にかけて交渉された。この協定は，もっとずっと大きなスケールで，NAFTAの第11章形式の規定，特に投資家の権利条項を正式に記すことをもくろんでいた。ウルグアイ・ラウンドが交渉された時に，WTOの下で，ある協定の中にそういう手段を取り入れようとする試みがなされたが，多くの発展途上国がこれに抵抗した。このため，OECDはもっと大きな支援を得るようになったら，WTOの中に最終的に組み込むことを見込んで，OECD自体による協定を作り出そうとした。112) しかしながら，活動家が広範に連合して，その協議の秘密主義的な性格を公表し，環境保護条項を欠いていることを含めて，その協定が持つ問題を暴露したことで，1990年代末にMAIは頓挫した。113) OECD加盟国政府はMAIを断念したが，WTOでは投資問題は貿易交渉のドーハ・ラウンドで検討されていることから，多くの活動家は諸政府は別の国際協定の中にそういう規定を滑り込ませるのではないかとなお心配している。活動家団体が，こういった試みを妨害することに勝利したことは，反グローバル化運動に大きな活力を与えることになった。

　MAIの頓挫の後で，OECDは自らが自主的にまとめた『多国籍企業ガイドライン（Guidelines for Multinational Enterprises）』を改訂した。元々は1976年に採択されたものだが，こういうガイドラインはOECDにより定期的に再検討及び改訂され，一番最近は2000年に行われた。2000年の改訂は，ガイドラインを国際環境規格や条約，及びリオ原則に一致させるという勧告が入っている。114) 例えば，新しく改訂されたガイドラインは，ISO14000のような既存の環境マネジメント規格を奨励している。しかし，ガイドラインは又，ISO規格よりも先を行き，TNCに「重要な目標，そして，しかるべき所では環境パフォーマンスを向上させる目標」を掲げることを求めている。ガイドラインはさらに又，悪影響を受ける地域社会と一層協議することだけでなく，企業の環境活動に関する一層有益な情報を求めている。115) しかしながら，批判者は未だに懐疑的である。

　OECD『多国籍企業ガイドライン』は，OECDにだけ適用される。1977年に国連多国籍企業センター（UNCTC）は，世界的に適用できるTNCの自主的行

動規範についての交渉を始めたが，その行動規範には環境に対する行為についての条項が含まれていたし，TNC の権利と責任を概説していた[116]。UNCTC は 1970 年代の初めに設立されたが，TNC の経済的，社会的，及び環境への影響，特に発展途上国における TNC の操業を監視する権限が委託されていた。行動規範は，海外直接投資がこれらの地域に不都合な結果を招かないようにしようとしたものだった。この行動規範についての協議は 1990 年代の初めまで継続したが，行動規範が完成したり，採用されたことは一度もなかった。アメリカからの圧力を受けて，UNCTC はリオ地球サミットの直前に解体させられ，国連貿易開発会議（UNCTAD）がその残った活動を引き継いだ。地球サミットは，UNCTC の行動規範を実施するのではなく，先に述べたような企業自身により展開された自主管理活動を奨励することになった[117]。

ソーシャル・グリーン主義者と生物環境主義者は，今の投資規定には批判的で，そのかわり世界的に統一された基準を要求し，それは，むしろ持続不可能な投資を控えさせるものであって，ソーシャル・グリーン主義者の場合には，それは地方での生産を奨励するものである。例えば，グリーンピースと地球の友（Friends of the Earth）は両者とも，環境権，社会権，人権について，TNC による行為を向上させるような，拘束力のある一連のルールを採択するように提唱してきた。彼らの提案は，企業が最も高い基準を厳守すること，損害に対する企業責任，そして予防原則の実施を要求している[118]。（第 8 章では，これらの提案をより詳細に検討する。）制度主義者ならば，底辺への競争を止めるような協定を好むだろうが，それでも彼らの多くは基準を統一させるのを支持しない。制度主義者は，国際投資は持続可能な開発にとって決定的に重要であるから，（適正な条件の下での）国際投資に水を差そうとは望んでいない。市場自由主義者は国際投資協定を提唱しているが，彼らはそのような協定が企業の権利保護に焦点を当ててほしいと思っている。彼らの見地からすれば，そういう協定には明確な環境保護条項は必要ではない。

♣ 結　論

　企業の本質に関する基本的な想定は，投資と環境を巡る論争の多くに枠をはめる。市場自由主義者は，企業を有能な経営者，さらに経済成長のエンジンと見る。ほとんどの市場自由主義者は，企業による環境への悪影響は時折起こる問題だということは受け入れるが，にもかかわらず，最善の方法は市場が刺激して企業に環境管理の向上へと自主的に動くよう助長することであると主張する。企業が利益を上げるという当然の営みに干渉しても，国際貿易に関しては，実際には自然が保護されそうにもない。事実，ほとんどの場合，そういうことをしても，生態的，社会的，そして最も重要なことに，財政上の目標を低めてしまうだけである。制度主義者は市場自由主義者に共鳴するが，彼らは企業活動は潜在的に悪影響をもたらすものとして，ますます見るようになっている。彼らは，外部性の影響の押し下げ，企業に持続可能な開発のための本当の動機を持たせられるような安定した投資環境を維持するには，しっかりとした統治能力と活気ある市民社会を持つ強い国家が必要なのだと主張する。多くの制度主義者にとっては，グローバル化は又，国際社会が企業に，その企業が遠くにある弱い国で操業していても，責任をとらせる可能性をより開いているのである。これには，企業の環境パフォーマンスを評価するのに役立つ国際協定やグローバル・スタンダードが当然含まれる。制度主義者からすれば，これらは自主的なものであっても，拘束力のあるものであってもよい。

　生物環境主義者とソーシャル・グリーン主義者は，TNC の，特に発展途上国で操業する TNC の環境への悪習と労働慣行を長い間非難してきた。近年，グローバル化は小国に関係する TNC の経済力を拡大してきており，驚くことではないが，活動家は TNC に対しより一層精力的に反対運動を始めている。少々軽蔑的な言い方である企業のグローバル化というのは，グローバル化とは，実際のところ TNC の通商上の利権の中でグローバル・ポリティカルエコノミーを構築することである，という彼らの懸念を表したものである。企業を批判する者は，環境パフォーマンスを向上させるための企業の組織上の能力だけで

なく，企業の動機についても疑っている。生物環境主義者もソーシャル・グリーン主義者も，TNCに対する厳しい規制を要求している。彼らは，企業に世界の空気や水を汚染させ，世界の，とりわけ発展途上世界の石油，鉱物，森林，魚を枯渇させるほど駆り立てるような，TNC内部にある構造的要因を指摘する。弱い国家，汚職，そして強欲は，企業に情け容赦ない環境破壊を首尾よくやらせてしまう。グリーンな市場と企業の自主管理活動に頼ることは多少は役に立つかもしれない——しかしながら，最終的には，企業による地球環境の略奪を断じて防ぐのが決定的に重要なのである。生物環境主義者からすれば，TNCと地元企業の両方とも統制することが不可欠である——両方とも同じように収奪する能力がある。ソーシャル・グリーン主義者は，少しばかり違う考え方をとる。彼らは，TNCを解体し，それを地元の人と地元の環境に責任を持つ小さな企業に取って代える方策を求めている。次の章で検討するが，こういったことは，国際融資の徹底的な精査を含めて，グローバル・ポリティカルエコノミーの広範な改革と共に起こらないとできない。

第 **7** 章

国際融資と環境

　国際融資は，ますます発展途上国経済の中心部分になりつつある。これには，企業や個人への膨大な民間資金の流れだけでなく，政府が常に公的資金や民間資金を借入れたり，返済したりしていること，さらに多国間及び2国間のグラント〔返済する必要のない援助〕や技術支援の安定した流れも入っている。これら1つ1つに大きいが，それぞれ多少異なる環境への影響がある。一方のソーシャル・グリーン主義者と生物環境主義者，他方の市場自由主義者と制度主義者との間のすでにおなじみの連合に沿って，再び大きく見解が分かれるが，それぞれの見解には融資と環境についての独自の解釈がある。

　市場自由主義者と制度主義者の両者とも，はっきりと国際融資を肯定している。市場自由主義者からすれば，国際融資は国際投資と経済成長を促進し，経済成長は世界経済の安定性を増すことですべての国に恩恵を与える。国際融資は又，発展しようとする貧しい国の努力を支援するのに特に役立ち，それによりそういう貧しい国が初期の工業化と天然資源の輸出から来る避けられない環境コストのいくつかを，より上手に管理できるようになる。しかし，市場自由主義者は，あまりにも多くの開発援助を承認することには慎重である。それは，市場誘因を邪魔することがあると彼らは言う。制度主義者は国際融資がもたらす利益に関しては市場自由主義者に同意するが，国際融資は環境に関する制度と規範を維持する上で最も重要な財政的及び技術的メカニズムの1つであると付け加える。彼らは，地元と地球の環境問題を管理するために，発展途上国の，そして最終的には国際社会の制度上の能力を築く主な手段として融資を見ている。

　生物環境主義者とソーシャル・グリーン主義者は，国際融資の今のパターン

第 7 章　国際融資と環境

をひどく批判している。両者とも，依然として国際融資は経済成長を駆り立てるもう1つ別のグローバルな力であり，発展途上国に天然資源を過剰に採取させ，都市化させ，産業化させるような資金と専門的助言の源泉として見ている。特に開発援助は，貧しい国の生活水準を豊かな国のレベルにまで引き上げるのが持続可能な目標であるというように間違って想定しているが，その一方で，世界の豊かな者のエコロジカル・フットプリントはすでに十分地球の環境収容力を超えているという危険な事実には，ほとんど何も取り組んでいない。何人かの極端な生物環境主義者は，開発援助は全くの見当違いであり，貧しい者の人口過剰を支援することにより，地球の生態系に生態上のストレスを単に倍加させているだけだとまで言っている。ギャレット・ハーディン（Garrett Hardin）によれば，生き残るためには，豊かな者は「救命ボートの倫理に従って」生きなければならず，豊かで繁栄した者のボートを沈めるかもしれない大群に，意固地になって援助を投げ与えてはいけないのである[1]。他方，ほとんどのソーシャル・グリーン主義者は，そのような極端な主張は酷薄で，不道徳だと見ている。にもかかわらず，彼らは，開発融資は失敗しているということで一致している。開発融資は発展途上国の社会の利益と個人の幸福に役立っておらず，むしろ発展途上国の資源と人々を搾取することに余念がない国際機関，強力な国家，そしてTNCの利益に役立っている。貧しい国の産業化と集約的農業を支援するための国際融資はあまりにも多いが，健全な地域社会と持続可能な暮らしを支えるための国際融資はあまりにも少ないのである。

　この章では，国際融資のいくつか主要なルートがもたらす環境への影響を検討する。環境管理の向上に向けた援助だけでなく，特に開発援助と発展途上国の債務に焦点を当てる。この章では又，輸出信用機関と民間資金の流れがもたらす環境への影響も扱う。まずは，いろいろな種類の融資，さらに国際金融の最近の傾向を概観することから始める。

♠ 国際金融の規模と傾向

　融資のグローバル化は，貿易と企業の投資の両方に結びついて金が流れると

いうことから，ますます世界をつなぐことになってきた。国際レベルでの融資は様々な方法でなされる。国際開発援助は，グラント（返済する必要のない援助），技術援助（専門家の助言），及び譲許的融資（つまり，通常の公的及び銀行融資よりも低い利率でより長い返済期間の貸付け）から成っている。多国間援助は，世銀や国連機関のような，いろいろな機関を通して流れる。2国間援助は，ある政府から他の政府へのものである。多国間及び2国間融資は，公的債務と言われている。そういう融資は，政府開発援助（ODA）とみなされるかもしれないし，そうでないかもしれないが，ODAは22カ国のOECD開発援助委員会（DAC）の指針に沿う多国間機関と発展途上国政府への援助である。ODAとみなされるためには，そういう援助は発展途上国の経済発展と福祉を促進するものとして明示的な形で提供されなければならず，さらに，少なくとも25％のグラント・エレメント〔援助条件の緩和度。従って，贈与ならば100％となる〕が入っていなければならない。世界の国際開発援助の多くはODAであるが，世界の公的債務の多くも又，この定義から外れた条件で借られた借入金から生じている（もっとも，こういう条件は，一般的には民間銀行による貸付け条件よりも有利ではあるが）。政府も民間企業も商業銀行から直接借り入れる（商業債務と呼ばれている）。国際金融には，証券（有価証券）市場と外国為替取引のような，他の民間資金の流れもある。

　開発援助——つまり，グラントと借款の返済免除部分——は，貧しい国にとっては資金調達の重要な源泉である。1970年に，国連はドナー〔援助国〕は発展途上国に自国のGNPの0.7％を提供すべきであるという目標を採択した。これは，1974年の新経済秩序（NIEO）を求める中でも繰り返され，それだけでなく，1992年のリオ地球サミット，そして，近年再び国連ミレニアム開発目標の一部として繰り返された。この目標は，2002年のモンテレー開発資金会議と持続可能な開発に関するヨハネスブルグ世界首脳会議の両方で，一層強められた。にもかかわらず，この間ずっと，ドナー国政府はこの目標に全然達してこなかった。わずかに5カ国がこの目標に到達したり，それを超えたりしたが，現在OECDの平均はDACの国民総所得〔GNI：GNPと基本的に同じ〕のわずか0.22％にしかすぎない（**図7.1**と**図7.2**）。この割合は，0.5％までになった1960年代

第7章 国際融資と環境

図7.1 OECD DAC：政府開発援助：OECD GNI に占める ODA の割合

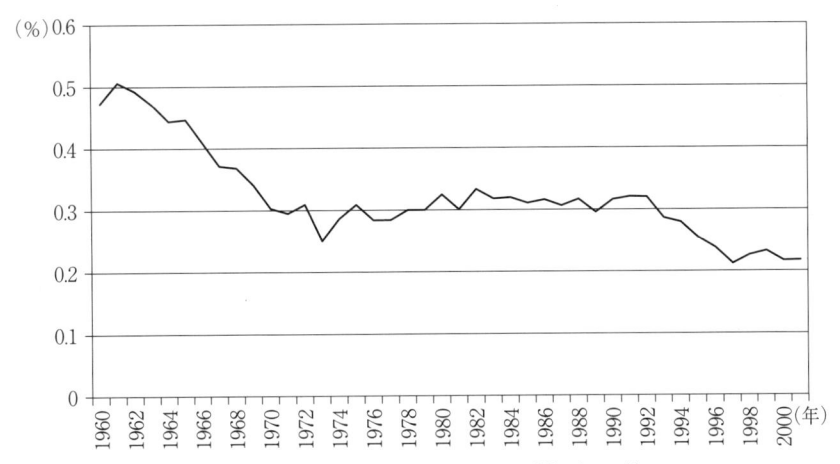

出所：World Bank World Development Indicators：www.worldbank.org/data

図7.2 DAC ドナー国による政府開発援助：GNI に占める ODA の割合

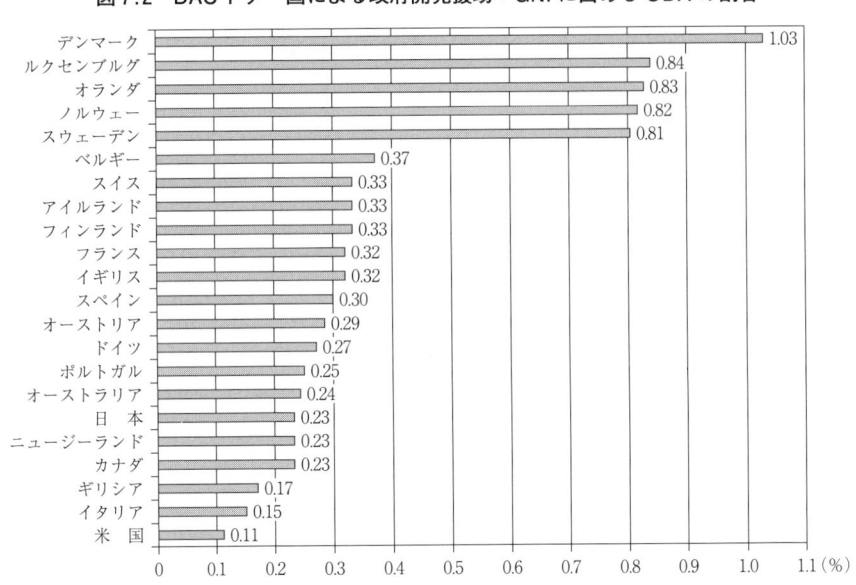

国	%
デンマーク	1.03
ルクセンブルグ	0.84
オランダ	0.83
ノルウェー	0.82
スウェーデン	0.81
ベルギー	0.37
スイス	0.33
アイルランド	0.33
フィンランド	0.33
フランス	0.32
イギリス	0.32
スペイン	0.30
オーストリア	0.29
ドイツ	0.27
ポルトガル	0.25
オーストラリア	0.24
日本	0.23
ニュージーランド	0.23
カナダ	0.23
ギリシア	0.17
イタリア	0.15
米国	0.11

出所：World Bank World Development Indicators：www.worldbank.org/data

図 7.3 OECD DAC：政府開発援助：総額

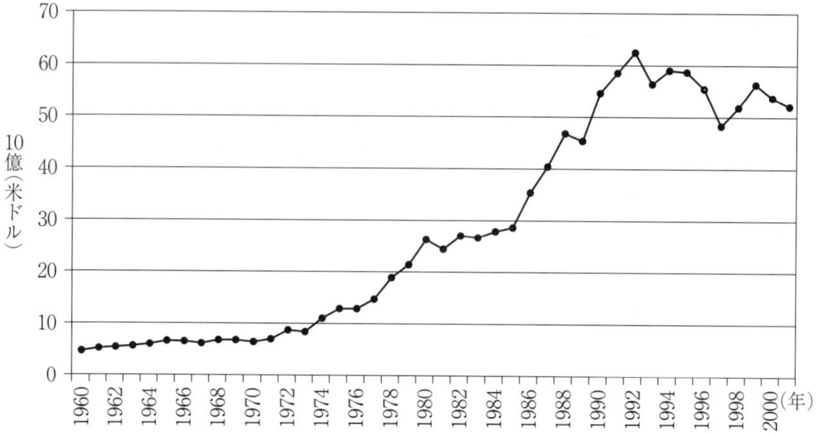

10億（米ドル）

出所：World Bank World Development Indicators：www.worldbank.org/data

の初めから徐々に下がってきている。しかしながら，絶対額で見ると，同期間に援助の形で発展途上国へ流れた資金の総額は増大した――もっとも，1990年代初めに下がり，それ以来停滞したままではあるのだが。2001年には，DAC諸国からのODAは527億米ドルに達した（図7.3）。アメリカは，国民総所得のわずか0.11％しか貢献しておらず，主なドナー国の中では最低である（図7.2）。

ドナー国の所得に占める公的援助が下がり続けてきたことから，国際債務は特に発展途上国で増大してきた。対外債務は過去30年間にわたり，ほとんどの発展途上国の経済における明らかな特徴となってきた（Box7.1参照）。1970年には，発展途上国の債務総額は728億米ドルであった。それが，1980年までに6,094億米ドル，1990年までに1兆4,584億米ドル，2001年には2兆4,421億米ドルと驚くばかりになっている（図7.4）。諸政府は，この債務の元本と利子の両方を滞りなく支払わなければならない。こういう支払いは，債務返済と呼ばれているが，ほとんどの発展途上国の経済にあっては，かなりの流出である。図7.5は，過去2, 30年間の発展途上国の債務返済は，発展途上国の財とサービスの輸出の，平均して15％と20％の間にあったことを示している（これを

図7.4 発展途上国の債務

出所:World Bank World Development Indicators: www.worldbank.org/data
注:対外債務総額は,公的に保証された公的長期借入金,民間無保証長期借入金,IMF借款の利用,短期借入金の総計をいう。

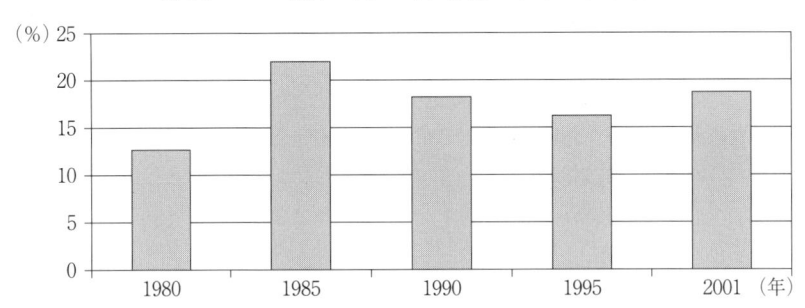

図7.5 発展途上国:債務返済比率
(財とサービスの輸出に対する〔対外債務返済の〕比率〈%〉)

出所:World Bank World Development Indicators: www.worldbank.org/data

債務返済比率という)。しかしながら,これにはかなりのばらつきがある。例えば,1986年にソマリア〔「アフリカの角」にある国。隣国はエチオピアとケニア〕の財とサービスの輸出に占める債務返済比率は66%だったが,同じ年のベリーズ〔中央アメリカに位置する国。隣国はメキシコとグアテマラ〕では10%だった[2]。2001年に発展途上国によりなされた債務返済の総額は3,775億米ドルであったが(図

Box7.1　発展途上国の債務危機

　過去30年にわたる発展途上国の債務の急増は，発展途上国内の，及び国際的な多くの要因の産物である。1970年代初めのOPECによる原油価格の値上げとインフレの上昇に結びついた国際市場におけるドル超過の結果として，発展途上国は銀行や政府からほとんど条件を付けられることなく，変動金利で借りるように勧められた。高インフレは，実質金利（インフレに合わせた金利）を極めて低いものにし，多くの国に借金をただのように見せてしまった。商業債務——つまり，民間の金融機関からの融資——は，主にラテンアメリカとアジアで増大した。公的債務——つまり，政府や多国間組織からの借款——は，発展途上世界のすべての地域に影響を及ぼし，さらにサハラ以南のアフリカへの融資の主な源泉となった。この時期の貸手は，諸国は債務不履行などしないだろうと想定し，諸国に融資を申し出ることに積極的だった。

　しかしながら，こういう債務が累積し始めた後で，世界経済に変化が起こったために，貧しい国が融資を返済するのはますます難しくなった。1979年にOPEC諸国は石油価格を2倍にし，それに応じて1981年に米国連邦準備理事会はインフレと戦うために米国の金利を20％以上に引き上げた。国際的にも金利は上昇し，世界大の景気後退を引き起こした。発展途上国が世界に売っていた製品の需要は急落し，そして発展途上国の輸出のかなりの部分を占めていた原材料の価格は，自国が輸入していた工業製品の価格と歩調を合わせて上がることはなかった。その結果，商業債務を抱える発展途上国にとっては二重の痛手となった。発展途上国はより高い実質金利に直面し（金利が上昇して，インフレ率が下がったため），さらに，景気後退のせいで，発展途上国は融資を返済できるだけの収入を得ることはなかった。世界的な景気後退のせいで，輸出から借款を返済できるだけの収入を得るのが極めて難しくなったために，公的債務を抱えた国も又，影響を受けた。1982年にメキシコはその対外債務の利子を支払えないことを公表した。他の諸国もそれに続き，1980年代の半ばまでには，世界は本格的な債務危機に陥った。IMFと世銀による再融資を受ける代わりに，債務国はこれら機関により命ぜられた厳しい構造調整策を受け入れることに同意した（本章で後に検討する）。

7.6），そのうち元本返済に支払われたのは2,613億米ドルで，1,162億米ドルが利子返済に支払われた。[3]

第7章　国際融資と環境

図7.6　発展途上国：返済された債務の総額

出所：World Bank World Development Indicators：www.worldbank.org/data

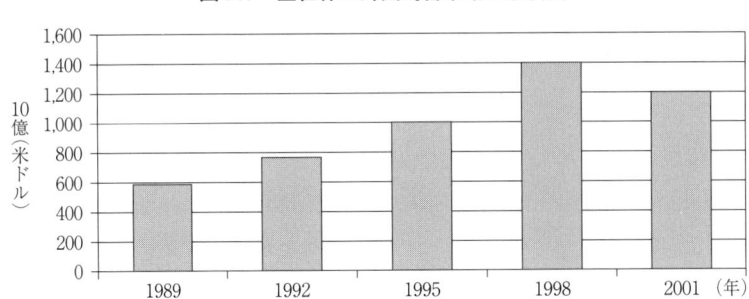

図7.7　全世界の外国為替市場の取引高

出所：Bank for International Settlements press release 31/2001E, 2001.

　過去20年にわたる，資金の流れに関する規制の自由化は，国際的な銀行融資をかなり上回るほど，世界の民間資金の流れを拡大してきた。今や1兆ドル以上が各国通貨で毎日国境を越えて取引される。図7.7で分かるように，1989年4月では，世界の外国為替市場の1日平均取引高は，5,900億米ドルであった。この数字は2001年4月までには，1兆2,000億米ドルへと倍以上になった（1998年から2001年の間では19％下がりはしたが）。世界の金融市場の約10日分の取引額が，世界の財とサービスの年間の生産額にほぼ等しいということから，外国投機は今や財とサービスの貿易を遥かに上回っている。有価証券の取引も，過去10年間に70以上の国が新しく証券取引所を開いたこともあって，この間急増した[5]。

◆ 多国間融資:世界銀行とIMF

多国間融資は,国際金融と環境を語る上で重要である。主な多国間融資機関である世界銀行〔世銀〕はとりわけ重要である。世銀は,発展途上国への貸付けだけでなく,債務——公的債務と商業債務の両方——を返済させるために考えられた構造調整計画を決めることにも,極めて重要な役割を演じている。世銀は,発展途上国に対するすべての多国間援助のうち,かなりの部分を提供していて,その政策は他の開発銀行とドナー国の政策に極めて大きな影響を与えている。[6] この影響力は,特定の地域により強く作用し,多国間援助が対外援助の大部分を占めているサハラ以南のアフリカのような地域では特に重要である。

世銀と国際通貨基金(IMF)は,1944年に45カ国の代表がニューハンプシャー州のブレトンウッズにおける連合国通貨金融会議で通貨協定を交渉した後,創設された。ブレトンウッズ協定——交換性通貨体制,固定為替レート,及び自由貿易を確立した——は,自由市場的な国際経済秩序を支えるために考えられた。IMFは交換レートの監督をし,国際収支の赤字を補填する資金の提供者であった。正式には国際復興開発銀行(IBRD)として知られている世銀の元々の目的は,第2次大戦後,荒廃したヨーロッパを再建するための計画に融資することであった。世銀の当初の課題は,1950年代末と1960年代初頭に概ね完了した。そのころまでに,世界には多くの新興独立国が存在した。そこで世銀は,世界の経済成長を刺激したり,世界経済を安定させるためもあって,発展途上世界へ融資することに目を向けた。1960年に,世銀は「ソフトな」条件(低金利)で最も貧しい発展途上国に特に限定して貸出しをする,別の貸出し部門である国際開発協会(IDA)を設立した。[7]

今日,世銀は世界最大の開発融資機関であって,2002年には発展途上国におおよそ195億米ドルを貸し出している。[8] 世銀は,特定のプロジェクトと構造調整の両方を支援するために貸出しをしている。世銀は,借入国が政策を変えることの見返りに国際収支の不足を支援することで,構造調整に対しよりすばやく貸出しを行う。世銀は,重債務を抱える貧しい国の経済停滞に応えて,1980

第7章 国際融資と環境

年に構造調整融資を導入した。この種の貸付けは，これ以降，構造調整計画の支援に向かう世銀の融資の割合が大きくなっていくことで，世銀の貸付資産の著しい特徴になってきた。1980年代には，構造調整貸付は平均して世銀の融資の17％くらいだった。2001年には世銀の融資の33％は構造調整のためで，その約3分の2が様々なプロジェクトを支援するものだった。[9]

　世銀による融資の環境への影響に関し，市場自由主義者的な枠組みが，戦後ほぼずっと世銀内での見方を形作った。しかしながら，ここ2，30年の間に世銀は，例えば環境保護のための国際機関を支持するように，より制度主義者的な見方へとゆっくりと傾いてきた。[10] 実際，世銀は環境保健局（後に環境局と改名された）をかなり以前の1970年代に作った最初の多国間開発機関であった。[11] もっとも，世銀は環境保護主義者からの批判の高まりに直面することになった1980年代と1990年代までは，自行の融資による環境への影響に本気で取り組み始めることはなかったが。

プロジェクト融資への批判と世銀の対応

　世界中の環境保護活動家は，その運動の焦点を世銀の巨大インフラ・プロジェクトと大規模な移住及び再定住計画に合わせた。[12] 批判する者は，主にソーシャル・グリーン主義者と生物環境主義者だが，経済が成長したら環境問題は解決されるだろうという世銀の市場自由主義者的前提を攻撃した。当時，他のほとんどの国際的な貸手と同じように，世銀はプロジェクトを構想するに当たり，環境問題にほとんど注意を払わなかった。こういったことは意外なことではなかった。というのも，世銀を含めてほとんどの貸手は環境に与える影響を評価するのに，すべてのプロジェクトを分析するだけのスタッフを持っていなかったし，ましてや1つ1つのプロジェクトを企画するのに環境目標を組み込むことなどなかったからである。環境局は職員をほとんど抱えていなかったし，プロジェクトを企画する局とは別組織であった。そもそも，このようないい加減さはごく当然なものだった。というのも，世銀職員のほとんどは伝統的な自由主義経済学派で，良い経済政策は環境にも良いと考えて働いたからである。[13] プロジェクトから生じる環境問題は，開発過程に伴う負の外部性として考えられ

207

ていた。[14)]

　世銀の大規模なインフラ・プロジェクト——例えば，道路，ダム，発電所，さらには企業的農業プロジェクトや移住計画——は，環境問題に対し埋め合わせをすることはなかった。その結果，多くのプロジェクトはすぐに土壌浸食をもたらし，森林の減少率を上げ，農業用の土産〔どさん〕遺伝物質を喪失させ，先住民の生活を崩壊させた。世銀が1980年代に環境政策を整えていた所でさえ，そういう政策は大方無視された。[15)] 環境保護団体は，現地で地元団体の連絡網が大きくなったことに助けられ，多くの世銀プロジェクトの環境パフォーマンスを監視することができた。2つの世銀プロジェクトがマスコミの格別な注意を引いた。それが，アマゾンのポロノロエステ・プロジェクトとインドのナルマダ・ダム計画である。

　ポロノロエステ（「北西の拠点」）は，ブラジル南部の都市部からアマゾン森林地帯の北西地域へ，貧しい人々を入植させることを狙った拓殖計画であった。世銀は，1980年代初めに，このプロジェクトに対しブラジルに4億5,700万米ドルを貸し付けたが，同行は唯一ブラジル以外の資金源だった。[16)] アマゾン入植を促進するために，BR-364として知られる，大きな幹線道路がロンドーニア州の中へ作られた。このプロジェクトのための世銀の融資の半分は，幹線道路と支線道路の建設資金に向けられた。世銀としては，そのプロジェクトは環境的にも，社会的にも間違いなく持続可能なものになるだろう主張した。批判的な人は，それは全く不可能だと感じていた。1980年代の前半に，約50万人の入植者がロンドーニアに押し寄せた。政府は入植者に食糧を作るための土地を与えたが，それは多くの場合，すでに先住民により占有されていたものだった。幹線道路を作るためと入植者のための新しい土地を開くために（輸出用作物を作ろうとした），いくつもの帯状になって森林が厖大に伐採され，焼かれた。しかしながら，土壌が農業に適したものではなく，農園は失敗した。そこで，伐採された土地の多くは牧畜に使われたが，これも失敗した。このプロジェクトは恐ろしいほどの社会的苦難をもたらした。ロンドーニアの先住民の多くは，入植者が持ち込んだ新しい病気から生き延びることができなかった。このプロジェクトは又，ブラジルの熱帯雨林に巨大な傷跡を残した。ロンドーニアの森林

が伐採された割合は，1978年の1.7％から1991年の16.1％に増加した。[17]

　インドのナルマダ渓谷プロジェクトは，灌漑と発電のためにナルマダ川に沿って，一連のダムを作ることが目的の開発計画である。インド政府がそのプロジェクトを考え，次に資金援助の話を世銀に持ちかけた。世銀は1985年に4億5,000万米ドルを約束した。[18] インド政府は，いくつものダムを作るために何万人もの人々を再定住させる必要があった。この時の世銀自身の再定住についての方針は，融資が認められる前に，土地を追われた人々に受け入れられる再定住及び経済再建計画をインド政府がすでに持っているということを要求するものだったが，しかし，そういうことは起こらなかった。[19] 1980年代末と90年代初頭に，ダムに対する批判が高まり，ナルマダ・バチャオ・アンドラン（ナルマダを救え運動）がインドで形成され，国際的な支持を得て，ダムに抗議した。[20] 活動家は，辺境地への影響，森林の減少，地域の安寧を含めて，何万人もの人々が追い出されることからくる環境的及び社会的被害を強調した。ダム自体が，生態系と分水界を取り返しのつかないほど崩壊させるだろうと，活動家は主張した。[21]

　こういうプロジェクトやますます増えるその他プロジェクトでの環境破壊に関する詳しい情報を携えて，様々な環境NGOsが世銀を「グリーン」にしようと，互いに支援しあう運動を開始した。環境保護団体は，世銀の環境に関するお粗末な活動について長い間，大衆に知らせようとしてきた。しかしながら，世銀のIDA〔国際開発協会〕に対し，政府援助を承認する役割を負っているドナー国政府の国会議員にロビー活動をし始めた1980年代の初めに，彼らの戦略は新しい様相を帯びるようになった。アメリカ政府は，多国間組織には伝統的に懐疑的であったことから（従って，多国間組織に資金提供を見合わせることがよくある），アメリカ政府が特にターゲットになった。環境保護団体――例えば，環境防衛基金（Environmental Defense Fund：現在の環境防衛 Environmental Defense）――は，世銀の様々なプロジェクト，とりわけポロノロエステ・プロジェクトの環境への悪影響についてアメリカ議会で証言した。[22] これがきっかけで，アメリカは世銀の環境に関する前歴を問題にするようになった。アメリカは最終的にはIDAの不足分を補うために，贈与を提供することに同意した――しかし，

世銀がその環境活動を向上させること,という条件が付いた[23]。このことは,世銀の環境政策を変えようとする,北米,ヨーロッパ,太平洋地域でのNGO運動を拡大させることになった[24]。

世銀は1985年にポロノロエステ・プロジェクトを中止した——初めて環境上の理由で進行中のプロジェクトへの融資が中止された[25]。環境保護団体は世銀に対し,世銀のプロジェクト融資にもっと広く環境問題を組み込むように圧力をかけることができた。1987年に,当時世銀総裁だったバーバー・コナブル（Barber Conable）は,環境と住民の立ち退きに関しては,世銀は過去に誤りを犯したと認め,世銀がもっと「グリーン」になるように変化させると約束した[26]。世銀は,1990年代の初めにナルマダ渓谷プロジェクトについて独自の再調査を実施した。その再調査の結果は1992年に公表されたが,プロジェクトに伴う深刻な問題を強調していた[27]。1年後,インド政府と世銀は,ナルマダ・ダム計画に対する融資を中止することを決定し,環境に関し引き続く国際的な反対運動に直面するよりも,インド自らが資金供給するのを選んだ[28]。

世銀は1987年に大掛かりな改編をしたが,それには環境局から新しい環境部,さらにはいくつかの地域環境課への環境職員の再編成を伴っていた[29]。当時,環境局にはわずか5人しか専門家はいなかった[30]。新しい環境部は,環境に影響を与える可能性のあるプロジェクトを評価するだけでなく,環境と開発の関係を調査する責任を負っていた。1991年以後,世銀もすべてのプロジェクトの環境アセスメントを必要とするようになった。1990年までに世銀は環境職員を約60人増やし,1994年までに約200人追加された[31]。その上,世銀は明らかに環境に良い影響を与えるプロジェクトをもっと企画し,環境破壊を引き起こす可能性のあるプロジェクトに着手する前に,影響を受ける人々やNGOと相談することを誓った。

世銀は又,1991年に地球環境ファシリティー（GEF）のためのパイロット事業を始める手助けをした。GEFは世銀,国連環境計画（UNEP）,国連開発計画（UNDP）により共同で運営されているが,このGEFの目的は,1人当たりの収入が4,000米ドル以下の発展途上国において,地球環境に良い影響を与えるプロジェクトに融資することである（後にもっと詳しくGEFについて論じる）。

1992 年に，リオ地球サミットに合わせ，自らが今やグリーンである資格を持つことを宣伝するために，世銀は『世界開発報告（*World Development Report*）』を「開発と環境」というテーマに当てた[32]。この最初のグリーン化のプロセスは 1990 年代の半ばまで続いた[33]。1993 年に，世銀は自行のプロジェクトによって影響を受けた人たちの要求を再検討するために，独立した「査察パネル」を設立した——これを「非常に」自律的な組織と見る人もいる[34]。

　比較的短期間にこういう変化が集まると，環境に関する世銀の政策に大きな変化をもたらすことになる。世銀は，ますます制度主義者の言い回しを使うようになったが，日々の業務の中に「環境を組み込んでいる」と主張するようになった。これは，環境保護プロジェクトにずっと多くの資金を充てることを意味していた[35]。誰もが，最近顕著になった世銀の環境への配慮と責任に納得している訳ではない。批判する者は，世銀は「グリーンスピーク（greenspeak）」だと非難している。明らかに世銀の環境保護活動に関する新しいレトリックと沢山の新しい報告があることを，こういう批判者は気づいている。しかしながら，世銀の環境職員は未だに脇へ追いやられており，実際にはプロジェクトに融資するかどうかのほとんどの決定は，環境部とは独立してなされている[36]。最も重要な判断規準は，未だに経済上の収益率なのである。環境に良い影響のあるプロジェクトは規模の小さいものになりがちで，そういうプロジェクトを企画し，運営するのに必要な時間を考えると，それらは世銀の貸手にはほとんど関心がなくなってしまうと批判者は強調する。世銀の融資カルチャーは，大金を貸す行員に報いる傾向があり，融資自体がもたらす結果（これを測定する方が遥かに難しい）に関してではないということもあって，そのようなプロジェクトは干されるのである。従って，そのカルチャーはより大きなプロジェクト，つまり，正に環境破壊を引き起こす可能性が一番高いようなプロジェクトに目をかけるのである[37]。批判する者はさらに，1990 年代前半の環境問題への関心は，90 年代後半には薄れたように見えると語る。1994 年には，環境に関係する融資は，世銀の全融資の 3.6 ％になった。つまり，環境に良い影響のあるプロジェクトへの貸付けは，1990 年から 1995 年までに約 30 倍増加した。しかしながら，この上昇傾向は続かず，環境に関する融資は 1998 年までに全融資のわずか 1.02 ％

にまで落ち込んだ。[38]

　批判する者は又，世銀はプロジェクト融資の環境に影響を与える可能性に関して，NGOと十分協議していないと不平を述べる。NGOは現在，環境に関する融資だけでなく，協議のプロセスに対しても，もっと広範な改革を要求している。地球の友（Friends of the Earth）のある報告は，「2000会計年度では，世銀の民間部門課からの融資のほぼ半分は（未だに），例えば，石油，ガス，石炭，鉱業，化学製品，インフラ・プロジェクトのような環境に害を与えるセクター〔産業部門〕へのものだった」と特に言及している。[39] 地球の友は，深刻な環境被害を引き起こすセクターのプロジェクトに，世銀が融資できなくなるような除外リストを採用するよう同行に要求している。例えば，そのリストには，国連が生態的に重要だと指摘した地域のプロジェクトだけでなく，未開拓林や原生林におけるインフラ・プロジェクトとか資源採取プロジェクトが入っている。それには又，500人以上を不本意に再定住させるプロジェクト，世界ダム委員会（The World Commission on Dams）の規準に合わないような大規模ダムプロジェクト，さらに認定されたNGOが持続可能性を証明しないような伐採掘プロジェクトなら皆入っている。[40] NGOは又，もっと制度化した説明責任を迫っている。多くのNGOが見るところでは，世銀を切開するプロセスは正に始まったばかりである。例えば，これまでのところ，環境コストを内部化させた形跡はほとんどないし，環境問題は未だに「世銀の開発戦略の中心的な論理に十分統合」されていない。[41] 世銀の内部評価は，環境アセスメントの質が1990年代末に低下したという多くの環境NGOの主張を認めている。[42]

　世銀は，2年間協議した後，2001年7月に新しい環境戦略に着手した。それは，3つの重要な目標に焦点を当てている。つまり，「生活の質の向上，成長の質の向上，リージョナル及びグローバル・コモンズの質の保全」である。[43] 持続可能な開発――経済発展，社会的結合，及び環境保護とみなされている――のための財政及び技術支援は，貧困を減らすという世銀の任務の中核的要素である。[44] この新しい環境戦略の効果を評価するのはまだ早い。しかし，多分予想通り，批判する者は，その環境戦略とて基本的事実を上手に言い繕う新たな言い訳にすぎないと見るだろう。その基本的事実とは，つまり，世銀は所詮銀行

だというである。

構造調整融資と環境

　現在，世銀の融資の3分の1は，構造調整計画 (SAP) を支援している。この手の融資（構造調整融資 structural adjustment loan，つまり SAL）は負債のある政府に国際収支の支援をしている。こういう資金の見返りに，諸政府は世銀と IMF による勧告に従って経済政策を改めるのに同意する。この経済の構造改革が意図した目的は，成長を促進し，最終的には負債を抱えている政府がその負債を返済できるようにすることである。世銀は，多くの発展途上国政府が対外債務を返済しがたくなってきた後，1980年代初めにこの手の融資を引き受けるようになった。こういう構造調整融資により，IMF と世銀は世界の貧しい地域における経済政策とその結果にかなりの影響力を振るってきた。こういう機関自体が発展途上国にとっての重要な資金源であるだけでなく，これら機関の政策勧告も又，ドナー国のみならず他の開発銀行に対して影響を及ぼしている。サハラ以南のアフリカと多くのラテンアメリカの諸国は，構造調整融資により最も深い影響を受けてきた。こういう融資の下で求められた政策改革は，環境に対しかなりの影響を与えている。こういう改革は，環境に益となるのか，それとも害となるのだろうか。

　驚くことではないが，市場自由主義者と制度主義者は，構造調整計画の下での改革を持続可能な開発に欠くことのできないものとして見ている。求められている政策変更の主な類は，世界経済に対し発展途上国経済を開放するといったものである。その目的は，貿易と投資を促進し，最終的に経済成長を促進することにある。IMF と世銀は，例えば商品市場や通貨市場に介入するような，世界市場から途上国経済を切り離すどんな措置に対しても，長い間批判的だった。このような方針に沿って，SAL〔構造調整融資〕に関する第1の条件は，大抵は通貨切り下げと変動相場制の実施である。現地通貨を切り下げることの意図は，現地の生産者と輸出業者の所得を押し上げることである（少なくとも同じ量が取引されると想定して）。このことは，現地経済にとって，いくつか一層良い利点を持つ。通貨切り下げは，生産の増大をもたらし，それが価格を下げ，輸

出量を上げることになり，発展途上国が失われた市場を取り戻すことができる。

構造調整計画の下で要求されたその他の改革には，国内価格政策の自由化と貿易制限の撤廃がある。このような措置をとれば，適正な「価格にさせる」のに役立つだろう。世銀は，行きすぎた政府介入こそ，何故実際価格が市場価格よりも低いのかを正に説明するものだと見ている。SALの条件は又，国営企業の民営化，政府支出の削減，外国からの投資の規制緩和を求めており，これらすべて非効率性を減らすと考えられている。こういったことは外貨を稼ぎ，政府による非効率性を減らす行為を奨励するから，このような措置が合わさると構造調整改革は国家に債務の返済をしやすくさせるはずである。SALは3〜5年間だけ続くはずだったし，一度きりの調整と考えられていた。実際には，SAP〔構造調整計画〕は同じ国に20年間にわたって，多くの国で実施されてきた。サハラ以南のアフリカのほとんどの国，そしてラテンアメリカの多くの国，さらに東南アジアの多くの国は，1990年代までにSAPを取り入れてきた。こういう改革計画は，それらの国の経済の特に顕著な特徴になってきた。

IMFと世銀は，当初SAPにおける環境面を考慮に入れていなかった。すでに述べたように，世銀は1980年代の初めには，同行の融資による環境への影響を調べることにエネルギーを十分割いていなかったので，これは理解できる[45]。しかしながら，世銀は又，そのような綿密な調査をするのが当然だとも考えていなかった。というのは，環境管理を向上させるには，市場重視の改革によって活気づいた経済成長がいずれにせよ必要だと考えられていたからである。こういった考え方は，SAPが生態系に影響を与えているという批判に対する世銀の対応をこれまでずっと特徴づけてきた。世銀は，自然環境へのSAPの影響を一般化するのは難しいが，ほとんどの場合，おそらくは当たり障りのない，あるいは，好ましいものであったと主張してきた[46]。ある世銀報告は，「最近のSALの65％にははっきりと環境に関する項目が含まれていて，大抵は環境に対し何の影響も予想されないという趣旨を表明したものになっている」と強調している[47]。

世銀の市場自由主義たちは，SAPが生態系に直接良い影響もたらす可能性をいくつか見る。SAPは，木材や鉱物のように，以前は安値をつけられた天然

資源の価格を実際の市場価格に近いレベルにまで上げることで、環境保全を促進できる[48]。価格自由化や通貨切り下げも、コーヒー、ゴム、ヤシ油、ココアのような輸出作物の生産を助長する。これらの木の根は土壌浸食を防ぐのに役立つ。例えば、政府からの燃料、農薬、産業に対する補助金が、非効率的な産業や慣例を支えているが故に、こういう補助金の撤廃は環境パフォーマンスを向上させることができる。補助金を取り払うと、無駄の多い消費——例えば、車を1人で使う——は減るはずで、これが汚染を減らし、農薬の使用を減らすことになる[49]。SAPがビジネスと土地の私有を奨励するので、世銀からすれば、それが環境スチュワードシップ並びに環境保全への動機を生み出すことになる[50]。もし構造調整から予期しない悪影響があるとしたら、それは大抵は欠陥のある政策や市場、あるいは制度から来るものである[51]。

　批判する者は、特にソーシャル・グリーン主義者は、構造調整を受けている国家にあっては、SAPこそ持続不可能な開発の大きな原因だと攻撃してきた。彼らの多くは、世銀の発表とは極めて対照的に、貧困と不平等が構造調整計画の下で拡大してきたと主張する。人々は生きるために天然資源を使い果たすのだから、貧困率の上昇は、正に環境悪化を煽るだけである（但し、第4章で述べたように、貧しい人々は責められるべきではない[52]）。批判する者は、天然資源の継続できないような輸出を増やし、汚染を増大させる外国からの投資を奨励しているのはSAPだともっとあからさまに攻撃してきた。多くのソーシャル・グリーン主義者は、SAPは、債務を完済するために外貨を稼ごうとして、重債務国をまず間違いなく天然資源の持続不可能な輸出に向かわせるようになるだろうと主張する[53]。

　例えば、批判する者の中には、通貨切り下げと貿易制限の撤廃は、大量の木材を輸出しようとする強い動機を作り、それがまた森林減少に拍車をかけると主張する者もいる。森林減少率は最重債務国において最も高いとデータは示している。SAPと森林減少を直接結びつけるのは難しいが、いくつか顕著なパターンがあると批判者は力説する。ブラジルは最重債務国の1つであるが、最も憂慮すべき森林減少率の国の1つでもある。森林減少率は、債務危機が起きた時と1980年代に構造調整策が実施されている間、上昇し始めた[54]。ガーナ〔ア

フリカ西部のギニア湾に面する国〕では，1980年代にSAPを受け入れてから，森林が激減した。1983年と86年の間に，ガーナの熱帯木材の輸出は42％上昇し，材木生産量は3倍になった⁵⁵⁾。商業ベースの伐採は，その国の森林地帯を元の規模の4分の1にまで縮小させてきた。批判する者は又，構造調整改革を受け入れて以降，カメルーン，コートジボワール，フィリピン，タンザニア，タイ，ザンビアから熱帯木材の輸出が持続不可能なほど増加していると指摘している⁵⁶⁾〔カメルーンはアフリカ中西部，コートジボワールはガーナの西隣，タンザニアはアフリカ東部，ザンビアはタンザニアの南西にそれぞれ位置する〕。

　輸出志向の調整政策も又，諸国を農産物輸出の増加に拍車をかけ，しばしば作物と農業技術を変えさせた。すべてではないが，多くの場合，このことは食糧生産の減少と輸出用作物の増加をもたらしてきた。ある場合には，農場主や農民が辺境の土地を大規模に開墾し，森林減少，洪水，頻繁に起こる土壌浸食，収穫高の減少をもたらしてきた。セネガル〔アフリカ西部に位置する国〕がその1例で，そこでは，地下に実を結ぶ植物を増産するように奨励した政策は，深刻な土壌劣化と生産性の低下をもたらすことになった⁵⁷⁾。企業的農業の手法が，発展途上国で輸出を増やそうとして，多くの国で増加傾向にある。綿，花，タバコのような作物の生産——生産性を最大にするために必要とされる農薬と肥料のせいで，とりわけ生態系に有害な影響を伴うが——は，これら作物が外貨を生み出すことから，多くの場合SAPの下で増える（ある場合には，世銀ははっきりとそのような作物の育成を奨励している）。例えば，タンザニアでは，これら3つすべての作物の生産が，構造調整計画の下で増加した⁵⁸⁾。

　批判する者は又，発展途上国で採鉱と鉱物輸出に関心が高まったのはSAPのせいだと非難する。フィリピンでは，構造調整計画により，政府は採鉱にもっと外国からの投資を呼び込もうとして鉱業法を改定することになった⁵⁹⁾。批判者は，構造調整を受けている国では，SAPの下で求められる歳出削減は環境に直接影響があるとも主張する。諸政府は出費を削減するために，環境保護のために用意した計画を含めて，多くの計画を取り止めてきた。多くの政府は，国立公園のための予算や環境規制の施行を監視する官庁の予算に大なたを振るってきた。例えば，タイの汚染防止のための予算は，1997年と99年の間にSAP

の下で 80％削減された。

　構造調整融資と環境を巡る論争は未だに続いている。世銀は，未だに構造調整は環境にとっては全体として歓迎すべきものとしているものの，批判する者との論争に加わり始め，構造調整融資と環境との関係が一層分かるような方法についての研究に着手してきた。他方，IMF はその問題には未だに沈黙を守っている。この論争に関し双方の研究は，大抵は正反対で，環境への SAP の影響をもっと研究する必要は明らかにある。

♠ 多国間環境援助と GEF

　制度主義者は，1987 年のブルントラント報告とリオデジャネイロでの 1992 年の地球サミットで唱えられたことに同意見で，彼らは発展途上国での環境保護の費用を賄おうとするには，豊かな国から貧しい国にもっとずっと多くの援助が必要だと強調し続けている。そのような資金供給は，環境にやさしい活動を奨励する国際機関に向けられるだけでなく，発展途上国内での具体的な環境保護活動に向けられるのが一番良いと制度主義者は主張する。こうするためには，もっと多くの豊かな国に約束をきちんと守らせることが絶対に必要である。制度主義者は，実に頻繁に約束は破られると嘆く。例えば，1992 年の地球サミットでは，豊かな国は持続可能な開発を促進するため，その会議の行動計画を実施するために必要とされる 6,250 億米ドルのうち 1,250 億米ドルを提供するということだけは同意していた（アジェンダ 21）。発展途上国への全世界の支援総額は，2001 年には 523 億米ドルで，地球サミットの目標に合わせるのに必要な総額からはほど遠い。豊かな国も貧しい国も，もっと多くの援助が必要だということは同意しているが，その援助がどこから来るべきなのか，どのくらい必要なのか，どのように割り当てるべきかについては意見が合わない。さらに，環境に関する援助の「コンディショナリティー〔条件〕」を巡る論争が持ち上がってきた――つまり，ドナーが援助に付ける制約についてであって，時には構造調整融資の場合におけるような広範な政策変更，又，時には環境保護ための具体的な措置である。さらに，環境のための援助が，既存の援助に「新たに」

加えた援助なのか，あるいは，単に重点を変えた援助なのかに関する，援助の「アディショナリティー〔追加〕」についての問題も持ち上がってきた。

　ソーシャル・グリーン主義者からすれば，問題は援助の額というよりも援助の出所と対象である。彼らの考え方では，世界の経済的格差を正すには，グローバル・ポリティカルエコノミーを作り直すことがどうしても必要なのである。これには，援助と融資の総額を遥かに超える額だけでなく，新しい貿易，投資，資金の流れを必要とするだろう。持続可能性を支える資金を支給して，国際機関ではなく，地方の機関に権限を与えるように金融制度を作り直すことが決定的に必要である。ソーシャル・グリーン主義者は，持続可能性の財源となるべき国際機関を疑いがちだが，それは，こういう機関は諸国民の地域社会の利益よりも資本家とドナーの利益に適うような，隠れた計画を持って働くことが実にしょっちゅうあるからである。

　制度主義者とソーシャル・グリーン主義者との間のこういった論争は，地球環境ファシリティー〔GEF〕による環境への財政援助を巡ってなされてきた。GEFが引き受けるということ自体，正に制度主義者的プロジェクトであった。というのも，そのような機関を通した国際協力と財政援助は，長期にわたる環境保護にはどうしても必要なものだとGEFは考えていたからだった。初めから，これはかなり政治色の濃い機関であった。GEFは，EUのいくつかの国がしきりに促したことで，リオデジャネイロでの1992年地球サミットの直前に，約13億米ドルの予算をもって設立された。当初の考えは，アジェンダ21の中で要求された持続可能な開発の様々な構想に対し，融資の手助けをする世界的な「グリーン・ファンド（green fund）」を創るというものだった。GEFに弾みをつけたのは，国際環境協定により地球環境保護の義務を果たすことで生じる「増分原価」を払いやすくするために，発展途上国にグラントの形をとって財政援助をするということだった。増分原価というのは，GEFでさえ正確に定義するのは難しいのだが，広い意味で，「グローバルに」利益をもたらすプロジェクトに発展途上国が支払う追加コストを指す。こういった方針に沿って，GEFは「地球」環境に良い影響をもたらすプロジェクトにだけ資金提供する。初めのうちは，国際水域，気候変動，オゾン減少，生物多様性に焦点を当てたプロ

ジェクトに限定されていた。もっと最近になって，GEF はこれに土地劣化と残留性有機汚染物質を付け加えるようになった。[67]

　GEF は，世銀，UNEP〔国連環境計画〕，及び UNDP〔国連開発計画〕により運営されており，そのどれもが自らの専門知識を反映させる役割を持っている。世銀は指導的機関で，その財政を管理をしている。UNDP は GEF のプロジェクトに伴う技術支援を指導し，UNEP は GEF と地球環境に関する合意形成過程との間を取り持つ。[68] NGO は，GEF のパイロット・フェーズでは何の公式の権利も持っていなかったが，初めから NGO は GEF が活動するにあたり役割を持つことになるだろうと思われていた。[69] GEF のプロジェクトに対する資金は，GEF トラスト・ファンド〔信託資金〕から来るが，それは諸国が贈与を約束しているファンドである。2003 年までに，GEF は 140 カ国以上における 1,300 以上のプロジェクトに対し 40 億米ドル以上投入した。2002 年には，ドナー国は 2006 年が終わるまでに，プロジェクトのコストを賄うために GEF トラスト・ファンドに 30 億米ドルを追加することを約した。[70]

　初めの数年間，GEF は環境 NGO と発展途上国の両方から厳しい批判を浴びた。世銀はすぐにこの新しい機関を牛耳るようになり，事実，プロジェクトの構想と実施について，NGO や現地の地域住民と協議したことはほとんどなかった。発展途上国はプロジェクトの「増分」コストにだけ資金提供する GEF の方針に不満だった。優位な立場にある世銀が，受入れ国よりもドナー国の要求をあまりにも重視しているという懸念もあった。アメリカのアドボカシー団体である環境防衛（Environmental Defense）のブルース・リッチ（Bruce Rich）弁護士は，手短に以下のように説明している。「地球環境ファシリティーのやり方は，世銀好みの仕事の仕方がモデルだった。つまり，トップダウン，秘密主義であって，大衆参加や情報へのアクセス，民主的に選ばれた議会の関与，有識者による代案の検討に対し，基本的に軽蔑していたのである。」[71] そういう訳で，多くの NGO は世界的な環境条約に関係した唯一のファンドとして GEF を支持するのは慎重であった。[72]

　こういう問題を改善するために，いかに GEF を改革するかについての討論は，早くも 1992 年のリオ地球サミットの時に始まり，その後 2，3 年の間続い

た。環境 NGO と発展途上国は，もっと説明責任を持った民主的な機関にすべきだと主張した。[73]彼らは，1国1票という国連に似た投票制度を支持した。彼らは又，GEF は世銀から独立して運営されるべきだと主張した。環境 NGO は，GEF の政策決定過程と実施において，NGO や地域住民を含めた非国家アクターの参加が拡大することを要求した。他方，ドナー国は効率的で，効果的な機関にすることに最も関心があった。このため，ドナー国は1ドル1票というブレトンウッズ体制に似た投票制度だけでなく，引き続き世銀が GEF を運営するのを望んだ。[74]

交渉は妥協で終わった。改革された GEF には，国連とブレトンウッズの投票制度の両方の要素を併せ持った投票制が組み込まれた。[75] GEF の運営は，形式上は世銀が場所を提供しているが，現在は職務上は独立している。今では，GEF は自らのプロジェクトについて NGO ともっと正式に協議をするし，国際機関では珍しいが，NGO はオブザーバーとして，時には関係者として GEF 評議会のいろいろな会議に出席が許されている。[76] GEF 評議会は，18 の受入れ国政府と 14 のドナー国関係者，そして 5 つの NGO から構成されている。GEF は，1994 年に正式に恒久的機関として承認された。

GEF は，今は確かに以前よりは少しばかり民主的で，透明性を持ち，説明責任があるとしても，ソーシャル・グリーン主義者は未だに懐疑的である。GEF のような機関による「目隠し」的態度については，広く懸念されている。それは，裏に潜んだ構造的及びシステム的原因に取り組むというのではなく，金にまつわるいくつか特有の問題を覆い隠すものである。例えば，GEF は，消費のような問題は大抵無視する。[77]ソーシャル・グリーン主義者には，特に心配なこともいくつかある。GEF からの資金はグラントの形で与えられる。これは妥当で，実際，どうしても必要だ，ということはソーシャル・グリーン主義者も同意する。しかしながら，GEF は「環境に関わる部分」にしか支出せず，さらに，「グローバルな利益」にかかわる部分にしか支出しないために，プロジェクトのグラントのほとんどは，実際のところ，世銀の他の融資に何らかの形で結びつけられているのである。批判する者は，これは GEF のプロセスを世銀が相変わらず牛耳っていることから，ほとんど必然的に起こるものだと主張する。

NGO の環境防衛 (Environmental Defense) とハリファックス・イニシアチヴ (The Halifax Initiative) がまとめた報告書は，世銀は「GEF を使って，環境コストを外部化し，企画した融資にグリーン・グラント〔環境のためのグラント〕を付けて『甘くする』ことで，南の諸国の債務を増やしてきた」と言及している。さらにまたソーシャル・グリーン主義者は，GEF が発展途上国への技術移転にもっぱら焦点を当てていることを非難する。その上，プロジェクトはトップダウンで，プロジェクトで最も影響を被る現地の人々の意見や関与を十分取り入れていない。例えば，建議書は世銀に受け入れられるように書かれなければならないが，発展途上国の地方の団体がそのために必要な言語を覚えるというのは特に難しい。

♠ 2 国間融資：ODA と輸出信用機関

政府開発援助

　発展途上国へのすべての譲許的援助のうち 3 分の 2 はグラントの形をとっている。多国間開発銀行は主に借款を供与する。しかしながら，国連，ヨーロッパ，2 国間ドナー〔援助国〕は主にグラントを与える。2 国間ドナーの全譲許的援助の約 4 分の 3 はグラントの形態をとっている。これらグラントは，持続可能な開発プロジェクト，教育計画，技術移転，食糧援助，緊急援助を含めて，広範な活動を支えている。2 国間援助の背後にある動機は，歴史的，文化的，政治的，及びますます営利的になる外交政策の目的が複雑に絡み合ったものから生じている。2 国間ドナーは，多国間開発銀行よりも援助の経済的「成果」を強調せず，人道的援助と広く安全にかかわる問題をより強調する。多くの 2 国間ドナーは，その援助の優に 90％以上をグラントの形態にすることを保証している。1998 年と 99 年には，オーストラリア，カナダ，デンマーク，スイス，スウェーデンのような国が請け負った全 ODA のうち，グラントの割合は 100％であった。アメリカのグラントの割合は，1998 年には 97％で，1999 年には 98％だった。イギリスのグラントの割合は 1998 年には 94％，1999 年には 92

％であった。ODAのグラントの割合に関し，大きな例外は，1990年代に世界最大の2国間ODA援助国であった日本である。日本のグラントの割合は1998年には35％，1999年には39％であった[81]。日本は興味深い例である。というのは，市場自由主義者の論理に強い影響を受けている日本のODA哲学は，他の2国間ドナーによる，より制度的主義者的アプローチを問題視しているからである。

　日本は1991年に最大の2国間ドナーとなった。1997会計年度（1997年4月1日から1998年3月31日まで）では，日本はODAに90億米ドル以上を割り当てた。このうち，約20％が環境援助に指定された。すでに述べたように，この90億米ドルの優に半分以上は，譲許的融資の形をとっていた。対外債務に利子を付けて返済するという重圧が，政府に外貨を稼ごうとしてますます多くの天然資源を輸出させるように強いるので，融資は，それが極めて譲許的な条件であったにしても，決して「環境に良い」訳ではないと主張する人もいる。にもかかわらず，日本政府は環境保護プロジェクトに対してさえ，譲許的融資を重視することに理路整然とした弁明をしている。

　日本の見解では，ODAは，最終的には援助を越えて進むために，独立心と長期にわたるやる気を養成しなければならない。そこには，援助受入れ国のエリートがODAを利用して経済成長が維持できるようになるのを（従って，収益を上げて25年程度で返済できるようになるのを）保証する誘因がなければならない。長期にわたって実際にODAを「完遂させる」ために，融資に利子を付けて返済しなければならないというのは，受入れ国にずっと大きな重荷を課すことになる。グラントは有益である——事実，グラントは人道的，そして実際上の理由から，大抵は欠かせないものである——，がしかし，あまりにも多くのグラントによる援助は，生活保護と依存の文化を作り出すことがあり，そうなると発展途上国のエリートは，国家によるサービスを支えるために，さらに，すぐに自分たちが有能であるが如く見られるために（そして，おそらくは同時に私服を肥やすために）施し物に頼ることに満足してしまう。さらに，グラントだけでは長期にわたる経済成長に非常に重要なインフラ——上下水道，道路，港，水力発電用のダム，空港——を作るのに十分な資金をまず提供できない，と日本政

府は主張する。援助国は，受入れ国を援助への依存から卒業させることを目指さなければならず，これをする唯一の方法は，確実に現地の経済を成長させることである。日本の譲許的援助のほとんどは，アジア・太平洋地域の諸国に行った。日本政府の目からすると，第2次世界大戦後，この地域が例外的に経済実績を上げたということは，借款と大規模なインフラに焦点を当てることが長期的には理に適っているということを立証している。日本のODAは，援助に依存することを越えて進もうとするマレーシアのような諸国と，徐々にその方向に進もうとする，中国，タイ，フィリピン，インドネシアのような国々に力を貸してきた。こういった成果は，発展途上世界の他のどんな地域の成果とも異なるものである。[82]

輸出信用機関

輸出信用機関（ECA）は，2国間融資のもう1つの重要な源泉である。ECAは発展途上国における投資と貿易の両方を支えるために，融資——政府が後ろ盾となる融資，投資保証，リスク保険の形をとる——をする先進国の公的機関である。こういう融資は，貸付国に本社を置く会社との売買契約に明らかに結びついている。[83] 実際には，ECAにより融資されるプロジェクトを受け入れる発展途上国は，融資してくれるECAから貸付金を引き出し，それが次にサービスを提供する会社に行くことになる。発展途上国の借手（時には政府であり，時には私企業）は，貸付金を最終的には返済しなければならないが，関係する先進国の企業に返済する訳ではない。発展途上国の私企業に対するほとんどのECA融資は，途上国政府がその融資の後ろ盾になることが求められるが，しばしば，私的負債と見られるものが公的債務になってしまう。[84] ほとんどの先進国は，そういう援助を提供するECAを少なくとも一つは持っている。いくつか有名なECAを挙げてみると，米国の輸出入銀行（Ex-Im Bank），米国の海外民間投資公社（OPIC），日本の国際協力銀行（JBIC）／国際金融公社（前JEXIM〔日本輸出入銀行〕），カナダの輸出開発公社，ドイツのヘルメス信用保険株式会社（Hermes），英国の輸出信用保証局（ECGD），オーストラリアの輸出金融保険公社（EFIC）がある。[85]

融資保証と保険業務だけでなく，こういった資金を提供するに当たって，ECA は発展途上国における開発プロジェクトに融資するのみならず，自国から来た会社も支援しようする。こういう機関は，他の 2 国間援助や多国間援助よりも高い金利で，貿易と投資のための巨額で増大しつつある開発資金を提供している。今や，すべての ECA からの融資を合わせると，すべての 2 国間及び多国間開発援助の総額の倍以上である[86]。ECA は，毎年 1,000 億〜2,000 億米ドルを発展途上国に融資し，さらに世界の輸出の約 10％に助成金を出しており，こういったことから ECA を重要な金融上のプレーヤーにしている[87]。発展途上国にとって，ECA が重要なのは明らかである。ECA は，公的機関から借りた発展途上国の債務の約 40％を占めている。例えば，輸出信用はナイジェリア〔アフリカ中西部に位置する国〕の対外債務の 64％，コンゴ民主共和国〔旧ザイール。アフリカ中部に位置する国〕の対外債務の 42％を占めている[88]。

　ECA は，近年，環境保護団体から非難されてきた。輸出信用貸付の特徴は，巨大なダム，原子力施設，化学施設，遠隔地での道路建設だけでなく，石油，ガス，伐採，採鉱のプロジェクトを含めて，リスクの高い開発事業に ECA が融資し，保険をつける傾向があるということである。NGO である環境防衛のアーロン・ゴールドジマー（Aaron Goldzimer）は以下のように述べている。「何かがうまくいかなくなった時，ECA がリスクのほとんどを引き受け，ほぼ全額補償するとなれば，企業と銀行がどんな海外取引でも——それが恐ろしくリスクの高いものでも——進めようとする動機を持つのは当然だ。」[89] 批判する者は，ECA は融資する前にこれらプロジェクトによる環境への影響をきちんと考えていないと批判する。輸出信用機関について国際的な NGO 運動をしている ECA ウォッチ（ECA Watch）は，「発展途上国で温室効果ガスを排出するすべての新規産業プロジェクトのうち，その半分は何らかの形で ECA による支援を受けている」と言っている[90]。

　2 国間 ODA や多国間開発機関とは違って，ほとんどの ECA はどんな環境基準，あるいは社会的規範からも免れている。ECA は又，自らが融資するプロジェクトに関し，多くの情報を開示することのない，かなり秘密主義的な機関である[91]。アメリカの ECA は，この点では例外的である。というのも，アメリ

カは自国の ECA により資金供給されたプロジェクトを環境アセスメントにかける唯一の先進国だからである。アメリカの環境保護団体による圧力のせいで，近年，ECA 融資による環境への影響に関心が高まってきた。アメリカの ECA は，名目上は厳しい環境基準を持つ米国国際開発庁（USAID）と繋がりがあることから，より透明性を求める主張がアメリカでは特に強くなってきた。[92] この種の圧力は，他の多くの先進国にはない。その結果，アメリカの ECA が環境上の理由により，あるプロジェクトを断っても，別の ECA がそのプロジェクトに融資する可能性が，なおかなり高いということである。これが，中国の三峡ダムに対する融資に起こったことである。1993 年に 20 年計画でダム建設は始まった。世銀と米国輸出入銀行が断ったにもかかわらず，カナダ，ドイツ，スウェーデン，スイスの ECA は皆，200 万に及ぶ人々を立ち退かせるだろうし，広範な生態系の崩壊を引き起こすと予測されているこのプロジェクトに対し，融資の支援をした。[93]

アメリカとイギリスは，1990 年代末から，ECA のための一連の環境及び社会に対するガイドラインの作成に向けて尽力するよう，他の G8 諸国に圧力をかけてきた。OECD はこの指示に従い，こういう分野における ECA の共通基準についての協議も始めた。これまでのところ，これらガイドラインがどのようなものであるべきかについて，どちらの討論の場でも合意には至っていない。[94] それと同時に，環境 NGO は ECA に対して運動を続けてきて，2000 年には「公的輸出信用及び投資保険機関の改革を求めるジャカルタ宣言」を出した。[95] この宣言は，ECA に対して，少なくとも世銀や OECD と同等な，社会・環境に関するガイドラインと基準を統合して透明性を高めること，さらに人権と汚職に関する基準を採用するように要求している。それは又，非生産的な投資を終わらせるよう，さらに，最貧国が抱える ECA 債務を取り消すよう求めている。

♠ 民間融資と環境

発展途上国への国際的な民間融資による環境への影響は，譲許的援助よりも

遥かに注意されてこなかった。こうなったのも無理はない。公的融資は追跡しやすいし，世銀のような機関の場合には，説明責任を負わせるような公の方針がある。民間の融資機関に説明責任を負わせるのはずっと難しいし，ECAに見られるように，環境基準やガイドラインが存在しない時は，特にそう言える。民間融資の額は厖大なものである。前に述べたように，毎日1兆米ドル以上が民間の金融市場で取引される——主に，通貨投機と有価証券投資。民間融資の影響は公的な国際融資の場合より目立たないにせよ，そのものすごい規模から，民間融資は必ずや地球環境を変えるだろう。

特に通貨投機，通貨取引は大きな経済的不安定の一因になることがある。例えば，1997〜99年のアジア金融危機は，インドネシアのような国の現地通貨価値の崩壊を見た。インドネシア・ルピアの価値は米ドルに対し，1997年7月の約2,450ルピアから1998年9月には11,000ルピアに下落した。失業率と必需品の価格は，インドネシア経済が1998年に10〜15％縮小したため，急騰した。経済学者のポール・クルーグマン（Paul Krugman）は，1998年9月に次のように書いた。「今までの経済上の出来事の中で，世界経済がこれほど大規模に，これほど激しく失墜したのを経験したことは一度もなかった——大恐慌の初めの数年でさえ，こんなことはなかった。」[96] アジアにおけるような，突然の，しかも経験したことのない危機は，通貨市場における投資家の間でのせっかちな心理に勢いをつけただけだった。同じように，ミューチュアル・ファンドを通して有価証券に投資された資金も短期的な利益を求める。従って，結局のところ，ほとんどの投資は，そのような利益を請け合える会社に向かう。

しかしながら，この短期心理は，環境保護と持続可能性を促進するために企業に必要とされる長期的な見方とは合わない，という認識が金融業界の内外で大きくなってきている。批判する者は，例えば，何年にもわたって持続可能なように森林伐採するよりも，今日老木林を伐採し，その収益を投資する方が，ますます金銭的な意味を持つようになっていると心配する。後者の収益の方が，前者の収益よりもかなり高い。そういう現実が，長期的に考えることをほとんどせず，短期間で環境破壊をもたらしてしまうプロジェクトを進めるように企業や企業を支える銀行を駆り立てる。このようにして，金融市場は持続可能な

第7章 国際融資と環境

やり方を進める企業を冷遇する[97]。資金を受け取れる条件として，銀行や個人投資家が環境への責任を求めない限り，環境責任が真面目に考えられる見込みはほとんどない。スイスの実業家のステファン・シュミットハイニー（Stephan Schmidheiny）のように，民間の金融市場筋の人に対し，持続可能な開発という原則を促進せねばならないことを分からせようとしている人もいる[98]。シュミットハイニーは，市場自由主義者にならって，銀行や民間のアクターは持続可能な開発の促進に極めて重要だと主張する。もし彼らが民間の金融システムの中で，環境保護を推進することに今取り掛からないならば，経済成長の見込みは将来損なわれるだろう，と彼は主張する[99]。

過去10年にわたり，UNEPのような機関は，銀行と金融市場の環境に対する責任をもっと大きくせよと盛んに要求してきた。持続可能な開発に関する広い討論の中に金融機関を引き込むという目的を持って，国連環境計画・金融イニシアチヴ（UNEP Finance Initiative）が1992年に設立された[100]。金融機関が加わっているのは，NGOからの圧力のせいもあるが，借手の企業によりなされた環境破壊の責任を金融市場の投資家や銀行がとらされるかもしれないという恐れがあるからでもある。実際，1990年のアメリカでの訴訟事件で，ある銀行はその借手の1つによりなされた環境破壊に対し一部責任があるという判決が下された[101]。そういう心配こそ，借手の環境に影響を与える可能性を評価する必要があると銀行に考えさせるまでになった重要な要因なのである。UNEPは1990年代半ばに，260以上の金融機関が署名した「環境と持続可能な発展に関する銀行声明（Statement by Banks on the Environment and Sustainable Development）」をまとめ上げた[102]。この声明は，市場に好意的だが，それでも，環境管理には予防アプローチが良いとしている。これは拘束力のある協定ではなく，署名機関にその原則を守るよう要求するものである。こういうことから，それは本当に環境保護のための手立てなのか，あるいは単に銀行の側でリスクを最小にする手段なのかと問う人も出てきた。こういった見方をしない人からすれば，健全な地球環境は健全な世界経済をもたらすということを知っているからこそ，その声明は環境管理に責任をとろうとする民間金融機関のやる気を示すものなのである。

▲ 結　論

　以上見てきたように，市場自由主義者は国際融資を発展途上国における成長と繁栄を促すための有効な手段として見ている。教育，食糧援助，医療施設に対するようなグラントは，間違いなく諸国が発展のコースを調整し，再設定し，再び発展のコースに乗るのに役立つことができる。グラントによる援助を必要とするような，本当に人道上の問題もある。しかしながら，市場自由主義者は又，国際社会は生活保護を受ける世界，つまり，責任をとらない腐敗したエリートが豊かな国からの贈り物を食い物にするような世界を作らないように慎重でなければならないと主張する。世銀，IMFのような機関及び日本政府からの譲許的融資の価値を認めることも，同じように非常に重要である。こういう融資は，発展途上国の経済を安定させるのに役立ち，それがまた全世界の経済のためになる。大きな融資があれば，発展途上国の政府は世界市場で競争するために基本的インフラ（特に，輸送とエネルギー）を敷設できるようになる。そういう融資は，自立心や独立心を育成し，援助に依存することから卒業するという長期的目標をより現実的なものにする。そういった融資は，受入れ国に決定したことの長期的な結果に対し責任を負わせる。さらに，そういう融資は，自らの問題に対処できるような受入れ国側の能力に対して，ある種の信頼を示し，従って，受入れ国の中で責任と能力を生み出す。多国間及び２国間での貸手は，経済に関する専門的助言をして──特に，保護主義の落とし穴と好ましくない金融措置について説明する──，発展途上国のエリートを導けるようになる。発展途上国で国家計画を立案する者には，援助が実際「成果を上げる」ことを保証してくれるような刺激が必要である──つまり，援助が永続的な経済発展を生み出すという保証である。成果が上がったことを測るのに重要な尺度は，利子を支払い，融資を返済する能力である。さらに，対外債務の利子を払い，さらに元本を返済するという会計責任は，腐敗し，無能なリーダーを権力の座から追い出すのに役立ち，それが長い目で見ると，結局は経済的，社会的状況並びに環境を向上させるだろう。

第7章　国際融資と環境

　多くの場合，経済が発展するには，融資の返済に必要な外貨を稼ぐために，より沢山天然資源を輸出しなければならない，ということを市場自由主義は明らかに認めている。しかしながら，資源を輸出する期間は，発展の第1段階として見られるべきで，それは加工，製造，そして最終的にはサービス産業や情報産業に向かうための避けがたいステップである。この徐々に上がるプロセスは，どうしても取り返しのつかない環境上の変化を多少は伴うだろう。しかしながら，これがために天然資源の開発を批判してはならない。発展途上国を狩猟民や採集民，(未だに通り抜けられないような)原始林や山，(未だに原始的な)孤立した村落のような，昔の生活に「凍結」しておくのを望むのはパターナリステック〔父親的干渉〕である。そういう状況にいる人々にとって人生は短く，辛い。貧しい人を昔の生活に閉じ込め，それで豊かな人が数匹の猿とかトラを救えるというのが正義だろうか。何故発展途上国の人々は，先進国の人々のライフスタイルを与えられるべきではないのか。ヨーロッパと北米は，天然資源を大量に利用して発展した。アジア，アフリカ，ラテンアメリカに同じことをさせないのは，新植民地主義も同然である。この見方を最も熱心に支持する人の中には，発展途上国のリーダーもいる。マレーシアのマハティール前首相はその先頭に立っていた。1990年代半ばの彼の率直な発言が，その典型といえる。「マレーシアは発展したい。だから，環境保護主義者とやらに言ってやりたい。『大きなお世話だ』とね。」[103]

　制度主義者は，国際融資による環境への影響に関する市場自由主義者の解釈に大体のところで同意している。しかしながら，注意すべき点がいくつかある。制度主義者は，借款とグラントの両方で，もっと援助する必要がどうしてもあると主張する。グラントは，多くの場面で好ましいだろう。しかし，発展途上国と弱体な国際環境機関がやっていくのに十分な資金を工面するには，譲許的融資と非譲許的融資もまず確実に必要だろう。最低でも，諸政府は自国のGNPの0.7％という国際公約を果たす必要がある。ドナーは又，特定の環境問題，特にグローバルな問題に——自国民を食べさせ，住まわせることに手一杯の国では，当然のことながらグローバルな問題は優先順位が低くなる——もっと援助することを目標にすべきである。債務負担も軽減する必要があり，重債

務国では特にそう言える。というのも，こういう財政上の圧力が，これらの国の環境資源を管理する能力を弱めてしまうからである。国際融資の焦点は，持続可能な開発の促進を最終的な目標としつつも，常に現実に合わせておかなければならない。効果的な国際融資によって経済成長し，所得が上がれば，その時には世界と国家の能力を高め，環境変化を管理することができるようになる。

　制度主義者はGEFのようなメカニズム——地球環境に良いプロジェクトに融資する新しい権限を持つような——をもっと要求している。というのも，こういうものが，前進への唯一効果的かつ実際的な方法だからである。加えて，世界には，（天然資源の過剰伐採掘や換金作物の過剰生産を国家に奨励するような）対外債務の圧力をそぐために，より強力な政策と借款／グラント規定が必要である。しかしながら，現実に即すというのは，極めて重要である。発展途上世界は，生き延びるために融資を必要としている。融資がなければ，発展途上国の経済は停滞するだろうし，社会状況と国家によるサービスは悪化するだろう，さらに，社会全体が崩壊し，混乱と戦争に至るだろう。発展するために資金が必要であることと，地球環境を保護するために資金が必要であることの間には，微妙なバランスがある。特に，貸し付ける際に環境を大きな条件にするという世銀の最近の努力は，そのバランスを市場自由主義者のアプローチから離れさせ，制度主義者のアプローチへと移しつつある。

　市場自由主義者や制度主義者と比べると，生物環境主義者は国際融資について語ることが遥かに少ない。ほとんどの生物環境主義者は，開発融資は制しきれない成長と消費を煽るものとして見ている。環境へのグラントは，確かに何かよいことをする可能性はあるが，これらはグローバル・ポリティカルエコノミーにおけるほんのさざ波程度のものであり，全部合わさったところで経済成長，消費，貿易，投資の影響力をそぐことなどできない。さらに，対外債務は，発展途上国が経済の方針を変更できる能力への足かせであって，正に利子を払い，貸付金を返済するために最後の自然遺産を刈り取るように強いるのである。

　何人かの極端な生物環境主義者——特にハーディン——は，地球を存続させるための断固とした手段を求めている。彼は「主権を有する救命ボート」の世界という隠喩を使っている。救命ボートには2種類ある。つまり，健康な生

存者(豊かな国々)で一杯の,頑丈で安定した救命ボート。そして,船から落ちたり,船外へ飛び込んだりするような死に物狂いの人たちがいる,水が漏れ,転覆しそうな救命ボート。この時,そういう人たちは援助を求めるか,あるいは,安定したボートの船べりに必死でつかまろうとしている。人類全体からすれば,生き残るためには,立派なボートにいる人は,思いやりのある人でも,実際,これは彼らの倫理的な義務なのだが,不幸な人に自力でなんとかやっていくようにさせることである——そうでなければ,全員が溺れて死ぬことになるだろう。何故なら,立派なボートには十分な場所(収容力)など少しも残っていないからである。そこで,豊かな人は人道的援助を止めるのが絶対必要なのである。というのは,人道的援助は,人で溢れかえった海,つまり貧しい世界にいる人々の苦悶を単に長引かせ,さらに豊かな世界にいる人々の生活を危険にさらすからである。ハーディンの見方では,それ以外のどんな選択も,「繁栄」のために「墓穴を掘る」ことになる。彼は次のように書いている。「自分の財産を物惜しみしないというのと,子孫の財産を物惜しみしないというのは,全く別物である。これは,公正な分配という賞賛に値する思いやりから,コモンズに破滅をきたすシステムを作ってしまうような人たちに分からせなければならない点だ,と私は思う。」[104] 明らかにハーディンは,生物環境主義者の見解の一番端に立っていて,彼らのほとんどは発展途上国が断固とした人口抑制策を実施するのを支援する重要な手段として援助を見ている。彼らのほとんどは又,差し当たり,溺れている人たちの少なくとも何人かに(少なくとも彼らを浮かせておけるだけの)救命具を投げることだろう。いずれにせよ,世界を最終的に沈めてしまうのは,安定したボートにいる人々の過剰消費と貪欲である。

　ソーシャル・グリーン主義者は,市場自由主義者と制度主義者の国際融資の見方に対する主な批判者である。彼らは,ハーディンのような極端な人を道徳に無頓着だと批判してもいる。人はすべて威厳を持って扱われるべきであり,出生地という偶然性が資源の利用や分配についての道徳を左右すべきではない。ソーシャル・グリーン主義者は,豊かな者は貧しい者にもっと少なくではなく,もっと多く面倒を見る必要があると主張する。このことは,貧しい者に対して,時折「施し物」(対外援助)を与えることを言うのではない。そうではなく,最善

の結果を得るには，世界は豊かな者がより少ないもので間に合わせ，貧しい者から持続可能な暮らしを奪わないような，より公正なポリティカルエコノミーを必要としているのである。そうなったら，最も貧しい者が土地を利用でき，もはや貧しくなることはないだろうから，国際援助は必要なくなるだろう。グローバル・ポリティカルエコノミーは地域社会に権限を与える必要があり，そうなれば，地元住民は再び決定と運命を左右できる。こういったことは，今の国際金融システムの中では決して起こらないだろう。ソーシャル・グリーン主義者によれば，GEFは世銀とドナー国の利益に適うように考えられたエリートの機関である。ECAは不透明で説明責任がなく，ともかくも正しい方向に呆れるほどゆっくりとではあっても歩を進めている世銀より，多くの点でさらに悪い。グラント援助の中には，教育，参加，女性の社会進出，真水プロジェクト，継続的雇用などにより，地域社会を支援しているものがある。しかしながら，ODAの全体の影響はひどいものである。公的融資や民間融資は，主に世界資本主義と地元の縁故主義に仕えている。ごく普通の人は，滅多にこのような融資から利益を得ていない。債務負担は，世界の最も貧しい国々で，社会的，環境的災いを増やしている。対外債務を取り消すことが決定的に必要で，ほとんどのソーシャル・グリーン主義者はジュビリー2000運動が進めたような債務取り消し構想（例えば，世界の最重債務国の債務の完全な免除）を支持している。[105] 同時に，多くのソーシャル・グリーン主義者は，構造調整策の継続的な実施を条件として，限定的に債務軽減をする重債務貧困国（HIPC）イニシアチヴのような計画を通じて債務負担の軽減をする世銀のやり方に批判的である。[106] こういう人たちの見方では，軽減の条件は，またもや発展途上国の人々ではなく，ドナー国とその企業関係者及び政治的協力者のためのものになっている。

　こういった見方はすべて，国際融資だけでは地球環境問題を解決するのに十分ではないだろうという点で一致している。では，何が必要なのだろうか。結論では，この単純なように見えて実は厄介な問題への，熱気を帯びた，そして根本的に異なる解決策を検討する。

第8章
グリーンワールドへの道？
健全な地球環境への4つの見解

　では，地球社会はどうしたら将来健全で豊かな環境を確保できるのだろうか。政府や国際機関はグローバル化の勢いを抑えるべきなのだろうか。だとすれば，最も効果的な手段は何だろうか。国際社会は，技術，レジーム，世界政府，あるいは地域社会に頼るべきなのだろうか。今後とるべき最善の方法については根本的に違う見方があるが，それらは地球環境の変化の原因と結果について根本的に違う解釈に基づいている。それぞれの見解は，独自の洞察を使いながら，様々な提案を自分たちなりに混合したものを述べている。

　市場自由主義者は，市場が滑らかに機能するのを促進するような改革を求めている。彼らは，エコ・エフィシエンシー，自発的企業責任，技術協力の拡大を求めている。制度主義者は，国際協力を助長する改革と制度の強化を要求している。彼らは，環境変化に対応するために，新しく改良された環境レジーム，国際機関の変化，及び国家の能力向上に努めることを求めている。生物環境主義者は人類から自然を守るような改革を要求している。彼らは，持続可能性の倫理に基づいた新しい経済，つまり，地球の自然遺産を守るように考えられた定常状態で働く経済だけでなく，人口増加と消費が低率になることを求めている。ある人からすれば，こういったことは新しくて遥かに強力な制度と一緒に組めばできるものである——これは制度主義者と大きくは違わない見解である。別の人からすれば，生態空間を使い尽くす人間の本能を抑えるには，強制的で絶大な権力——おそらくは世界政府——を必要とするだろう。ソーシャル・グリーン主義者は不平等を減らし，環境的公平性を促進する改革を求めている。人類はグローバル化を反転するために立ち上がり，世界経済の制度を解

体しなければならない。新しいグローバル・ポリティカルエコノミーは地域社会に権限を与え，貿易と生産を地方化しなければならない。新しい経済は，女性，先住民集団，及び貧者の権利を尊重すべきである。

この章は，いくつかある選択肢のうちの一組を読者に納得させようとするものではない。本章は，それぞれの世界観が持つ重要な洞察を強調し，各々の世界観から出てくる変化への道を説明する。この章では又，それぞれの世界観が，どの程度別の世界観を持つ者の提案を受け入れたり，拒んだりするかも検討する。4つの世界観のどの部分が最も説得力があり，最も有用であるかを決めるのは読者に委ねることにする。

♠ 市場自由主義者の見解

市場自由主義者は，ますます繁栄した未来を見る。歴史をほんのちょっと見ただけでも，過去2，3世紀間に，人類には大きな進歩があったことが分かると彼らは主張する。過去は，ソーシャル・グリーン主義者がしょっちゅう想定するような善意と幸福の牧歌的な楽園ではなかった。それは不潔で，潤いがなく，受難，病気，圧政，そして「よそ者」への恐怖に満ちていた。グローバル化は人為的な障壁を壊し，協力と思いやりを深めており，それがまた寛容，民主主義，繁栄を促進する。本当の環境保護主義者なら，あらゆる類のグローバル化——文化的，政治的，そして最も重要なことに経済的グローバル化——を喜んで受け入れるべきだと市場自由主義者は主張する。本当の環境保護主義者なら，規制が少なく，消費，投資，貿易，開発援助が多い世界のために努力すべきなのだ。当面の目標は，世界レベルでも国家レベルでも，1人当たりの所得を上げることである。しかしながら，本当の目的は，人類すべてが繁栄できるだけの生産を確保することである。そうなって初めて，社会は実際に持続可能な開発を実施できる政治的意思と資金を持つようになるだろう。

市場自由主義者は，ビジネスにとっての本来の利益の中に持続可能な開発というのはあると考えている。持続可能な発展のための世界経済人会議〔WBCSD〕によれば，「持続可能な開発という使命を追求することは，我々の会

第 8 章　グリーンワールドへの道？

社を，より競争力があるようにさせ，ショックからより早く立ち直らせ，急速に変わる世界でより敏捷にさせ，目的に対し一層団結させ，顧客と最高の従業員をより引きつけ，留めさせ，そして監督機関，銀行，保険会社，金融市場と一層意気投合させることができる，ということである。」言い換えれば，目標は「持続可能な人類の進歩」である。[1)]

　経済的繁栄がないままで，地球環境を救うために国家とか個人に犠牲になれというのは非現実的だし，実際のところ不公平であると市場自由主義者は強く主張する。普通の人にとっては，気候変動やオゾンの減少について心配する前に，仕事，賃金，教育，年金が必要である。普通の人は又，ごく当然のことだが，家族に食べさせ，住まわせ，養うために，周りの資源を使い果たし，劣化させる。市場自由主義者にしてみれば，繁栄と環境の質の向上は関連して起こる。さらに，繁栄した世界はより倫理的な世界である。そこでは，人々は夢を叶えられる自由を持ち，豊かで便利な生活を送る自由を持つ。

　経済成長を駆り立て，改革と効率性を促進し，歪みを直すために，市場の見えざる手という力を解放するには，一定の改革が必要である。これには，比較優位に基づいて貿易を促進するような，開かれていて競争的な市場が必要である。それには，安定していて予測可能な投資環境が必要である。つまり，しっかりとした知的及び物的財産権，法の支配により守られる信用できる契約，透明性と説明責任の規範（国家による腐敗行為の排除），そして所得者に不公平な税をかけない税改革（廃棄物と汚染物質への妥当な税はよい）を言う。「自発的」に法令遵守させるには，指揮管理規制が少なく，市場の刺激が効果的でなければならない（仮に法令遵守が自発的でも，相応な誘因を持っているなら，法令遵守するのは会社にとって財政上の利益となるだろう）。さらに，市場が滑らかに機能するのを歪めるような政策——禁止，補助金，関税障壁のように——を政府にとらせないためには，グローバルなルールが必要である。『エコノミスト』誌（*The Economist*）は，そういう政策が行き着く先を述べている。「禁止と規制は，……より悪質な類の価格シグナル，つまり汚職を招くことになる。政府が自国の環境を良くする手っ取り早い方法は，補助金のリストを念入りに調べてみることである。採掘のための減税だけでなく，人為的に安くした水とエネルギーも，世

235

界中の環境に災いをもたらすものである。²⁾」

　市場自由主義者からすれば，世界貿易機関〔WTO〕と国際通貨基金〔IMF〕は，開かれた市場がもたらす利益を促進し，政府が経済に介入することに反対することによって，いかにグローバルな協力が経済的安泰を高めうるかを示す格好のモデルなのである。しかしながら，なお一層の努力が必要である。持続可能な発展のための世界経済人会議が言うように，商売の邪魔をし，「国民のニーズに合わせているビジネスに取って代わろうとする政府は，その国民を貧しいままにする。」そこで，その世界経済人会議は以下のように付け加える。「貧しい人々と貧しい国々に市場を利用させないことは，人々を滅ぼすだけでなく，地球を滅ぼすことになる。」その証拠に，その世界経済人会議は，経済自由度指数と人間開発指数との間の相関関係を指摘している。「おおよそのところ，経済的自由度が高いほど，人間開発の程度は高くなる。³⁾」

　ビョルン・ロンボルグ（Bjørn Lomborg）とジュリアン・サイモン（Julian Simon）のような市場自由主義者も又，おそらくは作り話の環境問題を正すために，早まった行動をしないように警告している。活動家と学者は，政府や企業のリーダーとちょうど同じくらい，個人的先入観や専門家的先入観を持ちやすいと彼らは主張する。グリーンピースのような団体も，環境問題の程度をよく誇張する。時には能力がないためだが，しかし，主にこれが彼らのやり口だからである。つまり，大衆を怖がらせ，金を集め，もっと大衆を怖がらせる，ということである。ロンボルグは，次のように述べている。「よく聞かされる環境についての誇張した話は，深刻な影響を持つ。それは，我々を怯えさせ，幻の問題を解決するのに資源と注意を払いやすくさせるが，その一方で，現実の差し迫った（おそらくは環境に関係しない）問題を無視させてしまう。⁴⁾」世界のリーダーたちは，間違った情報を受けた市民社会のいいなりにならないように気をつけなければならない。彼らは勇気とリーダーシップを見せ，問題について本当に科学的証拠がある時だけ動くべきである。市場自由主義者は，時にはいくつかの環境問題は深刻で，すぐにも対応が必要であるということは認めている。しかしながら，エコ・エフィシエンシーの促進，企業の自発的グリーニング（greening），技術革新のような手段に頼りながら，まずは問題を最小化するの

第 8 章　グリーンワールドへの道？

が最善である。そこで，これらを 1 つ 1 つもっと詳しく見てみることにする。
　エコ・エフィシエンシー（eco-efficiency）のエコは「エコノミック〔経済上の〕」と「エコロジカル〔環境にやさしい〕」の両方を表している。効率性ということから，市場自由主義者は，我々は経済とエコロジーの両方を最適に使わなければならないと言う。基本的な考えは，エネルギーと天然資源をより少なく投入して，より多くを得るということである。持続可能な発展のための世界経済人会議のリヴィオ・デシモーネ（Livio DeSimone）とフランク・ポポフ（Frank Popoff）が言うように，「エコ・エフィシエンシーは，価値を作り出すというビジネス・コンセプトを動力源とし，これに環境問題を結びつけるものである。その目標はライフサイクル全体にわたって，つまり，原材料の生産から，製品に寿命が来て処分するまで，より少量でより多くをなすことにより，社会及び企業にとっての価値を作り出すことである。」それは，「ビジネスのすばらしさに環境のすばらしさを結びつける経営哲学」なのである。ここでの要点は単純なものである。つまり，エコ・エフィシエンシーの原理に従う企業には利益が生じるというものである。このアプローチをとれば，そういう企業はイメージを上げ，金を節約でき，市場を勝ち取ることができるだろう。さらに指揮管理規制の必要もなくなるだろう。最も重要なことに，そのアプローチを使えば，社会の健全性，ビジネスの健全性，そして最終的には地球の健全性にとって必要不可欠な将来の成長は保証されるだろう。
　市場自由主義者は，持続可能な開発を保証するためには，企業の自発的な社会的責任及び環境に対する責任が必要であることも強調する。企業の自主管理活動には，ISO14000 環境マネジメント規格，国連グローバル・コンパクト，2002 年のヨハネスブルグ・サミットで奨励された公－民パートナーシップ，企業の社会的責任，企業の環境スチュワードシップがある。市場自由主義者からすれば，こういう規準に執着することこそ，環境にとって唯一好ましい結果を約束するものである。加えて，企業にできる事とできない事を一番よく知っていることから，産業界はそういう規準を設けるには最高のアクターだと思われている。こういうアプローチは国家から企業に監督という重荷を降ろし，そうすることで環境パフォーマンスを遥かに効率的に監視できるようになるために

237

（エコ・エフィシエンシーには重要なことである），市場自由主義者はこのようなアプローチを選ぶ。さらに，グローバル・スタンダードを守ることは，国家による執行が弱い時でも（発展途上国では，よくあることである），なお企業に地元の規制を守らせるのに役立つ。加えて，企業は意思決定をする間中，環境への影響を慎重に考えることから，ISO14000のようなグローバル・スタンダードは，事後にきれいにすることに焦点を当てるよりも，むしろよりきれいな技術を取り入れるように企業に奨励している。認証された企業は，部品〔製品〕製造業者に認証されるように奨励することが求められているために，そういうスタンダードは国境を越えるだけでなく，サプライチェーンの至る所で，環境に良い活動を広めることも目論まれている[6]。

　企業の社会的責任（CSR）は，持続可能な開発を促進する必要性に対する，グローバル・ビジネスによる核心的な対応として出現してきている。持続可能な発展のための世界経済人会議によれば，同会議は「持続可能な開発は，3つの基本的な柱に依存していることを常に強調してきた。それは，経済成長，生態系のバランス，そして社会的進歩である。社会的進歩のエンジンとして，CSRは急速に変化する世界の中で，地球市民さらに地域の隣人として，企業が自らの責任を果たすのに役に立つ。[7]」企業の環境スチュワードシップはCSRに似ているが，環境保護にもっとはっきりと焦点を当てている。それは，企業にすべての環境法に自発的に従うことを求めているだけでなく，汚染を防ぎ，資源を保護するために，「コンプライアンス〔法令遵守〕以上」のことをするように求めている[8]。全く自発的ではあるのだが，CSRと企業の環境スチュワードシップを守ることは，ビジネスの経済的利益の一部であると考えられている。従って，こういう自発性は「双方満足のいく」企てだと見られている。

　エコ・エフィシエンシーや自発的企業責任のような率先した動きだけでは，地球環境問題のすべてを解決するには十分ではないだろう。将来行き詰まらないためには，科学の進歩，想像力，将来を見越した計画立案，つまり非常に多くの歴史上の偉大な発見や進歩をもたらしたのと同じ力が当然必要だろう，と市場自由主義者は強調する。世界で最も豊かな国は，世界全体の利益のために，最も優れた知性の持ち主——アイザック・ニュートン，ヘンリー・フォード，

第8章　グリーンワールドへの道？

アルバート・アインシュタインのような人たち——を養成し，活用しなければならない。社会と政府は，気候変動や森林減少のような難問から我々が抜け出せるように，こういう天才を利用しなければならないと市場自由主義者は主張する。それ以外に方法はない。例えば，世界の至る所にいるごく普通の人々に，車を運転したいという思いと運転しなければならない必要性があるとすると，都市の大気汚染，気候変動，石油の必然的な枯渇を地球社会はどうやって政策だけで「解決」できるのだろうか。それが唯一できる方法は，新しい技術である。持続可能な発展のための世界経済人会議は，この点はっきりしている。「最近の歴史は，豊かな国に住む者が消費や浪費を少なくしようとするつもりがないことを示している。地球に住む彼ら以外の80％の人々が，こういう消費癖をまねようとしたら，持続可能性への唯一の頼みは消費の形態を変えることである。そのためには，我々は技術革新をしなければならない[9]。」

　自動車の水素燃料電池のような，将来の環境技術に関する大きな将来像や進行中の研究は多くある[10]。市場自由主義者にとっては，新しい発見とか技術の可能性を計算に入れていない，気候変動のような問題への解決策——例えば，極端な論者による車の制限とか禁止の要求——は，幼稚であり，希望的観測であって，より良い世界という最終的な目標に対して全く有害である。市場自由主義者は，よりきれいな生産工程をもたらす技術革新は，エコ・エフィシエンシーという目標の中に組み込まれ，従って，本質的に企業の利益となると主張する。

　発展途上国にこれら進んだ技術を移転することは，同じように極めて重要であると市場自由主義者は力説する。環境にやさしい技術の移転は，効率が悪く，汚染する技術に依存しがちな過去の発展段階を，発展途上国が「一気に引き上げる」のを手助けできる[11]。市場自由主義者によれば，革新的な環境技術の移転は，多国籍企業によりビジネスどうしの中でなされる時に一番うまくいく。従って，政府と国際機関はより進んだ技術をもたらす海外直接投資を積極的に誘致すべきなのである[12]。

♠ 制度主義者の見解

　制度主義者は，グローバル化を受け入れ，1人当たりの国民所得を上げ，貿易，投資，金融を促進する必要性を含めて，市場自由主義者の主な勧告の多くに同意する。制度主義者は又，自由市場，技術移転，企業による自発的なグリーニングはすべて，地球環境マネジメントを向上させるための重要な方法になりうるということに同意する。にもかかわらず，制度主義者は，こういう方法に対しては，重要な注意書きを付け加える。彼らは，持続可能な開発に向けてグローバル化を活用し導くためには，市場だけに依存することの他に，もっと協調して取り組むことがこういう方法に伴っていなければならない，と主張する。これをするには，環境問題に対処するために国家と地方の能力の強化だけでなく，国際組織，規範，レジームの強化が必要となるだろう。

　そういった手段がなければ，気候変動のような問題は，より文化的でより繁栄した世界への着実な進展を遅らせたり，あるいは止まらせることさえあるかもしれない。国際社会は，そういう未来にあえて踏み込むべきではない。市場自由主義者のように，制度主義者は現代の科学的研究が分析，決定，合意のすべてを導くはずだということを強調する。同時に，科学的方法は主張と反論を伴う，大抵はゆっくりとしたプロセスであることを知るのは重要である。従って，科学的研究，特に気候変動と同じくらい数多くの側面を持つ問題に関する研究には，多くの場合かなり不確実性が伴う。制度主義者は，予防原則は科学的調査の限界を克服するのに役立つ有効な手段だと考えている。1992年のリオ宣言の第15原則は以下のように規定している。「環境を保護するため，予防的アプローチは，各国により，その能力に応じて広く適用しなければならない。深刻なまたは回復し難い損害のおそれが存在する場合には，完全な科学的確実性の欠如を，環境悪化を防止する上で費用対効果の大きい措置を延期する理由として用いてはならない。」[13]予防的アプローチは，地球環境レジームを作り，強化することを正当化するものとして，特に重要なものとなってきた。

　環境レジームは，持続可能な未来という制度主義者の見解の核心をなして

いる。こういったことが強調されるのは，交渉により締結された国際協定，原則，規範こそ，主権国家から成る世界での環境問題に取り組むのに最善の方法を提供しているという確信から来ている。レジームの中に組み込まれた国際「ルール」は，国家が環境に対する自国の行為を調整できるような共通項を用意するが，同時に，グローバルな公益のために態度を変えたとしても，自らの国家主権を危うくすることはない，ということは保証されている。レジームは又，能力をより多く持つ国家はより大きな責任を持つことができ，一方，資源をあまり持たない国家は，それほど野心的でない目標を課せられ，自らの責任を果たすためにより多くの時間，あるいは財政的援助を与えられるというように，先進国政府と発展途上国政府にとっての共通だが差異ある責任を国家に確立させる。これは，ひどく不平等な世界にあって，国際社会がより公平に責任を分担する1つの方法である。環境問題を扱う国際法律文書は数百に及ぶ。その中には，例えば，1989年の「有害廃棄物の国境を越える移動及びその処分の規制に関するバーゼル条約」，1992年の「生物の多様性に関する条約」，1994年の「深刻な干ばつ又は砂漠化に直面する国（特にアフリカの国）において砂漠化に対処するための国際連合条約」を含めて，実に様々なレジームがある（**表3.1**参照）。

　制度主義者はレジームによる国際的な環境協力の可能性を強く信じているが，その一方で，多くの制度主義者はレジームをもっと有効なものにするために労をとることを求めている。1997年の京都議定書のように，もっと最近の国際環境協定の中には，効力が発生するには，なお批准する国が追加されなければならないようなものがある〔京都議定書は2005年2月16日効力発生〕。さらに，すでに効力を持つ協定について監視を高め，遵守を強化させる必要がある。そして，京都議定書（気候変動）とモントリオール議定書（オゾン減少）との間のように，関係する協定間の調整を一層良くする必要がある。同じように，バーゼル条約（有害廃棄物貿易），ストックホルム条約（残留性有機汚染物質），ロッテルダム条約（有害化学物質及び駆除剤）の間での調整を一層良くすることもできるだろう。制度主義者は，地球環境ファシリティーは140カ国以上に対し40億米ドル以上が委託されていて，確かに役には立っているが，特に発展途上国において様々

な協定が履行されるためには、もっと資金が調達される必要があることも指摘している。さらに、国際協定を国家の政策や行動に組み込ませる必要もある。

制度主義者が一番関心を寄せるものの中に、レジームは実際のところ有効なのか、というのがある。言い換えれば、レジームは問題を「解決する」のに実際に役立っているのだろうか。様々な介在的要因が、思いもよらない方法で環境変化に影響を与えることがあるために、レジームの有効性を測るのは極めて難しい。過去10年の間、制度主義の学者は、初めのうちはレジームの形成に焦点を当てていたが、それからレジームの有効性をより厳密に反映している履行、遵守、強制の問題へと転じてきた。その目的は、今後もっと良い協定を作るに当たり、何が有効で、何が有効でないかを分析することにある。[16]

制度主義者は又、国際環境機関に広範な改革を要求している。例えば、国連環境計画は、次のように主張している。

> 多くの環境機関は、元々、今日発揮するのを期待されているのとは違う状況下で、さらに違う働きをするために設立された……。多くの機関は、環境に関する難問が増加しているにもかかわらず、人的能力及び資金の不足により拘束されており、このため、それら機関の有効性が十分発揮できない。環境機関が現在の義務を果たそうとし、持ち上がってきた環境問題に立ち向かおうとするならば、以上のことは明らかに対処されなければならない問題である。[17]

前の章でも論じたように、制度主義者も国際経済機関に具体的な改革を要求している。例えば、彼らの多くは、プロジェクトと構造調整融資の両方に関し、影響を受ける人たちとNGOにもっと参加させることで、世銀がその説明責任を一層高めてほしいと思っている。[18] 世界貿易機関〔WTO〕のルールに予防原則が組み込まれるだけでなく、多国間環境協定と貿易ルールとの関係の明瞭化のように、WTOに対し改革を要求する人もいる。[19]

政治学者のフランク・ビアマン（Frank Biermann）のように、制度主義者の中にはさらに進んで、WTOのような機関の経済的権力に対抗するために、世界環境機関（World Environment Organization：WEO）なるものを創設すべきだと考える人もいる。[20] ここでの考え方は、比較的弱い国連環境計画（UNEP）をずっと

強力な組織に事実上取り替えることである。これは、「計画」から専門機関へとUNEPを格上げする、あるいは、世界の環境政策をいい方向へ調整するために、様々な活動を合理化し、より大きな機関にするということになるだろう。中には、今のUNEPにはないような、国家が自ら署名し、批准した環境協定を実際に国家に履行させ、遵守させる強制力を持った組織さえ望んでいる人もいる[21]。逆に、そういった組織でも必ずしも地球環境ガバナンスを向上させる訳ではなく、発展途上国の利益を損なうかもしれないと主張する人たちもいる。そういう人たちは、今の国際環境条約の体系が強化されればいいと思っている[22]。

制度主義者のもっと一般的な勧告は、環境問題をより効果的、そしてより効率的に管理するには、国家の能力を高めることが必要だということに焦点を当てている。この能力強化という要求は、すべてという訳ではないが、特に発展途上国に向けられている。重要な環境アクターのレベルだけでなく、国家のレベルでの能力が増大すると、国家に環境に対する国際的な義務を一層守らせ、さらに、国内の環境パフォーマンスを向上させるのに役立つ[23]。この目標を達成するには、発展途上国にもっと援助する必要があるだろう——最低でも先進国はGNPの0.7％相当の開発援助を提供するという約束を果たすべきである、と制度主義者は主張する（詳細は第7章参照）。

能力の強化は、UNEPと国連機構全体の中心的な課題である。「過去数年にわたり、能力強化こそ持続可能な開発の追及にとって、中心的なものであることが明らかになってきた」とUNEPは述べている[24]。機関や国家の能力強化は、持続可能な開発というテーマでの世銀による2003年版『世界開発報告（*World Development Report*）』だけでなく、2002年ヨハネスブルグ実施計画の中でも、一際目立つ[25]。機関の能力強化にこのように焦点を当てることは、世銀の環境問題についての分析に重要な要素を加え、以前よりもずっと制度主義者的アプローチを組み込んだことになった。能力強化は、グラントと借款に関し、開発援助の単なる増加以上のものを必要としている。能力強化には技術移転も必要である。今日、コンピュータと人工衛星は明らかに森林、河川、空気のような資源に関する環境の質を監視する最も有力な手段となっている。

♠ 生物環境主義者の見解

　生物環境主義者は環境が破滅してしまうような将来を見がちである。多くの生物環境主義者にとって，人間は人間以外のどんな動物とも同じである。つまり，人間は生き長らえるために行動し，反応する——ある人はこれを利己心と呼び，又ある人は本能と呼ぶものである。従って，地球の生態系にとって，人類が一番の問題であるように見られる。一見無限にあるように見えた土地や資源の時代に，人類に人類以外のすべてを征服させた遺伝子的特徴は，今や人類をあらゆる生態空間であふれんばかりにさせている。[26] こういう状況の下で，生物環境主義者は，今日の生態系の危機に立ち向かうために根本的変化を求めている。つまり，地球はその環境収容力を超えており，今すぐ行動することが賢明なリーダーの義務なのである。彼らは地球という惑星の生物学的限界を考慮に入れるような，新しいグローバル・ポリティカルエコノミーを要求している。このためには，地球の人口増加と世界の経済成長に制限を設けることが必要である。さらに又，生物圏の価値，特に人間ではない生命の価値を取り入れる新しい認識，規範，及び政策が必要とされる。

　生物環境主義者にとっての共通テーマは，世界の人口増加を食い止める必要があるということである。初期の生物環境主義者たち，とりわけスタンフォード大学教授のポール・エーリック（Paul Ehrlich）は，地球を破壊しないように「人口爆弾」を止めるための断固たる処置を求めた。[27] 子供を少なく持つことを人に強いるために，政府に強力な権力が与えられなければならない，と彼は主張した。彼は，発展途上国の人口を抑制するために，強制的な断種を含めて，思い切った措置を発展途上国がとるまでは，ドナーは食糧援助を差し控えるべきだと忠告した。「強制？」とエーリックは考え込む。「多分そうだろうが，大儀ある強制だ。……我々は世界中で容赦なく人口抑制を押しすすめなければならない。」[28] ほぼ同じ頃，ギャレット・ハーディン（Garrett Hardin）は「相互に合意した上での，相互による強制」を実施するために，世界の人口増加を抑制するための絶大な権力を求めた。[29] メリーランド大学のエコロジー経済学の教授で

第 8 章　グリーンワールドへの道？

あるハーマン・デイリー（Herman Daly）は，このテーマを追い続け，譲渡可能な「出産許可証」の発行を提唱している[30]。しかしながら，こういう方策は，今や生物環境主義者の考えの中でも最も極端なものである。

　世界人口の全体の増加率が低下してきていることを示す過去 35 年間の人口傾向にもかかわらず，ごく最近の生物環境主義者は人口増加率を抑制する必要を強調し続けている[31]。こういう生物環境主義者は，人類全体の数は未だに上昇しており，地球はすでにその定員を超えていると主張する。今日，生物環境主義者の方策は，人口増加を抑制するために強制的な措置をとるのは人権違反であるという，何年にもわたる広汎な批判に直面して柔軟になってきた。ほとんどの生物環境主義者は現在，教育と医療の必要性，さらに男女がいろいろな家族計画を選択できるように避妊具を分配する必要性を強調している[32]。例えば，少年少女に普通初等教育を提供し，さらに女性により高いレベルの教育機会を増やせば，人口減少という目標に大いに役立つだろうと強調されている。その意図は，教育を受けた女性はその教育を使うような仕事を続けがちで，それが結婚を遅らせ，家族の規模を小さくする，というものである。子供の死亡率を下げるために医療を一層良くすることは，親に子供を少なく持つのを奨励するもう 1 つの人道的な方法である。

　ほとんどの生物環境主義者は，経済成長と消費を低下させることと，人口が厳しく抑制されることを結びつけている。生物環境主義者は，これらは一緒になって，同じように地球からその天然資源を枯渇させると言う。経済成長と消費の低下を求めるというのは，世界の消費パターン，特に豊かな国での消費パターンに根本的な変化を引き起こすということに焦点を合わせたものであった。こういうことから，極端な生物環境主義者の中には，発展途上国から豊かな国への移民を抑制するように唱える人もいる。しかしながら，多くの穏健派は，出現し始めたグローバルな消費文化に立ち向かうには，教育が最善の（効果的で，非強制的な）方法だと言っている。これには，幸福とより多くより新しい物を買うこととの間に潜む関係を疑問視することが含まれている。さらに，広告主による洗脳から善良な人々を救うために，ブランド志向の欲望を消すことも入っている[33]。教育の目標は，市民にほどほどに生きることを選ぶように教えること

である——つまり，あまり使わず，あまり無駄遣いせず，リサイクルをし，生活様式を変えることである[34]。このアプローチは，消費と生産の世界的な影響を下げる上で，個人の役割を強調しがちである。

　こういう人口と消費の目標を達成するための重要な方策は，持続可能性という新しい倫理に基づいた，新しい経済を促進することである。デイリーはこれを「定常状態の」経済と呼んでいるが，それは人間の数と資本の総額は一定で，それぞれのレベルで，健全で持続可能な生活には十分であるものをいう。さらに，定常状態の経済では，物質－エネルギーのスループットの割合ができるだけ低く抑えられている[35]。そういう経済の下では，社会が発展し，人間の幸福を増進できるだけの余地はあるが，成長できる余地はない。もっとも，デイリーは，定常状態の経済は国民総生産（GNP）によって定義されてはいないので，GNPのゼロ成長を意味するものではない，とはっきり述べている[36]。

　生物環境主義者の中には，我々がこの新しい持続可能な倫理を浸透させ，定常状態の経済へ向かうことのできる1つの方法は，「進歩」や「幸福」についての我々の尺度を捨てるべきで，特に国内総生産〔GDP〕や国民総生産〔GNP〕に焦点を合わせて，誤解を生じさせるようなことは止めるべきだと主張する人もいる。生物環境主義者が提案するような他に代わりうる経済指標は多くあって，そのうちのいくつかはGDPやGNPの額の調整，それ以外のものは主に環境指標に主に焦点を合わせている。中でもより知られている2つの指標に，持続可能経済福祉指数（ISEW）と真の進歩指標（GPI）がある。ISEWは，ハーマン・デイリーとジョン・コッブ（John Cobb）が初めて提案したものだが[37]，まず1人当たりの実質個人消費支出を計り，次に所得の不平等，汚染，自然資本の喪失，家事労働の価値，GNPとかGDPに計上されない様々な他の要素について補正し，1人当たりの実質個人消費支出を調整する。GDIは，アメリカのNGOのリディファイニング・プログレス（Redefining Progress）によって提案されたものだが，GDPから福祉に関係する金銭上の取引を測り，次にISEWに組み込まれた要素と似た要素を考慮して，これを調整する[38]。両方の指標は，大体同じもの，つまり，単なるGDPを超えて人間の幸福を測ろうとするものだが，いささか違うやり方をとっている。過去50年間のGDPの成長と，ISEW及びGPIと

を比較してみると，GDP は成長を続けてきたことを明らかに示しているが，ISEW と GPI の 2 つの指標はほとんど上昇していないことを示している[39]。ISEW と GPI は，地球の友（Friends of the Earth）のような環境団体の間で相当認知されてきて，すでに多くの国々に対して使われてきた[40]。

　生物環境主義者により奨励された，主に環境の程度に焦点を合わせる指標には，生きている地球指数（LPI）だけでなく，エコロジカル・フットプリント（第 4 章参照）がある。エコロジカル・フットプリントは，地球の資源枯渇の程度を示すために，WWF のような団体により使われてきた。WWF は又，LPI を発展させ，3 つの指標——森林，淡水生態系，海洋生態系——の変化の平均を出している[41]。そういう尺度は，GDP とか GNP に取って代わろうとするのではなく，むしろ，それらを補おうとするものである。その目的は，単に個人にだけではなく，諸政府に我々は地球の生物学的収容力を超えて生きている，ということを示すことにある。例えば，WWF によるエコロジカル・フットプリントの分析は，1999 年の人間による天然資源の消費が「地球の生物学的収容力を約 20 ％超えていた」ことを示している[42]。これが意図しているのは，こういう情報を利用して，消費を下げ，保存にもっと役立つように人間の振舞いを変えることにある。

　一般に生物環境主義者は，より持続可能な世界経済に至る方法として，生産，貿易，そして特に多国籍企業に関する，世界的規模での制限も求めている。そういう制限が実施されるように，世界政府とかより強力な国際機関を求める人もいる。そうではなくて，もう一度地球の環境収容力の枠内で人類が生きられるように，生産，貿易，及び多国籍企業を制限するための，一群の強力な制度，規範，ルール——グローバルからローカルまでの，そして公から民に至るまでの——を求める人もいる。しかしながら，彼らの多くは，地球を強奪しようとする人間の生来の衝動と思われるものを考えると，こういったことはかなり難しいだろうということを認めている[43]。生物環境主義者が求めるような，こういう方向に沿ったやり方は，前に述べた制度主義者の提案に似ているが，生物環境主義者は，人間の価値観の根本的な変化がまず最初に起こらなければならないと付け加える（かつ強調する）。

そこで，全体として見ると，生物環境主義者は地球環境問題を解決するには，欧米の価値観と生活様式を根本的に変える必要があると考える。ミシガン大学天然資源・環境スクール（School of Natural Resources and the Environment）のトーマス・プリンセン（Thomas Princen）が主張するように，我々は効率性と協力だけに基づいた価値観から「充足」に焦点を合わせた価値観へと進まなければならないのである。言い換えれば，「足る」を受け入れ，成長のパラダイムから来る「より多く」を目指すのを止めろ，ということである。ノーベル賞をもらうほどの技術的大躍進をもってしても，これは認めなければならない。[44)]こういう生物環境主義者は，未だに確認されていない種の代わりを作ることなど技術にできるのだろうかと問う。全く知ることなく失ってしまったものの代わりを作ることなど，我々にはできないのだ。

▲ ソーシャル・グリーン主義者の見解

ソーシャル・グリーン主義者は，社会的及び環境的公平性の両方を保証する世界を望んでいる。これは単なる倫理的な姿勢ではない。こういった公平性がなければ，結果として起こる地球環境危機は我々すべてを破滅させるだろう，とソーシャル・グリーン主義者は主張する。ソーシャル・グリーン主義者は，過剰消費の文化に取り組む必要があること，及び新しいグローバルな倫理を取り入れる必要があることについては，概ね生物環境主義者と意見が一致する。しかしながら，彼らは地域社会での公平性を促進するために，グローバル化を拒否し，市民の行動に頼るということに，比べ物にならないくらいはっきりと焦点を合わせている。例えば，政治学者であり環境学者であるマイケル・マニエイテス（Michael Maniates）は，環境に関する選択に——例えば，グリーン消費（green consumption）やリサイクルのように——「個々人が責任を持つこと」は，企業目標や消費文化の中に入り込むことができると挑発的に説く。こういったことは，過剰消費という罪の意識をうすめ，また環境上の脅威と取り組むのに組織的な方法を思い浮かべるといった，社会の意志を拡散させてしまうことになる。彼は，重要な，そしてよく見落とされる点を述べている。つまり，「個々

人の消費における選択は，環境上重要である。しかし，……こういう選択に制限をかけることは，個々の消費者行動とは反対に，市民の集団的な活動によってのみ作り直されることができる制度や政治的な力によって強いられ，決定づけられ，枠をはめられるのである。」[45]

どうしたら国際社会は，世界全体の消費を下げつつ，社会的・環境的公平性をもたらすことができるのだろうか。ソーシャル・グリーン主義者は，国際社会が国際経済機関を解体するか，格下げをし，貿易と生産の性質を変え，発展途上国の債務を帳消しにし，地域社会に権限を与えるために経済を地方化すること——要するに，グローバル化と産業資本主義を反転させ，世界の政治秩序の本質を変えること——を求めている。そこで，次にそういう提案の1つ1つを扱うことにする。

国際貿易のルールに関しては，ほとんどのソーシャル・グリーン主義者は，世界の指導者と普通の市民は，少なくともWTOがやっていることに環境アセスメントが十分実施されるまでは，WTO貿易交渉の今のラウンドは拒否すべきである，ということを主張する。[46] グローバリゼーションに関する国際フォーラム（IFG）の会員のように，彼らの多くはWTOのルールが撃退され，その機関が解体されるのを願っている。活動家のコリン・ハインズ（Colin Hines）は，WTOルールに代えて持続可能な貿易に関する一般協定（General Agreement on Sustainable Trade : GAST），さらには世界地方化機関（World Localization Organization : WLO）を提案している。[47] ハインズは，そういう機関なら人権を尊重し，労働者を公平に扱い，加えて環境を保護するような国からの商品とサービスを優先的に扱うように国家に奨励するだろうし，外国製品よりも国内産業をひいきにするだろうと考える。その他，例えばグリーンピースのように，もっと実際的なアプローチをとり，WTOルールに予防原則をはっきりと組み込むことを求める人たちもいる。そういう人たちは，WTOルールよりも多国間環境協定（MEA）を優先するように，さらに，WTOが透明性を高め，もっと意見を聞くようになることも求めている。彼らは又，生産工程方法（PPM）に基づいて差別を認可するルール，さらに，生物に対する特許を禁ずるルール（時に「セーフ・トレード（safe trade）」と呼ばれるものの構成要素となっている）を勧めている。[48] ソー

シャル・グリーン主義者は又，貿易せざるを得ない場合には「フェア・トレード〔公平貿易〕」を要求する。つまり，商品に対するより公正な価格と環境にやさしい生産を保証するような地域社会との小規模な貿易である。[49]

　国際融資に関しては，ソーシャル・グリーン主義者はドナーに対外債務を免除するように，さらに，国際融資のための新しく組織された機構を作ることを求めている。ソーシャル・グリーン主義者の間では，既存の世界経済の基礎構造を解体させたいと思っている者と思い切った改革を望む者との間で分裂がある。ほとんどのソーシャル・グリーン主義者は国際経済のルール自体に反対している訳ではない，ということを覚えておくのは重要である。より急進的なソーシャル・グリーン主義者の集団である IFG は，次のように述べている。「確かに，国際的なルールは必要である。しかしながら，人類全体に役立つには，国際ルールは被治者の同意に基づいていなければならないし，執行は民主的に選ばれた地方政府と中央政府にまず第1に託されなければならない。」[50]

　急進派であれ改革派であれ，彼らの多くは IMF と世銀が解体されるのを望んでおり，すべての構造調整計画の撤回に賛成している。[51]融資はしないが，財政上の助言をするような新しい機関なら，債務救済と地方の持続可能性という目標に合わすように働くことができるだろう。融資の形での国際的な資金供給は，地域的に〔世界をいくつかの地域に分けたという意味での〕，しかも短期的な急場をしのぐためだけに利用できる，ということを望んでいる人もいる。[52]さらに，債務免除を取り扱うような，国際破産裁判所（International Insolvency Court : IIC）を構想する人もいる。ニュー・エコノミクス・ファウンデーション（New Economics Foundation）とジュビリー・コアリッション（Jubilee Coalition）は，債務救済を差配するために，いくらか改革主義的な性質のジュビリー・フレームワークなるものを提案してきた。[53]多くのソーシャル・グリーン主義者は又，国際金融投機の勢いをそぐ方法として，しかも，収益が債務救済と地元の環境保護活動の両方，又はいずれか一方に行くような，国際金融取引に掛けるある種のトービン税——つまり，0.5％以下の小さい税——を提案している。[54]

　TNC〔多国籍企業〕と国際投資に関しては，ほとんどのソーシャル・グリーン主義者は，TNC による組織的な環境的・社会的悪弊だと彼らがみなすものをな

第 8 章　グリーンワールドへの道？

くすために，企業責任に関する何らかの国際協定を提唱している。彼らのほとんどは自主的措置は全く不十分であって，強制力のある法的拘束力を持つ協定が必要だと主張する。いくつかの提案がソーシャル・グリーン主義者の団体によって出されてきた。例えば，グリーンピースは「企業責任に関するボパール原則」を奨励している。これには，企業に対するより厳しい責任，そして最も厳しい基準を所在地に関係なく適用させるルールが入っている[55]。この提案は，企業にこういう原則を採用するよう求めるものだが，彼らの最終的な目的は，このような方針に沿った法的拘束力のある条約である。地球の友インターナショナルも，企業責任に関する法的拘束力のある条約を求めてきた[56]。ソーシャル・グリーン主義者の中には，TNC の活動データを集めるだけでなく，そういう協定を監視する国連組織まで構想する人もいる[57]。

　ソーシャル・グリーン主義者が唱える反グローバル化という論理のもう一方の側面は，地方化の促進であって，「補完性（subsidiarity）」と呼ばれているものでもある。これは，可能な場合にはグローバルということからスケールを小さくすることを意味し，いくつかの異なるサブレベル〔より低いレベル〕ということができる。IFG が言うように，「状況によっては，地方〔ローカル〕というのは国民国家の中の下位集団と定義される。それは又，国民国家自体であるかもしれないし，時には国民国家の〔世界的な〕地域分けであるかもしれない。いずれにせよ，その考え方は，ある特定の目標を遂行するのにふさわしい一番下の集団に権力が委譲されるということである[58]。」

　前に述べた制度上の変化は皆，この地方化という目標に向けて動くことを意図している。地球の健全性や環境問題のように，本当にグローバルな調整が求められる問題だけは，何らかのレベルで国際的に協力して意志決定をすべきであるが，それ以外の大概の経済的，文化的，及び政治的決定のようなものは地方〔ローカル〕で決められるべきである。実際，このことは，地方の小規模農業と地方での小規模な企業による生産の奨励を意味している。企業は，「現地生産，現地販売」の方針をとらざるを得ないだろう[59]。それは，地域交換取引制度（Local exchange trading systems：LETS）のように地域通貨を奨励することでもある[60]。多少の貿易はやはり必要だろうが，ソーシャル・グリーン主義者は，地域社会は

貿易に過度に依存すべきではないと強調する。このような地方化策は皆，多様性を保ち，地方の経済と社会を生き返らせることになるだろう。ソーシャル・グリーン主義者のヘレナ・ノーバーグ-ホッジ（Helena Norberg-Hodge）は次のように書いている。「今日の社会・環境問題への長期的な解決には，数多くの小さな，地元の取り組みが必要だが，それはそのような取り組みが生まれてくる文化や環境と同じくらい多様なものである。」[61]

ソーシャル・グリーン主義者からの最後の共通した提案は，経済のグローバル化の過程で無視された声に再び権限を与えるための措置を求めている。沈黙させられてきた人々には，古くから住んでいた土地を追い出された先住民，女性，及び貧者がいる。彼らは，生態系についての非常に重要な知識を持つ人たちであり，その知識を使うための——つまり，持続可能な暮らしを営み，人々を教育するための——場と発言権が与えられなければならない，とソーシャル・グリーン主義者は主張する。ソーシャル・グリーン主義者は，土地，知識，水，生物多様性などを含めて，コモンズ〔共有地〕を地域社会が取り戻すことを求めている。[62] 共通の資源を守り管理するために，伝統的な土着の制度を再構築することこそ，公正な世の中ときれいな環境を確実に手に入れるための最も有望な方法だとソーシャル・グリーン主義者は主張する。これには，生物環境主義者による進歩の尺度に似たような（もっとも，あまりはっきりとは測られていないが），正当な経済活動として貨幣取引のない活動の評価が含まれるだろう。世界の貧しい人々や土地を追われた人々には，土地の公平な利用が必要であることから，ソーシャル・グリーン主義者はこういった考え方を実現するには土地改革は極めて重要だと見ている。[63] ソーシャル・グリーン主義者は又，「コモンズを取り戻そう」としている地元の民主的な運動に力を添えている国際的な社会運動を支援している。このような社会運動には，食糧安全保障，土地改革，先住民の権利，持続可能な地方経済といったもののためのグローバルな運動が含まれる。『エコロジスト』誌（*The Ecologist*）の前編集長であり，環境に関する紛争で地域社会を支援するNGOのコーナー・ハウス（The Corner House）の会員であるニコラス・ヒルドヤード（Nicolas Hildyard）は，これを手短に述べている。「最終的には，環境危機に対する解決策を見出そうとする地元の人々と地域社

会の，直接的で，決定的な関与によってのみ，危機は解決されることになるだろう。」[64]

♠ 見解の対立？

　これら4つの見解はどのくらいお互い相容れるか，あるいは相容れないだろうか。市場自由主義者は，政府や政府間の政策を使ってグローバル化を利用しようとする制度主義者の提案は，経済成長を害するかもしれないと心配して，制度主義者が改革しようとすることには落とし穴がありそうだと見ている。良かれと思って行われたものでも，市場にあまりにも干渉するのは，非能率に陥るし，環境の改善に向けた進展をスローダウンさせるだろう。概して市場自由主義者は，規制が増えるのではなく，規制が少なくなるのを望んでおり，多くの市場自由主義者は国連のような国際機関に懐疑的である。彼らの多くは又，国際環境条約に批判的で，こういう協定のルールは世界経済秩序を導くはずのWTOルールと食い違っていることが多すぎると主張する。

　同時に市場自由主義者は，ソーシャル・グリーン主義者と生物環境主義者の反グローバル化の主張は間違っており，世界の繁栄にとって紛れもなく危険であると考えている。市場自由主義者の見方からすれば，経済のグローバル化を止めることは，成長よりも遥かに（貧困の拡大と結びついた）環境被害を及ぼす。加えて，市場自由主義者は，新しい技術がもたらす利益について，生物環境主義者とソーシャル・グリーン主義者はあまりにも悲観的だと主張する。市場自由主義者の見方では，そういった利益こそ成長に関係した大抵の環境破壊を反転させることだろう。市場自由主義者は，人口は生物環境主義者が主張するほど大きな問題ではないという点では，ソーシャル・グリーン主義者に同意する。しかしながら，その理由は違っている。市場自由主義者は，経済成長は人口増加を緩和させる重要な手段と見る。多くの市場自由主義者は又，国際機関についてソーシャル・グリーン主義者が持つような懐疑をある程度共有している。にもかかわらず，彼らは，ソーシャル・グリーン主義者の地方主義への提案は保護主義，根強い貧困，さらに地方根性を招くものにすぎないと見ている。

ソーシャル・グリーン主義者と生物環境主義者は両者とも，市場自由主義者のいわゆる解決策というものは，グリーンウォッシュとほとんど同じと見ていることから，いくつかの点で強力な同盟を組んでいる。彼らは，大規模な世界市場に反対し，このレベルでの市場に基づく行動に非常に懐疑的である。彼らは，自発的な企業行動をほとんど信用していない。こう考える人たちによれば，例えばISO14000のような規格は，実際には，きれいな技術をほとんど移転させてこなかったし，地球環境を良くしてもこなかった。彼らは又，新しい技術を生み出すために欧米の科学に頼るのは危険で，それは長期的には地球環境問題を解決するというよりは悪化させるかもしれないと考えている。しかし，ソーシャル・グリーン主義者は，大規模な世界市場には反対するが，地方での小規模な市場を使うことには反対していない（それは，市場自由主義者も推奨するものである）。

　ソーシャル・グリーン主義者も生物環境主義者も，国際環境協定は地球環境の実態をほとんど向上させてこなかったのだから，レジームを通して国際的な環境協力を目指すという制度主義者の提案など，タイタニックが沈む時にバケツで水を2，3杯くみ出すのとほとんど同じだと見ている。しかしながら，ソーシャル・グリーン主義者と生物環境主義者は，この失敗の理由を同じようには解釈していない。生物環境主義者は，国際レジームの権威はあまりにも弱くて効果がないと考える。ソーシャル・グリーン主義者は，国際レジームに焦点を合わせるのは，見当違いだと考える。というのも，そういうことをしても，環境の変化によって最も影響を受ける人々の声を十分取り入れることがないためで，ということは，こういう協定など当然のことながら役に立たないということになる。

　生物環境主義者とソーシャル・グリーン主義者は，他の問題では時に鋭く対立する。ソーシャル・グリーン主義者は，人口増加を引き下げるための強制的な措置，あるいは豊かな国への移民を抑制するための強制的な手段を生物環境主義者が求めることに対し，よく批判する。アメリカのシエラ・クラブの中での最近の分裂（そして，この団体のアメリカ支部とカナダ支部との間の分裂も）は，この不一致をよく表している[65]。2004年に，生態学的理由からアメリカに入ってく

第 8 章　グリーンワールドへの道？

る移民を厳しく取り締まることを求めて，多数の候補者がアメリカのシエラ・クラブの評議会選挙に出馬した。シエラ・クラブの全米理事会のメンバーであり，UCLA〔カリフォルニア大学ロサンゼルス校〕の物理・天文学教授であるベン・ザッカーマン（Ben Zuckerman）は，アメリカのような豊かな国に貧しい人が入ってくるのを許すと，その人のエコロジカル・フットプリントを劇的に増大させてしまうので，移民は全国的に，そして最終的には世界的に甚大な環境被害を引き起こしてしまうと主張する。[66] シエラ・クラブの中でこれに反対する人は，そういう見方を白人至上主義の見解と何ら違わない「人種差別」とみなした。[67] そういう見方は，人口問題と移民問題に関し，よりソーシャル・グリーン主義者の立場を取っているシエラ・クラブのカナダ支部に，自分たちはアメリカ支部とは別組織であると力説させることになり，独自の人口政策を展開させることになった。[68]

　ソーシャル・グリーン主義者の中には，生物環境主義者は単に古くさい数字上の先入観を新しいものに取り替えているにすぎないと主張して，進歩についての新しい尺度を使って幸福を数量化することに関し，生物環境主義者に異を唱える人もいる。多くの生物環境主義者も又，グローバル化に関するソーシャル・グリーン主義者の批判の多くに同意する一方で，それでもなお国際的な協力は，多分よりランクの高い機関を通しての協力は，やはり欠くことはできないと考えている（新しい世界的な持続可能性の倫理が重要だという点には留意しつつも）。従って，多くの生物環境主義者は，国際機関による調整を最小にするような地方化の方針には熱心ではないのである。

　他方，制度主義者は，市場自由主義が考える解決策にほとんど害はないと見る傾向にある――制度主義者からすれば，こういった解決策は，確かに役立つだろう――但し，必ず環境のためになるように市場が動くような制度上の策が組み込まれた場合のみという条件が付く。とはいえ，彼らは，WTOの下での貿易ルールに矛盾するとして環境条約を批判する市場自由主義者に異を唱え，そういう見方は環境に対する国際協力を危うくする可能性があると見ている。多くの制度主義者にしてみれば，国際環境法は貿易法と同じくらい法的に確立されるべきなのである。制度主義者も人口増加をもっと効果的に管理する必要

があるという点では，生物環境主義者と意見が一致する。しかしながら，彼らの解決策は，主に国際協力に汗をかくことに焦点を当てながら，援助や専門的助言により，教育を，特に女性の教育を高めようとするもので，より漸進的で，それほど強制的なものではない。制度主義者は又，地域社会の社会構造を再建する必要性に関して，ソーシャル・グリーン主義者の一般的な見解を支持する傾向にある。しかしながら，これは，グローバル・アジェンダ21と結びついた，地域社会におけるローカル・アジェンダ21行動計画のように，国際的に協調することによって起こることである。制度主義者は又，生物環境主義者が将来についてあまりにも悲観的であり，さらに，地域社会についてのソーシャル・グリーン主義者による世界経済情勢の見方はナイーブだと見がちである。しかしながら，彼らはソーシャル・グリーン主義者がフェア・トレード〔公平貿易〕を奨励してもほとんど害はないと見る傾向にある。

　では，これらは皆，地球環境政策にどんな意味があるのだろうか。多くの人は，世界的にも国家的にも，現在我々が実際にやっているのは，概ね市場自由主義者と制度主義者の世界観に従った政策だと主張するだろう。強力な国際経済機関といくつかの重要な国家——特にアメリカだが，時にオーストラリア，ニュージーランド，日本，カナダも含む——は，程度の差はあれ，市場自由主義者の世界観を取り入れ，そして，その世界観が地球環境ガバナンスを感化してほしいと望んでいる。このようなことは，経済の一層のグローバル化に向けて，今述べたプレーヤーたちが現在推進していることの中に反映されている。農業貿易と投資をさらに自由化しようとするWTOによる攻勢と，IMFと世銀による構造調整計画への引き続く圧力は，市場自由主義者の影響力の顕著な例である。同時に，国際社会は，ますます地球環境レジームを形成，拡大しつつあり，地球環境ガバナンスの重厚な仕組みを作りつつある。こういったことは，UNEP〔国連環境計画〕のような機関，さらにいくつかの重要な国家（特にヨーロッパ諸国，多くの発展途上国，そして時にカナダ）により支持されている。しかしながら，場合によっては，京都議定書のように，より市場自由主義的な立場をとる国家が抵抗することから，こういう協定を首尾よく採択し，実施することにはかなりの障害がある。ソーシャル・グリーン主義者と生物環境主義者は，

第8章　グリーンワールドへの道？

こういった現実への代案として自分たちの提案を出している。

　2002年のヨハネスブルグ・サミットでは，グローバル化と経済成長による環境への影響を巡る論争において，ソーシャル・グリーン主義者と生物環境主義者の間に強力な結束が一方にあり，制度主義者と市場自由主義者との結束が他方にあった。しかしながら，生物環境主義者とソーシャル・グリーン主義者は，議論と論争を引き起こすことになったTNCに対する国際条約の提案のように，公式のアジェンダにはどうにか影響を与えたものの，市場自由主義者と制度主義者による提案は，公式の議事録の中では明らかに優位に立っていた。リオのように，ヨハネスブルグでは，世界の政策担当者によって採用された変化への提言は，穏健な制度主義者の考えに歩み寄っているように見えた。というのは，こういう見方は，市場自由主義者の見方と環境についてのよりラディカルな見方との間の妥協案を提示しているように見えるからである。制度主義者もこういった妥協案を仲介したがっているように見える。例えば，UNEPの最近の刊行物は，市場自由主義者，生物環境主義者，ソーシャル・グリーン主義者の議論の詳細な検討をよくしており，能力と制度を強化する必要性に関し，UNEP自身の政策を促進するために様々な点を参考にしている。世界の政策担当者の間で制度主義者の考えになびく傾向があっても，制度主義者が答えと解決策を「見つけた」ということにはならない。これが意味するのは，彼らは極めて厄介な問題に「妥協による解決」を提案することで，今のところどうにか政治的支持基盤を最大限広くしているにすぎない，ということである。その程度の小さな犠牲では，今の危機を反転させられる訳でなく，スピードを遅くするにすぎないだろう，と生物環境主義者とソーシャル・グリーン主義者は相変わらず気を揉む。他方，極端な市場自由主義者は，こういうやり方は強制だと考える（もっとも，穏健な市場自由主義者は少々の制度上の妥協は支持しがちである）。国際社会が，どの程度広く効果的に，この制度主義者的妥協の考えや提案を実行するかは，今の段階では分からない。

　地球環境のポリティカルエコノミーに関する様々な世界観に目を通すのは，正直なところ，時に途方に暮れることがあった。確実な趨勢，解釈，あるいは解決策がある訳ではない。我々の選択は世界中に様々に影響を与えるものであ

って，良いものもあれば悪いものもあり，広範囲に渡るものもあれば，そうではないものもある。そういう訳で，グリーン・ワールドに至るのに平坦な道などない。多少の地球環境の変化は当然起こる。それについては，誰も異を唱えない。地球規模で変化が分かることは，分析や政策に誤りを生じさせ，個人で選択することも又避けられなくなる。正直なところ，世界が政治的，社会経済的，そして生態学的にこれほどひどく複雑で不確定でなければいいのだがと願う日もある。それ以上に，予測でき，公平で，苦痛がないような，単純な解決策が実際にあればいいのだがと思う。そうならば，間違いなく我々の日々の選択はもっと楽になるだろう。我々は，エクアドルからの従来通りに作られたバナナを食べるべきなのか。中国製のシャツを買うべきなのか。学校へ子供を車で送るべきなのか。この本を読むために明かりをつけるべきなのか。簡単な答えや簡単な解決策だったら，間違いなく我々皆に日々の決定がさほど偽善的だと感じさせることはないだろう。しかしながら，本書で一番了解していただきたいのは，地球環境の変化に関するポリティカルエコノミーは複雑だと知ることにある，ということである。つまり，健全で繁栄した地球を作るにはどのように進めば一番いいのか，ということに関しての我々自身の見解を1人1人が発展させつつ，他人の見解を理解し，許容し，その上敬意さえ払う必要がある，ということである。解釈が，つまり，多くの「正しい」答えを持ちつつも，「絶対的な」確実性を何ら持たないような解釈が，それほど多様であることを受け入れても，環境保護主義者を複雑性の故に思考停止にさせることはないだろうと，我々は真面目に思っている。むしろ，そういった多様性こそ，環境保護主義者に―市場自由主義者から，制度主義者，生物環境主義者，ソーシャル・グリーン主義者まで――自らの考えを徹底的に調べる力を与え，そうやってやがて他者の主張と根拠を本当に理解することから生じる知的謙虚さを持てるようになるだろうと筆者は願っている。

注

【第1章】

1) 本書を補足する地球環境政治の全体像を説くものには，Switzer 2004; Lipschutz 2003; Maniates 2003; DeSombre 2002; Paterson 2000b; Porter, Brown, and Chasek 2000; Conca and Dabelko 1998; Elliot 1998; Dryzek and Schlosberg 1998; Dryzek 1997 がある．
2) 我々はポリティカルエコノミーという用語を単に政治的プロセスと経済的プロセスとの間の相互作用の意味で使う．この用語を使うからといって，どんな理論的偏向も意味するものではない．
3) WCED, 1987, 43.
4) "Our Durable Planet," 1999, 29.
5) World Bank, 1992, 30.
6) Simon 1981, 1996. 故ジュリアン・サイモンは経済学者で，メリーランド大学で経営学を教えていた．彼は人口増加と資源利用に関する研究で有名になり，将来人類が天然資源の世界的な不足に直面することはないと主張した．彼は，*The Ultimate Resource* (1981) 及び *Population Matters* (1990) のような本を含め，広くこれらのテーマに関し出版した．
7) Easterbrook 1995. グレッグ・イースターブルック (Gregg Easterbrook) は，『ニュー・リパブリック』誌 (*the New Republic*) の編集主任，さらに『アトランタ・マンスリー』誌 (*the Atlantic Monthly*) と『ワシントン・マンスリー』誌 (*the Washington Monthly*) の寄稿編集者である．彼の1995年の著書 *A Moment on Earth: The Coming Age of Environmental Optimism* の中で，彼は地球環境の実態は悪くなっているというよりも，むしろ良くなっていると主張している．
8) Lomborg 2001. ビョルン・ロンボルグ (Bjørn Lomborg) はデンマークのオーフス大学政治学教授であり，デンマーク国立環境アセスメント研究所の所長である．ロンボルグの2001年に出版された *The Skeptical Environmentalist*〔邦訳『環境危機をあおってはいけない』山形浩生訳，文藝春秋社，2003年〕は，環境の質についての統計値を使って，全体として，地球環境の状況は環境保護主義者や活動家が主張するよりも，遥かに良い状態にあることを主張している．この本はかなりの論争をもたらした．ロンボルグは統計値を間違って使い，いくつかの点を誇張したという申立てに，デンマーク科学的不正行為委員会 (The Danish Committee on Scientific Dishonesty) は，この本は信用できず，正当な科学的行為の規範に反していると裁定した．2003年12月にデンマーク科学省はこの裁定を覆した．

9） Bhagwati 2002. ジャグディシュ・バグワティ（Jagdish Bhagwati）は，ニューヨークにあるコロンビア大学の経済学教授である。彼は，GATT 事務総長の経済政策顧問，国連のグローバリゼーション問題に関する特別顧問，及び WTO〔世界貿易機関〕の外部顧問も務めている。バグワティは，*In Defense of Globalization* (2004)〔邦訳『グローバリゼーションを擁護する』鈴木主税／桜井緑美子訳，日本経済新聞社出版局，2005 年〕を含め，自由で開かれた市場を擁護する多くの本や論文を出してきた。
10） Schmidheiny 1992. スイスの実業家であるステファン・シュミットハイニー（Stephan Schmidheiny）は，「持続可能な発展のための経済人会議」（Business Council on Sustainable Development：後の「持続可能な発展のための世界経済人会議」（World Business Council for Sustainable Development）の創設者だった。彼の 1992 年の著書である *Changing Course : A Global Business Perspective on Development and the Environment*〔邦訳『チェンジング・コース 持続可能な開発への挑戦』BCSC 日本ワーキンググループ訳，ダイヤモンド社，1992 年〕は，ビジネス自体をグリーンにする〔環境に配慮する〕ことがビジネスの経済的利益になることを主張している。シュミットハイニーは又，1992 年のリオ地球サミットで産業界をまとめる中心的役割を果たした。
11） Haas, Keohane, and Levy 1993.
12） Neumayer 2001, ix.
13） Paehlke 2003.
14） Young 1989, 1994, 1999, 2002. オラン・ヤング（Oran Young）は，カリフォルニア大学の政治学者である。彼は，環境の面での協力の制度化というテーマに関して，多くの本と論文を出し，特に国際的な環境レジームの研究で有名である。
15） UNEP, 2002a.
16） Keohane and Levy 1996.
17） 例えば，Victor, Raustiala, and Skolnikoff 1998 参照。
18） Lovelock 1979, 1995. ジェームズ・ラヴロック（James Lovelock）は，組織に所属しない科学者であり，環境保護主義者である。多くの人は，ガイアという彼の概念は地球環境を理解するのに最も想像力に富み，大いに貢献したものの一つだと見ている。
19） Rees 2002, 249. ウィリアム・リース（William Rees）はカナダのブリティッシュ・コロンビア大学の人間生態学及び環境計画の教授である。彼は，広く消費の問題について出版し，さらに「エコロジカル・フットプリント」という概念を──これは人間が地球に与える影響を生活様式の維持に必要とされる土地面積に置き換えて測定するものだが──マティース・ワケナゲル（Mathis Wackernagel）と共に展開してきた（詳しくは第 4 章参照）。
20） Rees 2002, 249.
21） Malthus 1798.
22） Ehrich 1968. ポール・エーリック（Paul Ehrich）教授は，スタンフォード大学の生物学者である。彼は，人口問題についての研究で最もよく知られている──多くの人は，彼のことを現代のトマス・マルサスと見ている。彼は，例えば，1968 年の著書 *The Population Bomb*〔邦訳『人口爆弾』宮川毅訳，河出書房新社，1974 年〕の中で，人類の人口過剰が自

注

然環境を破壊しており(あるいは,すぐに破壊するだろう),広範囲に及ぶ飢餓と社会不安を作り出すだろうと主張した。この研究から,彼は時に「破滅の君〔きみ〕(prince of doom)」と呼ばれる。第3章は,彼の研究についてより詳細に扱っている。

23) Hardin 1968. ギャレット・ハーディン(Garrett Hardin)は27冊の本,及び350本以上の論文を書いたカリフォルニア大学サンタバーバラ校の人間生態学の教授であった。彼の研究は広く引用され,「コモンズの悲劇」(1968年)や「救命艇上に生きる」(1974年)のような論文は何百ものアンソロジーの中で出てくる。彼はヘムロック協会(Hemlock Society)の会員で,自らの死を計画する権利の正当性を信じ,2003年に88歳で自殺した。ルー・ゲーリック病で苦しんでいた彼の妻のジェーンも行動を共にした。彼の多くの本の中には,*Exploring New Ethics for Survival: The Voyage of the Spaceship Beagle* (1972), *Filters against Folly: How to Survive Despite Economists, Ecologists, and the Merely Eloquent* (1985), *Creative Altruism: An Ecologist Questions Motives* (1995), *Living within Limits: Ecology, Economics, and Population Taboos* (2000)がある。

24) Myers 1997, 34 ; Myers 1979 も参照。

25) Myers 1997.

26) Daly 1999, 34.

27) ハーマン・デイリー(Herman Daly)は,メリーランド大学のシニア・リサーチ・スカラー(Senior Research Scholar)である。彼は,辞職はしたが,世銀の環境部の上級エコノミストを1990年代の初めにしていた。デイリーはエコロジー経済学——地球の物理的限界を考慮に入れる経済学——を振興したことで,最もよく知られている。彼は,経済は物理的環境と釣り合いがとれている「定常状態」を達成しなければならないと論ずる(詳細は第4章参照)。彼は,国際エコロジー経済学会の創設者だった。さらに広く成長の概念及び環境と貿易の関連性について出版してきた。彼は,1996年にライト・ライブリフッド賞(もう1つのノーベル賞)を受賞した。彼が書いた多くの本の中には,*Toward a Steady-State Economy (1973), For the Common Good: Redirecting the Economy toward Community, the Environment, and a Sustainable Future* (with John Cobb, 1989)がある。

28) Hardin 1974 ; Ophuls 1973, 210.

29) こういう見解の起源の概要については,Helleiner 2000 及び Laferrière 2001 参照。

30) Schumacher 1973 ; Sacks 1999.

31) McMurtry 1999 ; 及び Korten 1999 も参照。

32) Paterson 1996 ; Levy and Newell 2002. 及び Stevis and Assetto 2001 も参照。

33) Shiva 1989 ; Mies and Shiva 1993. ヴァンダナ・シヴァ(Vandana Shiva)は科学者であり,哲学者であり,フェミニストであって,世界の農業,環境,女性についてのテーマに関する彼女の活動と学問的著作には国際的に喝采が送られてきた。彼女は,種子に関する知的所有権の研究,さらに発展途上国での農業,女性,及び環境に関するWTO〔世界貿易機関〕の影響についての研究で最もよく知られている。彼女は,1982年以来,インドに本部がある科学・技術・エコロジー研究財団の長である。彼女は又,グローバリゼーションに関する国際フォーラム(International Forum on Globalization)の代表格であり,第3世界ネットワ

ーク (Third World Network) を含め, 多くの団体の顧問である. 彼女が書いた多くの本の中には, *Staying Alive : Women, Ecology and Development* (1989) 〔邦訳『生きる歓び——イデオロギーとしての近代科学批判』熊崎実訳, 築地書館, 1994 年〕, *The Violence of the Green Revolution* (1992) 〔邦訳『緑の革命とその暴力』浜谷喜美子訳 日本経済評論社 1997 年〕, *Biopiracy : The Plunder of Nature and Knowledge* (1997) 〔邦訳『バイオパイラシー——グローバル化による生命と文化の略奪』松本丈二訳, 緑風出版, 2002 年〕, *Stolen Harvest : The Hijacking of the Global Food Supply* (2000) 〔邦訳『食糧テロリズム——多国籍企業はいかにして第三世界を飢えさせているか』浦本昌紀監訳, 竹内誠也／金井塚務訳, 明石書店, 2006 年〕がある. 彼女は 1993 年にライト・ライブリフッド賞を受賞した.

34) 例えば, Princen, Maniates, and Conca 2002 参照.
35) Sacks 1999. ヴォルフガング・ザックス (Wolfgang Sacks) はドイツのヴッパタール気候・環境・エネルギー研究所の学者であり, 研究員である. 彼は又, グリーンピース・ドイツの前代表でもある. ザックスはグローバル化, 開発, 及び環境間の相互作用についての研究で最もよく知られ, そういった研究の中で, 彼は世界経済における権力の役割と発展途上国及び環境に対するその影響に焦点を当てている. 彼が書いた本には, *Global Ecology : A new Arena of Political Conflict* (1993), *Planet Dialectics : Explorations in Environment and Development* (1999) 〔邦訳『地球文明の未来学——脱開発へのシナリオと私たちの実践』川村久美子／村井章子訳, 新評論, 2003 年〕がある.
36) Goldsmith 1997. 1996 年にエドワード・ゴールドスミス (Edward Goldsmith) は, 今日でもソーシャル・グリーン主義者の分析の主な発表の場である『エコロジスト』誌 (*The Ecologist*) を創刊した. ゴールドスミスは, *The Social and Environmental Effects of Large Dams* (with Nicholas Hildyard 1984)の共著者, *The Case against the Global Economy : and for a Turn toward the Local* (with Jerry Mander, 1996)の共編者であり, *The Way : An Ecological World-View* (1992) 〔邦訳『エコロジーの道——人間と地球の存続の知恵を求めて』大熊昭信訳, 法政大学出版局, 1998 年〕の著者である. 彼は 1991 年にライト・ライブリフッド賞を受賞した.
37) Mies and Shiva 1993, 278.
38) *The Ecologist*, 1993, 140-150.
39) 例えば, Mander and Doldsmith 1996 参照.
40) Shiva 1993b, 150.
41) International Forum on Globalization, 2002.
42) Hines 2000, 2003. コリン・ハインズ (Colin Hines) は, グローバリゼーションに関する国際フォーラム (International Forum on Globalization) の会友であり, また親ローカル, 反自由貿易のシンクタンクである「地方を守れ, 世界で」(Protect the Local, Globally) のコーディネーターである. 彼は又, グリーンピース・インターナショナルの経済部門のコーディネーターとしても仕えた. 彼は広く地方〔ローカル〕化の促進に関するテーマについて出版してきて, 国際的な自由貿易に反対している.
43) Shiva 1997, 8.

【第2章】

1) 現代のグローバル化の拡大に関する批判的研究については, Scholte 2000, Hirst and Thompson 1999 ; Garrett 1998 ; Weiss 1998 を参照。
2) Scholte 1997, 14.
3) 電話の本線とは, 電話加入者を電話交換装置に接続させるものを言う (ITU, 2003)。
4) UNDP, 1999.
5) ITU, 2003.
6) UNEP, 2002b, 20.
7) UNDP, 2001, 32.
8) UNEP, 2002b, 36.
9) Held et al. 1999, 170.
10) Scholte 1997, 17.
11) UNDP, 1999, 25
12) UNCTAD, 2002, xv, 272 ; UNCTAD, 2001, 9.
13) WTO, 2001.
14) 例えば, 北朝鮮の正式名称は朝鮮民主主義人民共和国 (DPRK) であることに注目してほしい。
15) こういう民主主義国の中には, 他の民主主義国よりも弱体なものがあると考えられている。世界の民主主義国の経過を観察し, 等級をつけることに専念している団体がいくつかある。例えば, World Audit : www.worldaudit.org 参照。
16) 例えば, International Forum on Globalization, 2002 参照。
17) UNEP, 2002b, 35, 37.
18) Held et al. 1999, 344.
19) UNDP, 2001.
20) UNDP, 2001 ; World Bank data profiles : www.eto.org.uk/eustats/graphs/93-99.htm#pcs- ; World Development Indicators Online : www.worldbank.org/data で閲覧可。
21) UNDP, 2001, 40.
22) World Tourism Organization, Tourism Market Trends 2000 : www.world-tourism.org
23) Dauvergne 2003.
24) UNEP, 2002b, 24.
25) ヘリウェル (Helliwell 2002, 78) は, グローバル化のこういう対照的な見方を強調するのに globaphiles (グローバル愛好家) と globaphobes (グローバル嫌悪家) という用語を使っている (Burtless et al. 1998 より)。彼は, 以下のように書いている。「グローバル愛好家は, 世界の市場が開放されていることが生活水準を向上させる唯一重要な手段であると確信している。対照的に, グローバル嫌悪家は, 多国籍企業が世界の貧しい人々の労働, 資源, 環境を搾取することで, 彼らの文化を破壊することで, そして, こういったことをしやすくするようなどんな法律であれ, 貿易協定であれ, それらを実施するように配下の政府に命ずる

ことで,世界の貧者から収奪するために使っている手段としてグローバル化を見ている。」
26) World Bank, World Development Indicators Online: www.worldbank.org/data
27) UNCTAD, 2000.
28) UNEP, 2002b, 329.
29) Lomborg 2001, 4, 7.
30) Lomborg 2001, 5, 61.
31) FAO Committee on World Food Security 2001: www.fao.org/docrep/meeting/003/Y0147E/Y0147E00.htm#P79_3644
32) FAO statistical database for nutrition: www.fao.org
33) Sen 1981.
34) Simon 1996, 12.
35) World Bank, 1992, 29.
36) Runge and Senauer 2000.
37) Paarlberg 2000.
38) 今日,南極の上のオゾンの厚さは,1980年以前のレベルの大体40〜55％である(UNEP 2000, 5)。南極の環境政治の詳細については,Elliot 1994, Joyner 1998 参照。
39) UNEP, 2000, chap. 2.
40) Soroos 1997, 169.
41) Wilson 2002, i で引用。
42) Wenz 2001, 5-6, quote on 6.
43) Pojman 2000, 1.
44) Brown, Gardner, and Halweil 1999, 17.
45) Population Division of the Department of Economic and Social Affairs of the UN Secretariat, 2001.
46) UNEP, 2002b, 35. 車というグローバルな文化に関する環境政治の分析は,Paterson 2000a 参照。
47) UNFPA, 2001, 45.
48) UNFPA, 2001, 1, 6-7.
49) WMO, 1997, 9. 世界的な水危機の背後にある技術的,政治的,経済的影響力の概要については,Gleick, Burns, and Chalecki 2002 参照。
50) UNFPA, 2001, 5.
51) UNEP, 2001b.
52) Worldwatch Institute, 2003 ; www.worldwatch.org/press/news/2003/01/09 で,要約から引用。
53) Thomas et al. 2004, 145-148.
54) Pounds and Puschendorf 2004, 108. 生物多様性に関する地球政治の詳細については,Steinberg 2001 ; Mushita and Thompson 2002 参照。
55) WRI, 1997.

56) Princen, Maniates, and Conca 2002, 6.
57) 例えば，Mander and Goldsmith 1996 参照。
58) Conca 2001 ; Dalby 2004.
59) International Forum on Globalization, 2002, 5. グローバリゼーションに関する国際フォーラム（International Forum on Globalization : IFG）と「意見が一致する」著述家は，さながらソーシャル・グリーン主義者の「紳士録」のようである。つまり，Jerry Mander, John Cavanagh, Sarah Anderson, Debi Barker, Maude Barlow, Walden Bello, Robin Broad, Tony Clarke, Edward Goldsmith, Randy Hayes, Colin Hines, Andy Kimbrell, David Korten, Sarah Larrain, Helena Norberg-Hodge, Simon Retallack, Vandana Shiva, Vicky Tauli-Corpuz, Lori Wallach である。
60) UNEP, 2002b, 62.
61) FAO website : www.fao.org
62) WHO, 2002.
63) Allison et al. 1999.
64) www.surgeongeneral.gov/topics/obesity/calltoaction/toc.htm で閲覧可。
65) UNAIDS : www.unaids.org 参照。
66) Karliner 1997.
67) Shiva 2000 ; Kneen 1999.
68) Shiva 1997 ; Brac de la Perrière and Seuret 2000.
69) International Forum on Globalization, 2002, 10.
70) 2冊の本（Grundmann 2001 ; Parson 2002）が，デュポンは代替品を開発したことで，ようやくCFC生産と排出の世界的規制を支持し始めたという，よく知られた主張に異議を唱えている。そうではなく，この2冊は以下のように主張している。「1986年までに，世評を気にしていたデュポンは，重要な科学的証拠のせいで，その立場を守れなくなったと感じたし，さらに，産業界のリーダーは訴訟になるかもしれないこと，あるいはアメリカによる一方的な措置を恐れたのである」（Layzer 2002, 119）。
71) IPCC, 2001.
72) Meyer-Abich 1992.
73) Paterson 2001a. 気候変動に関する国際政治についてもっと知りたければ，Rowlands 1995, 2000 ; Paterson 1996, 2001b ; Soroos 1997, 2001 ; Newell 2000 ; Skjærseth and Skodvin 2001 を参照。
74) Rees and Westra 2003.

【第3章】

1) Dryzek 1997.
2) 例えば，Hurrell and Kingsbury 1992 ; Brenton 1994 ; Caldwell 1996 ; Tolba and Rummel-Bulska 1998。

3）そういう問題は，いくつかの国を協調させることになった——例えば，カナダとアメリカは1918年に渡り鳥保護条約（Migratory Birds Treaty）に署名した。
4）Schreurs 2002, chap. 2.
5）Crosby 1986.
6）Grove 1995.
7）Grove 1995 ; Fairhead and Leach 1995 ; Bryant 1997. 今日，多くの環境保護論者は，人口希薄な熱帯地域での焼畑農耕が理に適っていることを認めている。劣化した森林の地面と草木を焼くことは，土に欠くことのできない養分を与える（自然の肥料のように働く）。収穫した後は，土には回復する時間が必要で，従って，状況が許せば，移動して新しい所を耕すのは理に適っている。
8）Adams 1990, 16-20.
9）Grove 1995, 18-19.
10）Adams 1990, 20-21. IUCN〔International Union for Conservation of Nature and Natural Resources〕は1990年にその名を縮めてIUCN—The World Conservation Unionとした。
11）IUCNのウェブ・アドレスはwww.iucn.org/
12）Lear 1997, 416-417.
13）Jasanoff 2001, 309-337.
14）World Bank World Development Indicators Online : www.worldbank.org/data
15）Rapley 2002.
16）例えば，Frank 1967 ; Rodney 1972 参照。
17）Helleiner 1994.
18）Ehrlich 1968, 132.
19）Hill, 1969, 1-2.
20）Meadows et al. 1972. 20年後，ドネラ・メドウズ（Donella Meadows），デニス・メドウズ（Dennis Meadows），ヨルゲン・ランダース（Jørgen Randers）は，*Beyond the Limits : Confronting Global Collapse, Envisioning a Sustainable Future*〔邦訳『限界を超えて——生きるための選択』松橋隆治／村井昌子（他）訳，ダイヤモンド社，1992年〕を出版した。この本は，*Limits to Growth*〔邦訳：ドネラ・H・メドウズ『成長の限界』大来佐武郎訳，ダイヤモンド社，1972年〕の中での議論の多くを再び取り上げている。
21）Meadows et al. 1972.
22）例えば，Maddox 1972 ; Simon 1981 ; Commoner 1990 参照。
23）Meadows, in Zacker 1993, 10.
24）Kumar 1996.
25）Schumacher 1973.
26）Rees 2002 参照。リース（Rees, pp. 249, 267）は，さらに進めて，以下のように主張する。「持続不可能性の遺伝的体質は，人間の一定の生理的，社会的及び行動の特性の中に暗号化されてしまっている。そういった特性は，かつては生存価を授けていたのだが，今では適応性がなくなってしまったのだ。……ホモ・サピエンスは単なる動物的本能を超越し完全に

注

人間になるか,あるいは自らが作り出した激しい嵐の中で,弱々しく燃えるろうそくのように,みじめに消えうせるかのどちらかだろう。」Brown, Gardner, and Halweil 1999 ; Brown 2003 も参照。

27) 国連決議 2398, Caldwell 1996, 58 で引用されている。
28) Rowland 1973, 49-51. 1971 年の「開発と環境に関するフネ報告」(*Founex Report on Development and Environment*) は,www.southcentre.org/publications/conundrum/annex1.pdf で閲覧可。
29) Caldwell 1996, 68 ; Brenton 1994 も参照。
30) D'Amato and Engel 1997, 14 で引用されている。
31) Brenton 1994, 39 で引用されている。
32) Adams 1990, 38.
33) Murphy 1983 ; Hoogvelt 1982.
34) Taylor 1995.
35) Akula 1995 ; Rangan 1996.
36) IUCN, 1980.
37) 第 7 章は,かなり詳細に構造調整の環境への影響を述べている。この時期の経済状況について手際よくまとめてある要約は,Rapley 2002 を参照。
38) WCED, 1987, 8.
39) Bernstein 2001.
40) Porter, Brown, and Chasek 2000 参照。
41) 例えば,Krueger 1999 ; O'Neill 2000 ; Clapp 2001 参照。
42) Rogers 1993, 238-239.
43) リオ宣言とアジェンダ 21 は 1992 年に国連で公表された。 www.un.org/esa/sustdev/documents/agenda21/index.htm でも閲覧可。
44) Brack, Calder, and Dolun 2001, 2. この文書の正式名称は「全ての種類の森林の経営,保全及び持続可能な開発に関する世界的合意のための法的拘束力のない権威ある原則声明」である。
45) 砂漠化に関する国際交渉の詳細については,Corell 1999, Corell and Betsill 2001 参照。
46) Streck 2001, 75. GEF〔地球環境ファシリティー〕の 3 つの実施機関は UNDP〔国連開発計画〕,UNEP〔国連環境計画〕,世銀である。GEF は,生物多様性,気候変動,残留性有機汚染物質,砂漠化,水の国際管理,オゾン減少に取り組むために,発展途上国における政策と計画を支援する。
47) Brack, Calder, and Dolun 2001, 2.
48) GEF は又,他からも出資をしてもらい,共同出資で追加の 120 億ドルのてこ入れをした。
49) 例えば,Chatterjee and Finger 1994 ; Sachs 1993 参照。
50) Chatterjee and Finger 1994, 115-117 ; Connelly and Smith 1999, 206.
51) Shiva 1993b ; Lohmann 1993.
52) 例えば,Sachs 1993 ; *The Ecologist*, 1993.

53) Osborn and Bigg 1998.
54) 第5章は，WTO〔世界貿易機関〕の仕組み，及び環境問題とWTOとの関係をより詳しく論じている。
55) Wade 2001.
56) Tabb 2000.
57) Mehta 2003, 122.
58) Johannesburg Summit 2002: www.johannesburgsummit.org 参照。
59) Mehta 2003, 122.
60) Johannesburg Declaration on Sustainable Development〔持続可能な開発に関するヨハネスブルグ宣言〕: www. johannesburgsummit. org/html/documents/summit_clocs/1009wssd_pol_declaration.htm 参照。その第12は，「人間社会を豊かな者と貧しい者とに分ける深い溝と，先進国と発展途上国との間で拡大する一方の格差は，世界の繁栄，安全保障及び安定に大きな脅威をもたらしている。」その第14は「グローバル化は，（地球環境問題に）新たな次元を加えてきた。世界における市場の急速な統合，資本の流動性及び投資の流れの著しい増加は，持続可能な開発を追及するのに新しい難題と機会をもたらしてきた。しかし，発展途上国がこの難題に対処するのに並外れた困難に直面しているように，グローバル化の利益とコストは不公平に分配されている。」
61) UN, 2003.
62) Doran 2002, 2.
63) Burg 2003, 116-118.
64) Wapner 2003.
65) 地球環境ガバナンスに関する文献は急速に増えつつある。いくつか例を挙げてみる。Hempel 1996; Clapp 1998; Haas 1999, Lipschutz 1999, Conca 2000; Vogler 2000, 2003; Paterson, Humphreys, and Pettiford 2003; Newell 2003; Falkner 2003; Bretherton 2003; Jordan, Wurzel, and Zito 2003.
66) 例えば，Litfin 1998 参照。
67) 第21原則は以下のように書いてある。「国は，国際連合憲章及び国際法の原則に基づき，自国の資源をその環境政策に従って開発する主権的権利を有し，かつ，自国の管轄または管理の下における活動が他国の環境または国の管轄外の地域の環境を害さないことを確保する責任を負う。」1972年6月16日に採択された人間環境に関するストックホルム宣言〔人間環境宣言〕は，www.unep.org/Documents/Default.asp?DocumentID=97&ArticleID=1503 で閲覧可。
68) Myers and Tucker 1987 参照。
69) Clapp 1997, 129.
70) Andresen 2001a.
71) Downie and Levy 2000.
72) Chasek 2000.
73) UNEP, 2001a.

注

74) 政治学者のスティーブン・クラズナー（Stephen Krasner 1983, 2）は，国際レジームを次のように定義している。「国際関係の特定の領域で，複数のアクターの予測が収斂するような，暗黙の，又は明示的な原則，規範，ルール，意思決定手続の集合。」
75) Jacobsen and Weiss 1995, 121.
76) Paterson 2000b ; Kütting 2000.
77) レジームの有効性に関する環境文献は増えてきている。Susskind 1994 ; Victor, Raustiala, and Skolnikoff 1998 ; Weiss and Jacobson 1998 ; Wettestad 1999 ; Young 1999, 2001, 2002 ; Kütting 2000 ; Miles et al. 2001 ; Mitchell 2002 ; Hovi, Sprinz, and Underdal 2003 参照。
78) 環境に関する制度の相互作用の研究については，Rosendal 2001 ; Andersen 2002 ; Young 2002 ; Selin and VanDeveer 2003 参照。
79) Stokke and Thommessen 2003.
80) Union of International Associations, 1999 : www.uia.org/statistics/organizations/ytb199.php 及び www.uia.org/statistics/organizations/stybv296.php で閲覧可。
81) リプシュッツ（Lipschutz with Mayer 1996）は，市民社会と地球環境ガバナンスを論じている。
82) ベッツィルとコレル（Betsill and Corell 2001）は，国際環境交渉おける NGO の影響力を評価するための枠組みを述べている。
83) Princen 1994.
84) Clapp 2001.
85) Wapner 2002.
86) Wapner 1996, 322. 捕鯨に関する国際政治の分析については，Peterson 1992 ; Stoett 1997 ; Andresen 2000, 2001b 参照。
87) 地球環境政治における NGO の役割についての文献は，現在数多くある。例えば，Princen and Finger 1994 ; Wapner 1996 ; Kolk 1996 ; Humphreys 1996 ; Jasanoff 1997 ; Najam 1998 ; Keck and Sikkink 1998 ; Auer 1998 ; Newell 2000 ; Tamiotti and Finger 2001 ; Bryner 2001 ; Corell and Betsill 2001 ; Hochstetler 2002 ; Ford 2003 参照。
88) 残留性有機汚染物質と 2001 年のストックホルム条約に関係するグローバル・ポリティカルエコノミーについて詳しくは，Lallas 2000-2001 ; Schafer 2002 ; Selin and Eckley 2003 ; Downie and Fenge 2003 ; Clapp 2003 ; Yoder 2003 参照。
89) この憲章は，www.europeangreens.org/info/globalgreencharter.html にて閲覧可。
90) Susskind 1994 ; Gleckman 1995.
91) Nash and Ehrenfeld 1996.
92) Sklair 2001 ; Finger and Kilcoyne 1997.
93) Barnet and Cavanagh 1994 ; Korten 1995.

【第 4 章】

1) 数字に関してはすべて，World Bank World Development Indicators Online : www.

worldbank.org/data による。
2) UNDP 2001, 9.
3) 例えば，Tidsell 1993；Tietenberg 1992 参照。
4) Simon 1996, 54, 67.
5) サイモン・クズネッツ（Simon Kuznets 1955）によって仮説がたてられたように，経済学におけるクズネッツ曲線は長期的に見た成長と不平等との関係を描いている。クズネッツは，経済成長の初期段階では所得の不平等は初めのうちは悪化するが，時の経過と共に一旦ある峠を越えると成長が続くにつれ，所得の不平等は改善するだろうと論じた。クズネッツはこの仮説の根拠をイギリス，ドイツ，アメリカの時系列データに置いていた。
6) Grossman and Krueger 1991, 1995；World Bank, 1992.
7) Pempel 1998, 46.
8) Schreus 2002, 36.
9) Schreus 2002, 47. Broadbent 1998；McKean 1981 も参照。
10) Bhattarai and Hammig 2001.
11) World Bank, 1992, 41.
12) Grossman and Krueger 1995.
13) Thomas and Belt 1997.
14) Munasinghe 1999.
15) World Bank, 1992, 25-32.
16) Mink 1993, 10-12.
17) UNDP, 1998, 57；Scherr 2000 も参照。
18) Cleaver and Schreiber 1992.
19) Barber and Schweithelm 2000, 17.
20) Keane 1998 で引用されている。
21) Mink 1993.
22) World Bank, 1994, 161-162.
23) World Bank, 1992, 30-31.
24) Roodman 1998.
25) Schmidheiny 1992；DeSimone and Popoff 1997.
26) 持続可能な消費に関する OECD ウェブサイト：www.oecd.org/env/consumption 参照。
27) Keohane and Levy 1996.
28) Waring 1999.
29) Ekins, Hillman, and Hutchinson 1992, 36；Daly 1996, 40-42.
30) 例えば，Repetto et al. 1989 参照。この研究は国民所得・生産勘定（national income and product accounts）における森林減少，土壌浸食，石油埋蔵量の減少を明らかにしている。そこで，インドネシアの年間 GDP 成長率を 7.1％から 4％へと計算し直している。
31) Waring 1999.
32) Davidson 2000, 6.

注

33) Ophuls 1973, 112-113.
34) ワケナゲルら（Wackernagel et al. 2002, 9266-9271）は，人類は1970年代の終わりに生物圏の再生する能力（regenerative capacity）を踏み越え，1980年代の半ば以来，徐々にそこから先へと進んできた。人類による負荷は，現在120％になっている。
35) Ayres 1998, 190.
36) デイリーの著書（Daly 1996）の第5章では，デイリーが世銀を辞職することをほのめかしている。
37) 例えば，Stern, Common, and Barbier 1996; Ezzati, Singer, and Kammen 2001.
38) World Bank, 1992, 41; Ansuategi and Escapa 2002.
39) Arrow et al. 1995.
40) Cameron 1996; Hall 2002.
41) Stern, Common, and Barbier 1996, 1156; Suri and Chapman 1998.
42) Clapp 1998, 2001.
43) Tidsell 2001.
44) Stern, Common, and Barbier 1996.
45) Arrow et al. 1995; Tidsell 2001, 187.
46) Duraiappah 1998.
47) Reardon and Vosti 1995.
48) Mander and Goldsmith 1996.
49) *The Ecologist*, 1993, 95.
50) Shiva 1993c.
51) Leach and Mearns 1996.
52) Bryant and Bailey 1997, 159.
53) Ostrom 1990. エリノア・オストローム（Elinor Ostrom）は，インディアナ大学の政治学教授である。彼女は，制度上の取り決めと共有資源（common-pool resources）管理との間の関係について最も影響力のある理論家の一人である。コモンズに関するオストロームの最近の研究については Dolšak and Ostrom 2003 参照。
54) Bryant and Bailey 1997, 162. Hardin 1968 も参照。
55) 例えば，Peluso and Watts 2001 の事例研究を参照。
56) Shiva 1997; Miller 2001.
57) Shiva 1993c, 1997.
58) Richards 1985; Fairhead and Leach 1995.
59) Broad 1994.
60) Shiva 1997.
61) Taylor 1995.
62) Broad 1994.
63) *The Ecologist*, 1993, 93.
64) Sachs 1999, 168.

65) UNDP, 1998, 46.
66) UNDP, 1998, 46.
67) UNDP, 1998, 50.
68) Myers 1997, 34.
69) Wackernagel and Rees 1996.
70) WWF, 2002, 22-26.
71) Wilson 2002, 23. Wackernagel and Rees 1996 も参照。
72) Wade 2001.
73) Kates 2000.
74) Myers 1997, 34.
75) Daly 1993b, 27-28.
76) Mies and Shiva 1993, 278.
77) *The Ecologist*, 1993, 140.
78) Shiva 1994 ; Sen 1994.
79) Schor 1998 ; Robbins 2002.
80) Sachs 1999 ; Princen, Maniates, and Conca 2002.
81) Sachs 1999, 167.
82) MacNeill, Winsemius, and Yakushiji 1991 ; Dauvergne 1997b.
83) Princen 1997.
84) Clapp 2002a.
85) Basel Action Network website : www.ban.org 参照。
86) *The Ecologist*, 1993 ; Mander and Goldsmith 1996.
87) O'Connor 1998, 191-196 ; Dalby 2004.
88) 個人的に環境責任をとることの批判的分析に関しては，Maniates 2001 参照。
89) 例えば，Global Green Charter〔グローバル・グリーン憲章〕：www.greens.org 参照。

【第 5 章】

1) この論争の歴史を概観するには，Williams 1994, 2001 ; Esty 1994 参照。
2) WTO statistics online : www.wto.org/english/res_e/statis_e/statis_e.htm
3) WTO data ; www.wto.org 参照。
4) World Bank World Development Indicators Online : www.worldbank.org/data
5) WTO statistics online : www.wto.org/english/res_e/statis_e/statis_e.htm
6) WTO statistics online : www.wto.org/english/res_e/statis_e/statis_e.htm
7) Bhagwati 1993 ; Bhagwati 2004.
8) Neumayer 2001, 103.
9) WTO, 1999, 29.
10) WTO, 1999, 4.

注

11) Neumayer 2001, 104
12) World Bank 1992, 67.
13) Vogel 2000, 366.
14) Logsdon and Husted 2000.
15) Bhagwati 1993, 48.
16) Weinstein and Charnovitz 2001, 150.
17) Dauvergne 2001a.
18) Bhagwati 1993, 44.
19) WTO, 1999, 44.
20) Sachs 1999, 183-184. Princen, Maniates, and Conca 2002 も参照。
21) Daly and Cobb 1989, 213-218.
22) Daly 2002, 13.
23) Goldsmith 1997, 3 ; Casson 2000.
24) Marchak 1995 ; Emberson-Bain 1994 ; Gedicks 2001.
25) Karliner 1997.
26) Dauvergne 1997b.
27) Princen 2002.
28) Ruitenbeek and Cartier 1998, 5.
29) ドーヴァーニュ（Dauvergne 1997a）は、国際社会が熱帯木材の本当に持続可能な貿易制度を作るとすれば、乗り越える必要がある理論的及び実際の障害を論じている。
30) Daly 1993a, 25.
31) Conca 2000, 485.
32) Neumayer 2001, 108.
33) Daly 1993a, 26.
34) Esty 1994.
35) Porter 1999.
36) Goldsmith 1997, 7.
37) Karliner 1997, 144 ; Korten 1995, 177.
38) Korten 1995, 178-179.
39) Daly 1996, 157.
40) International Forum on Globalization, 2002, 76-77.
41) Hough 1998, 4 , 27, 41. より詳しくは、Downie and Fenge 2003 の論文も参照。
42) UN, 1992, 19.
43) 例えば、Esty 1994 参照。
44) Neumayer 2001, 71-72.
45) Charnovitz 1995.
46) Neumayer 2001, 115-116.
47) FSC website : www.fscoax.org 参照。Lipschutz 2001 も参照。

48) Neumayer 2001, 153-155.
49) Elliot 1998, 214. Arden-Clarke 1992, 130-132 も参照。
50) Pearce and Warford 1993, 27.
51) Arden-Clarke 1992, 130-131.
52) GATT は，貿易紛争の際に裁定をする紛争パネルを持ってはいたが，どの国も紛争の解決を拒否できた。そういう訳で，GATT がなした裁定はよく無視された。WTO の紛争パネルに対しては拒否できないし，この紛争パネルは貿易制裁を伴う裁定を監視し，実施させる権限を持っている。
53) 貿易交渉のこのラウンドは，1999 年の秋にシアトルで貿易交渉の「シアトル・ラウンド」を始めようとして失敗した後，ほぼ 2 年経って始まった。その〔シアトルでの〕会合への大規模な抗議で貿易交渉は始められなかった。
54) 2003 年 4 月 4 日現在。WTO website : www.wto.org 参照。
55) Neumayer 2001, 24-25 参照。
56) Esty 1994, 49-51.
57) Esty 1994, 30-31.
58) Neumayer 2001, 134.
59) Vogel 2000, 354.
60) Neumayer 2001, 126-127.
61) これを検討するには，Perkins 1998 参照。
62) DeSombre and Barkin 2002.
63) さらに議論を深めるには，Perkins 1998 参照。
64) その他のこのような協定は，WTO website : www.wto.org でそれぞれ縷々説明されている。IISD and UNEP, 2000 ; Neumayer 2001 も参照。
65) Neumayer 2001, 30, 128.
66) 2003 年 6 月に，これらの国にオーストラリア，ブラジル，チリ，コロンビア，インド，メキシコ，ペルー，ニュージーランドが加わって，共に申立てをした。
67) Neumayer 2001, 132-133 参照。
68) Vogel 2000, 359-360.
69) WTO website : www. wto.org/english/tratop_e/dda_e/dohaexplained_e. htm#environment 参照。
70) Stilwell and Tarasofsky 2001, 7-8.
71) Stilwell and Tarasofsky 2001, 10-11.
72) Houseman and Zaelke 1995, 315-328.
73) IISD and UNEP, 2000, 62.
74) Johannesburg Plan of Implementation, paragraph 92 : www.johannesburgsummit.org/html/documents/summit_docs/2309_planfinal.htm で閲覧可。
75) Weinstein and Charnovitz 2001.
76) Esty 2000.

77) Esty 2001, 125.
78) Esty 1994, 41 ; 2001, 125-126.
79) Biermann 2000, 2001.
80) Wallach and Sforza 1999 ; Shiva 1993a.
81) Conca 2000, 489-492.
82) Conca 2000, 487.
83) Goldsmith 1997, 7.
84) Hines 2000, 130.
85) Hines 2000, 131.
86) Raynolds 2000, 298.
87) IISD and UNEP, 2000, 75.
88) Hufbauer et al. 2000 ; IISD and UNEP, 2000 参照。
89) Hufbauer et al. 2000.
90) この議論については、Hogenboom 1998 参照。
91) Hufbauer et al. 2000, 50.
92) Logsdon and Husted 2000, 373-374.
93) Vogel 2000, 363.
94) Hufbauer et al. 2000, 50.
95) Jacott, Reed, and Winfield 2001, 44, 52.
96) 2004年5月1日以前では、EU加盟国は以下の如くだった。オーストリア、ベルギー、デンマーク、フィンランド、フランス、ドイツ、ギリシア、アイルランド、イタリア、ルクセンブルグ、オランダ、ポルトガル、スペイン、スウェーデン、イギリス。2004年5月1日に以下の国がEUに加わった。キプロス、チェコ共和国、エストニア、ハンガリー、ラトビア、リトアニア、マルタ、ポーランド、スロバキア、スロベニア。
97) Geradin 2002 参照。
98) Stevis and Mumme 2000, 31.
99) 環境活動に関するEUのウェブページ：europa.eu.int/pol/env/index_en.htm 参照。
100) Geradin 2002, 128-129.
101) Zarsky 2002.
102) APEC加盟国は、オーストラリア、ブルネイ・ダルサラーム、カナダ、チリ、中華人民共和国、香港（中国）、インドネシア、日本、韓国、マレーシア、メキシコ、ニュージーランド、パプアニューギニア、ペルー、フィリピン、ロシア、シンガポール、チャイニーズ・タイペイ、タイ、アメリカ、ベトナムである。
103) Zarsky 2002.

【第6章】

1) フォーブズ（Forbes）は、2003年の売り上げ、収益、資産、市場価値に関し、上位25社

におけるこれらの会社全てのランク付けをした。ゼネラル・エレクトリックが1位，シティー・グループが2位，エクソン・モービルが3位だった。ウォルマート・ストアーズが売上高では1位で，ゼネラル・モーターズがそれに続いた。www.forbes.com 参照。
2） 2001年では，中国は発展途上国の中で最大の海外直接投資受入国で，投資に約470億米ドルを受け取った（UNCTAD, 2002, 55）。
3） Held et al. 1999, 191.
4） Willetts 2001, 362-363.
5） UNCTAD, 2001, 9; 2002, xv, 272.
6） French 2000, 16; World Bank, World Development Indicators Online, 2003: www.worldbank.org/data
7） UNCTAD, 2001, 1; World Bank, World Development Indicators Online, 2003. なぜ2001年にFDI〔海外直接投資〕の純流入が突然下がったのかと思われるかもしれない。UNCTAD（2002, xvi）は次のように書いている。「2000年の高レベルを記録した後，2001年に世界の流入は急に下がった——10年間で初めてである。これは，主に世界経済が弱まった結果で，特に世界の3大経済国が皆背景気後退に入ったこと，そして，国境を越えるM&A（合併・買収）の価格が結果として下がったことにある。」UNCTAD（2002）は，その後で，FDIは今後伸び続けるだろうとその報告書の中で予想している。
8） Scholte 2000, 82; UNCTAD, 2001, 9; UNCTAD, 2002, 310.
9） こういう数値は，UNCTAD, 2002, 7-9 による。
10） UNCTAD, 2002, 5.
11） UNCTAD, 2002, 7.
12） UNCTAD, 2002, 11.
13） UNCTAD, 2001, 2.
14） Anderson and Cavanagh 1999, 3.
15） Scholte 2000, 129.
16） Thompson and Strohm 1996.
17） Wheeler 2002, 1.
18） Porter 1999.
19） Low and Yeats 1992.
20） Leonard 1998; Pearson 1987; Low 1993.
21） Ferrantino 1997, 52.
22） Neumayer 2001, 55-56.
23） Wheeler 2001.
24） Mani and Wheeler 1998, 215.
25） Repetto 1994, 23.
26） Bhagwati 1993, 44; WTO, 1999, 44.
27） ラリー・H・サマーズ（Larry H. Summers）の署名がある1991年12月12日付けの世銀内部メモ。この漏れたメモは，環境保護に関係する人たちの間で大変な騒ぎを引き起こした。

サマーズはこれについて弁解し，それはわざと皮肉っぽく挑発的にしたのだと主張した。1998 年に世銀の前エコノミストのラント・プリチェット（Lant Pritchett）は，『ニューヨーカー』誌のジョン・キャシディー（John Cassidy）に，そのメモを実際に書いたのは自分だと述べた。サマーズは読み，署名し，世銀の中での配布を認め，従って，その内容についての責任を負った。プリチェット（現在，ハーバード大学公共政策学講師）は，「漏れたメモ」は自分が書いたもっと長いメモを簡約したものだと言っている。彼は，漏洩はサマーズの評判を落とし，辱めようとしたものだと思っている。

28) GEMI, 1999, 6, 12.
29) World Bank, 1992, 67 ; Ferrantino 1997, 55-56.
30) Kent 1991, 10.
31) World Bank, 1999, 114.
32) World Bank, 1999, 130-135.
33) UN, 1992, 226.
34) Castleman 1985 ; UN Transnational Corporations and Management Division, 1992, 223.
35) ESCAP/UNCTC, 1990, 61 ; UNCTAD, 1993, 60.
36) Rajan 2001 参照。
37) Gladwin 1987 ; MacKenzie 2002.
38) MacKenzie 2002.
39) Morehouse 1994, 164.
40) Morehouse 1994, 167.
41) MacKenzie 2002.
42) Williams 1996, 777-779.
43) Sklair 1993, 79-80.
44) Molina 1993, 232.
45) Frey 2003 ; Bryant and Bailey 1997, 109 ; Korten 1995, 129.
46) Karliner 1997 ; Frey 1998 ; Castleman 1985 ; Ofreneo 1993 も参照。
47) Pearson 1987, 121 ; O'Neill 2001.
48) Hall 2002.
49) Clapp 2002b, 14-15.
50) Porter 1999, 136.
51) Neumayer 2001, 70-71.
52) Wheeler 2002, 7.
53) 伐採に関しては，Dauvergne 2001a ; Filcr 1997 ; Marchak 1995 参照。採鉱に関しては，Jackson and Banks 2003 ; Emberson-Bain 1994 ; Banks 1993 参照。産業廃棄物に関しては，Clapp 2001 参照。石油に関しては，Gedicks 2001 参照。
54) 例えば，Global Witness, 1999, 2000 ; Sizer 1995 ; WRI, 1997 ; Rainforest Action Network : www.ran.org ; Project Underground : www.moles.org 参照。
55) ブロード（Broad with Cavanagh 1993）は，著書に *Plundering Paradise*〔楽園を分捕る〕

という題をつけている。シヴァ（Shiva 1997）は，自分の本に *Biopiracy : The Plunder of Nature and Knowledge*〔生物泥棒：自然と知識の略奪〕という題をつけている〔邦訳『バイオパイラシー――グローバル化による生命と文化の略奪』松本丈二訳，緑風出版，2002年〕。

56) Tokar 1997.
57) Korten 1995参照。Korten（1999）は「ポスト大企業の世界」を求めている。
58) Karliner 1997.
59) 例えば，Dauvergne 2001a ; Filer 1997 ; Marchak 1995参照。
60) 例えば，Potter 1993 ; Arentz 1996.
61) 日本は，フィリピン（1964～1973年），インドネシア（1970～1980年），サバ〔カリマンタン島北東部にあるマレーシア連邦の一州〕（1972～1987年）における素材〔製材前の生木材〕輸出が急増したその最盛期に，全素材生産の半分以上を輸入した（Dauvergne 1997b, 2）。
62) WRI, 1997. 未開拓林（Frontier forest）は，未だに十分生物多様性を維持できるくらい広く，手が付けられていない区域のことを言う。
63) Dauvergne 2001a.
64) Gedicks 2001, 29.
65) Hutchinson 1998参照。
66) Gedicks 2001 ; Magno 2003 ; さらに，Miningwatch : www.miningwatch.ca ; Project Underground : www.moles.org も参照。
67) Kennedy (with Chatterjee and Moody) 1998 ; Emberson-Bain 1994.
68) この数字は1990年代末のものである。Project Underground, 1998参照。
69) Jermyn 2002.
70) ミッチェル（Mitchell 1994）は，条約遵守と油による海洋汚染についての詳細な分析をしている。
71) Project Underground, 1998参照。
72) 例えば，Obi 1997 ; Rowell 1996参照。
73) Clapp 2001, 116-117.
74) "Greenpeace Exposes 'Corporate Criminal' Dow Chemical in South Africa," 2002.
75) Karliner 1994, 61.
76) Greenpeace International, 2002参照。
77) Leighton, Roht-Arriaza, and Zarsky 2002, 96-98.
78) Basel Action Network and Silicon Vally Toxics Coalition, 2002参照。
79) Prakash 2000.
80) Schmidheiny 1992.
81) Sklair 2001, 204.
82) Nash and Ehrenfeld 1996.
83) 国連グローバル・コンパクト（UN Global Compact）は，www.unglobalcompact.org で閲覧可。
84) Kollman and Prakash 2001参照。

85) DeSimone and Popoff 1997, 25.
86) Mol 2002.
87) Dryzek 1997, 141-143.
88) Prakash 2000, 3.
89) Levy and Newell 2000 ; Rowlands 2000.
90) Garcia-Johnson 2000.
91) Greer and Bruno 1997 ; Beder 1997.
92) Greer and Bruno 1997 ; Greenpeace Greenwash Detection kit : archive.greenpeace.org/~comms/97/summit/greenwash.html で閲覧可。
93) Rowell 1996.
94) Welford 1997.
95) Greer and Bruno 1997 のように，後に改訂出版された。
96) Greer and Bruno 1997.
97) Sklair 2001, 200.
98) Bruno 2003.
99) CorpWatch, 2002.
100) Chatterjee and Finger 1994, 132.
101) Susskind 1992 ; Gleckman 1995.
102) Gleckman 1995, 95.
103) Chatterjee and Finger 1994.
104) Rutherford 2003, 14.
105) Corporate Europe Observer, 2001.
106) Sklair 2001 ; Levy and Newell 2002.
107) Newell and Paterson 1998 ; Levy 1997 ; Levy and Egan 1998 ; Levy and Newell 2002.
108) Roht-Arriaza 1995.
109) Mann 2001 ; IISD and WWF, 2001 参照。
110) Mann 2001 参照。
111) Neumayer 2001, 89.
112) IISD and UNEP, 2000, 58.
113) 詳しくは，Kobrin 1998 ; Roberts 1998 ; Clarke and Barlow 1997 参照。
114) FOE England, Wales, and Northern Ireland, 1998.
115) OECD, 2000.
116) FOE England, Wales, and Northern Ireland, 1998 参照。
117) Leaver and Cavanagh 1996, 2.
118) Greenpeace International, 2002 ; FOEI, 2002.

【第7章】

1) Hardin 1974.
2) World Bank, World Development Indicators Online : www.worldbank.org/data
3) World Bank, World Development Indicators Online : www.worldbank.org/data
4) これらの数字は，2001年4月の米ドルで換算している。BIS, 2001参照。
5) Scholte 2000, 117.
6) 2002年には，世銀はすべての地域開発銀行を合わせたものと大体同じ額の開発融資を提供した（World Bank, 2003a, 126)。
7) 世銀グループは，今日多くの機関を抱えている。IBRD〔国際復興開発銀行〕やIDA〔国際開発協会〕に加えて，国際金融公社（IFC)，多数国間投資保証機関（MIGA)，国際投資紛争解決センター（ICSID）がある。
8) World Bank website : www.worldbank.org
9) World Bank, 2001a, 4.
10) しかしながら，今日でさえ，世銀の個々の研究員がグローバル・ポリティカルエコノミーと地球環境変化との間の関係について，古典的な市場自由主義論を公表することに何の問題もない。世銀は大きく複雑な組織で，必然的に「世銀」の見解として多くの見解が「現れる」。しかしながら，大事なことは，これらの見解は皆，市場自由主義者から制度主義者までの範囲に納まりそうだということである。
11) Le Prestre 1989, 19 ; Wade 1997, 618. この名称は1980年代の初めに再び変わり，環境・科学局（the Office of Environmental and Scientific Affairs）になった。便宜上，これを環境局と呼ぶ。
12) 例えば，Rich 1994 ; Nelson 1995 参照。
13) Wade 1997, 614.
14) Reed 1997, 229-230.
15) George 1988, 161 ; Wade 1997, 634-637.
16) Wade 1997, 637.
17) Rich 1994, 26-29.
18) Wade 1997, 688.
19) Rich 1994, 152-153.
20) Turaga 2000 ; Khagram 2000.
21) Turaga 2000, 246-248.
22) Wade 1997, 658-659.
23) Rich 1994, 125.
24) Fox and Brown 1998, 6.
25) Fox and Brown 1998, 508.
26) Wade 1997, 680.
27) Morse 1992.

28) Caufield 1996, 28.
29) Le Prestre 1989, 198-200. Reed 1997, 233.
30) Gutner 2002, 53.
31) Haas and Haas 1995, 268.
32) World Bank, 1992.
33) World Bank, 1995.
34) Fox 2000, 279.
35) Gutner 2002, 51.
36) Nelson 1995, 89-90.
37) Nelson 1995, 89-90.
38) FOE et al. 2001.
39) Durbin and Welch 2001.
40) FOEI, 1998.
41) Reed 1997, 236.
42) World Bank, 2001a, 20.
43) World Bank website : www.worldbank.org/environment/index.htm 参照。
44) World Bank, 2001b.
45) Reed 1992 ; World Bank, 2001a, 61.
46) World Bank, 1994 ; Pearce et al. 1995 ; Glover 1995 参照。
47) World Bank, 2001a, 65.
48) World Bank, 2001a, 64.
49) Pearce et al. 1995, 55.
50) Glover 1995, 288.
51) World bank, 2001a, 65.
52) Cheru 1992.
53) Hogg 1994 ; Horta 1991.
54) George 1992, 9-14.
55) Toye 1991, 192.
56) Rich 1994 ; Devlin and Yap, 1994, 67-71.
57) George 1992, 3.
58) Hammond 1999.
59) FOEI, 1999, 10.
60) FOEI, 1999, 7.
61) 例えば、Keohane and Levy 1996 参照。
62) UNEP, 2002b, 17.
63) Fairman and Ross 1996, 30-31.
64) International Forum on Globalization, 2002, 234.
65) Jordan 1994 ; Streck 2001.

66) Streck 2001, 73.
67) GEF website : www.gefweb.org 参照。
68) Fairman 1996, 61.
69) Streck 2001, 75.
70) GEF website : www.gefweb.org/What_is_the_GEF/what_is_the_gef.html 参照。
71) Rich 1994, 176-177.
72) Fairman 1996, 64.
73) Jordan 1994.
74) Chatterjee and finger 1994, 153-154.
75) Streck 2001, 76. 投票手続きの説明については，本書表3.2参照。
76) Streck 2001, 86-87.
77) Horta, Round, and Young 2002 参照。
78) Horta, Round, and Young 2002, 15.
79) Young 2003.
80) この数字は1997年から1999年までのデータに基づいている。
81) IDA, 2002.
82) Dauvergne 2001b. 1995年の日本のODA〔政府開発援助〕受入国の上位5カ国は，中国（13億8,000万米ドル），インドネシア（8億9,200万米ドル），タイ（6億6,700万米ドル），インド（5億600万米ドル），フィリピン（4億1,600万米ドル）である。
83) Rich 2000, 34.
84) Goldzimer 2003, 4.
85) ECA Watch : www.eca-watch.org/eca/directory.html
86) Rich 2000, 32.
87) UNEP webpage : www.uneptie.org/energy/act/fin/ECA ; Goldzimer 2003, 2.
88) Goldzimer 2003, 4.
89) Goldzimer 2003, 3.
90) ECA Watch : www.eca-watch.org/eca/ecaflyer-english.pdf
91) Rich 2000, 35.
92) Rich 2000, 35-36.
93) Berne Declaration et al., 1999.
94) 最新情報については，OECD website : www.oecd.org/department/0,2688,en_2649_34181_1_1_1_1_1,00.html 参照。
95) ジャカルタ宣言は，www.eca-watch.org/goals/jakartadec.html で閲覧可。
96) Krugman 1998. Dauvergne 1999 も参照。
97) Schmidheiny and Zorraquin 1996, 8-10.
98) ステファン・シュミットハイニー（Stephan Schmidheiny）は，1991年に持続可能な発展のための世界経済人会議（WBCSD）を創設した。WBCSDは「経済成長，生態系のバランス，社会の進歩という3つの柱による持続可能な発展に対し，共同して関わることにより結

ばれた170の国際企業の連合」である。www.wbcsd.ch で "About the WBCSD" 参照。
99) Schmidheiny and Zorraquin 1996 参照。
100) Finance Initiatives website: unepfi.net 参照。
101) Ganzi et al. 1998, 12.
102) この声明は、unepfi.net/fii/english.htm で閲覧可。
103) 1997年5月16-31日に、Muslimedia: www.muslimedia.com/archives/sea98/dammed.htm により公表されたもので、デニス・シュルツ (Dennis Schultz) の "Rivers of the Dammed" (*The Australian Magazine*) で引用された。
104) Hardin 1974. 全く異なる見解については、シンガー (Singer 1977) を参照。シンガーは人道的援助をすることが豊かな者の道徳的義務であるとはっきりと主張する。
105) Jubilee UK website: www.jubilee2000uk.org 参照。
106) Oxfam et. al., 2002 参照。

【第8章】

1) WBCSD, 2000, 2-3.
2) "Our Durable planet," 1999.
3) WBCSD, 2002, 3件の引用は p.3 から。
4) Lomborg 2001, 5.
5) DeSimone and Popoff 1997, 10-11.
6) Kollman and Prakash 2001 参照。
7) この引用は、WBCSD website (www.wbcsd.org) の corporate responsibility〔企業責任〕の項目から。Holme and Watts 2000; Watts and Holme 1999 も参照。
8) 例えば、Chevron's CES program: www.chevron.com/about/pascagoula/env 参照。
9) WBCSD 2002, 10.
10) こういう見方は、市場自由主義者に限られるものではない。ジェレミー・リフキン (Jeremy Rifkin 2002, 8, 253) のような人たちは、「決してなくならない」し、「二酸化炭素を出さない」燃料である水素に素晴しい未来を見る。それは、「地球上の人類の未来に振り出された約束手形である」と彼は述べている。
11) World Bank, 2003b, 3.
12) 詳しくは、WBCSD, 2000 参照。
13) UN, 1992.
14) Young 2002; Vogler 2003.
15) 例えば、Victor, Raustiala, and Skolnikoff 1998 の数章; Young 1999 参照。
16) 例えば、Mitchell 1994; Victor, Raustiala, and Skolnikoff 1998; Young 2001 参照。環境レジーム関係の増えつつある文献の、もっと揃ったリストに関しては第3章の注を参照。
17) UNEP, 2002b, 405.
18) Fox and Brown 1998.

19) Neumayer 2001.
20) Biermann 2000, 2001. Whalley and Zissimos 2001 も参照。
21) このような様々なモデルについては，Biermann 2001 参照。
22) 例えば，von Moltke 2001 ; Newell 2001 ; Najam 2003 参照。
23) VanDeveer and Dabelko 2001.
24) UNEP, 2002a, 10.
25) World Bank, 2003b.
26) Rees 2002.
27) Ehrlich 1968.
28) Ehrlich 1968, 166.
29) Hardin 1968, 1974.
30) Daly 1993b, 335-340.
31) Brown, Gardner, and Halweil 1999, 18.
32) WWF, 2002, 20.
33) これは，穏健な生物環境主義者とソーシャル・グリーン主義者の両方に人気のあるテーマである。「ブランド志向」についての最良の本の1つに，Klein 2000 がある。
34) Ryan and Durning 1997 ; Wackernagel and Rees 1996.
35) Daly 1993b, 325.
36) Daly 1996, 31-32.
37) Daly and Cobb 1989（その指標はクリフォード・コッブ（Clifford Cobb）の協力で作成された）参照。
38) Cobb, Glickman, and Cheslog 2001 参照。
39) www.rprogress.org/projects/gpi でグラフ参照。
40) 進歩の測定に関し，Friends of the Earth webpage : www.foe.co.uk/campaigns/sustainable_development/progress 参照。
41) WWF, 2002, 2-3.
42) WWF, 2002, 4.
43) Rees 2002, 265.
44) Princen 2001, 2002.
45) Maniates 2001, 50.
46) Greenpeace International, 2001, 7 ; International Forum on Globalization, 2002, 226.
47) Hines 2000, 130-137.
48) Greenpeace International, 2001, 11.
49) Hines 2000, 131.
50) International Forum on Globalization, 2002, 223.
51) International Forum on Globalization, 2002, 227.
52) International Forum on Globalization, 2002, 234.
53) New Economics foundation, 2002, 9-10.

54) 例えば，Halifax Initiative on the Tobin Tax：www.currencytax.org 参照。
55) Greenpeace International, 2002 参照。
56) 企業責任に関し，Friends of the Earth website：www.foei.org/publications/corporates/accountability.html 参照。
57) International Forum on Globalization, 2002, 237-238.
58) International Forum on Globalization, 2002, 109.
59) Hines 2000, 68-69.
60) Meeker-Lowry 1996；Helleiner 2002.
61) Norberg-Hodge 1996, 394.
62) International Forum on Globalization, 2002, 108. *The Ecologist*, 1993.
63) Hines 2000, 213.
64) Hildyard 1995, 160.
65) Sierra Club website：www.sierraclub.org 参照。
66) 1972年のストックホルム会議でのインドのインディラ・ガンジー首相の演説において，当の首相の考え方が実によく似ている。「従って，天然資源の枯渇や環境汚染を考えると」「豊かな国で，そこでの生活レベルに合わせた住人が1人増えることは，アジア人，アフリカ人，あるいはラテンアメリカ人が今の彼らの物質的生活レベルで数多く増えるのと同じだということが分かります」とインディラ・ガンジー首相は明言した。移民を制限する必要性についてのザッカーマン（Zuckerman）の議論は，ガンジーをぞっとさせるだろうと勘繰るのはもっともなことだ。それは，いかにエコロジーについての同じような主張が，非常に異なる政治目的に適うかを申し分なく示している。
67) Zuckerman 2004.
68) Sierra Club of Canada, Population Policy：www.sierraclub.ca/national/programs/sustainable-economy/international/populationpolicy.shmtl で閲覧可。

参照文献

Adams, William. 1990. *Green Development: Environment and Sustainability in the Third World*. London: Routledge.

Akula, Vikram. 1995. Grassroots Environmental Resistance in India. In Bron Taylor, ed., *Ecological Resistance Movements: The Global Emergence of Radical and Popular Environmentalism*, 127–145. Albany, NY: SUNY Press.

Allison, D. B., K. R. Fontaine, J. E. Manson, J. Stevens, and T. B. VanItallie. 1999. Annual Deaths Attributable to Obesity in the United States. *Journal of the American Medical Association* 282 (16): 1530–1538.

Andersen, Regine. 2002. The Time Dimension in International Regime Interplay. *Global Environmental Politics* 2 (3): 98–117.

Anderson, Sarah, and John Cavanagh. 1999. *Top 200: The Rise of Corporate Global Power*. Washington, DC: Institute for Policy Studies.

Andresen, Steinar. 2000. The Whaling Regime. In Steinar Andresen, Tora Skodvin, Jörgen Wettestad, and Arild Underdal, eds., *Science and Politics in International Environmental Regimes: Between Integrity and Involvement*, 35–70. Manchester: Manchester University Press.

Andresen, Steinar. 2001a. Global Environmental Governance: UN Fragmentation and Co-ordination. In *Yearbook of International Co-operation on Environment and Development*. London: Earthscan.

Andresen, Steinar. 2001b. The Whaling Regime: "Good" Policy But "Bad" Institutions? In Robert L. Friedheim, ed., *Towards a Sustainable Whaling Regime?*, 235–265. Seattle: University of Washington Press.

Ansuategi, Alberto, and Marta Escapa. 2002. Economic Growth and Greenhouse Gas Emissions. *Ecological Economics* 40 (1): 23–37.

Arden-Clarke, Charles. 1992. South-North Terms of Trade: Environmental Protection and Sustainable Development. *International Environmental Affairs* 4 (2): 122–139.

Arentz, Frans. 1996. Forestry and Politics in Sarawak: The Experience of the Penan. In Richard Howitt, with John Connell and Philip Hirsch, eds., *Resources, Nations and Indigenous Peoples: Case Studies from Australasia, Melanesia and Southeast Asia*, 202–211. Melbourne: Oxford University Press.

Arrow, Kenneth, Bert Bolin, Robert Costanza, Partha Dasgupta, Carl Folk, C. S. Holling, Bengt-Owe Jansson, Simon Levin, Karl-Göran Mäler, Charles Perrings, and David Pimentel. 1995. Economic Growth, Carrying Capacity and the Environment. *Science* 268 (April): 520–521.

Auer, Matthew. 1998. Colleagues or Combatants? Experts as Environmental Diplomats. *International Negotiation* 3 (2): 267–287.

Ayres, Robert. 1998. Eco-thermodynamics: Economics and the Second Law. *Ecological Economics* 26 (2): 189–209.

Bank for International Settlements (BIS). 2001. *Central Bank Survey of Foreign Exchange and Derivatives Market Activity in April 2001: Preliminary Global Data*. Press release, October 9, 2001. Available at www.bis.org/press/p011009.pdf.

Banks, Glenn. 1993. Mining Multinationals and Developing Countries: Theory and Practice in Papua New Guinea. *Applied Geography* 13: 313–327.

Barber, Charles Victor, and James Schweithelm. 2000. *Trial by Fire: Forest Fires and Forestry Policy in Indonesia's Era of Crisis and Reform*. Washington, DC: World Resources Institute.

Barlow, Maude, and Tony Clarke. 2002. *Global Showdown: How the New Activists Are Fighting Global Corporate Rule*. Rev. ed. Toronto: Stoddart.

Barnet, Richard J., and John Cavanagh. 1994. *Global Dreams: Imperial Corporations and the New World Order*. New York: Simon & Schuster.

Basel Action Network and Silicon Valley Toxics Coalition. 2002. *Exporting Harm: The High-Tech Trashing of Asia*. Available at www.svtc.org/cleancc/pubs/technotrash.pdf.

Beder, Sharon. 1997. *Global Spin: The Corporate Assault on Environmentalism*. Melbourne: Scribe.

Berne Declaration, Bioforum, Center for International Environmental Law, Environmental Defense, Eurodad, Friends of the Earth, Pacific Environment and Resources Center, and Urgewald. 1999. *A Race to the Bottom: Creating Risk, Generating Debt, and Guaranteeing Environmental Destruction*. Available at www.eca-watch.org/eca/race_bottom.pdf.

Bernstein, Steven. 2001. *The Compromise of Liberal Environmentalism*. New York: Columbia University Press.

Betsill, Michele M., and Elisabeth Corell. 2001. NGO Influence in International Environmental Negotiations: A Framework for Analysis. *Global Environmental Politics* 1 (3): 65–85.

Bhagwati, Jagdish. 1993. The Case for Free Trade. *Scientific American* 269 (5): 42–49.

Bhagwati, Jagdish. 2002. Coping with Antiglobalization: A Trilogy of Discontents. *Foreign Affairs* 81 (1): 2–7.

Bhagwati, Jagdish. 2004. In *Defense of Globalization*. Oxford: Oxford University Press.

Bhattarai, Madhusudan, and Michael Hammig. 2001. Institutions and the Environmental Kuznets Curve for Deforestation: A Cross-Country Analysis for Latin America, Africa and Asia. *World Development* 29 (6): 995–1010.

Biermann, Frank. 2000. The Case for a World Environment Organization. *Environment* 42 (9): 22–31.

Biermann, Frank. 2001. The Emerging Debate on the Need for a World Environment Organization. *Global Environmental Politics* 1 (1): 45–55.

Brac de la Perrière, Robert Ali, and Frank Seuret. 2000. *Brave New Seeds*. London: Zed Books.

Brack, Duncan, Fanny Calder, and Müge Dolun. 2001. *From Rio to Johannesburg: The Earth Summit and Rio + 10*. London: Royal Institute of International Affairs Briefing Paper, New Series No. 19.

Brenton, Tony. 1994. *The Greening of Machiavelli: The Evolution of International Environmental Politics*. London: Royal Institute of International Affairs/ Earthscan.

Bretherton, Charlotte. 2003. Movements, Networks, Hierarchies: A Gender Perspective on Global Environmental Governance. In David Humphreys, Matthew Paterson, and Lloyd Pettiford, eds., *Global Environmental Governance for the Twenty-First Century: Theoretical Approaches and Normative Considerations*. Special issue of *Global Environmental Politics* 3 (2): 103–119.

Broad, Robin. 1994. The Poor and the Environment: Friends or Foes? *World Development* 22 (6): 811–822.

Broad, Robin (with John Cavanagh). 1993. *Plundering Paradise: The Struggle for the Environment in the Philippines*. Berkeley: University of California Press.

Broadbent, Jeffrey. 1998. *Environmental Politics in Japan: Networks of Power and Protest*. Cambridge: Cambridge University Press.

Brown, Lester. 2003. *Plan B: Rescuing a Planet under Stress and a Civilization in Trouble*. New York: Norton.

Brown, Lester, Gary Gardner, and Brian Halweil. 1999. *Beyond Malthus: Nineteen Dimensions of the Population Challenge*. London: Norton.

Bruno, Kenny. 2003. Presentation to the Public Eye on Davos. Corporate PR Strategies Panel. Available at www.evb.ch/cm_data/panel prkbruno.pdf.

Bryant, Raymond. 1997. *The Political Ecology of Forestry in Burma, 1824–1994*. London: Hurst & Co.

Bryant, Raymond, and Sinéad Bailey. 1997. *Third World Political Ecology*. London: Routledge.

Bryner, Gary C. 2001. *Gaia's Wager: Environmental Movements and the Challenge of Sustainability*. Lanham, MD: Rowman and Littlefield.

Burg, Jericho. 2003. The World Summit on Sustainable Development: Empty Talk or Call to Action? *Journal of Environment and Development* 12 (1): 111–120.

Burtless, Gary, Robert Z. Lawrence, Robert E. Litan, and Robert J. Shapiro. 1998. *Globaphobia: Confronting Fears about Open Trade*. Washington, DC: Brookings Institution Press.

Caldwell, Lynton K. 1996. *International Environmental Policy: From the Twentieth to the Twenty-First Century*. Durham, NC: Duke University Press.

Cameron, Owen. 1996. Japan and South-East Asia's Environment. In Michael J. G. Parnell and Raymond L. Bryant, eds., *Environmental Change in South-East Asia: People, Politics and Sustainable Development*, 67–94. London: Routledge.

Carson, Rachel. 1962. *Silent Spring*. Boston: Houghton Mifflin.

Casson, Anne. 2000. *The Hesitant Boom: Indonesia's Oil Palm Sub-sector in an Era of Economic Crisis and Political Change*. Occasional Paper No. 29. Jakarta: Center for International Forestry Research.

Castleman, Barry. 1985. Double Standards in Industrial Hazards. In Jane Ives, ed., *The Export of Hazard*, 60–89. London: Routledge.

Caufield, Catherine. 1996. *Masters of Illusion: The World Bank and the Poverty of Nations*. London: Macmillan.

Charnovitz, Steve. 1995. Improving Environmental and Trade Governance. *International Environmental Affairs* 7 (1): 59–91.

Chasek, Pamela. 2000. The UN Commission on Sustainable Development: The First Five Years. In Pamela Chasek, ed., *The Global Environment in the Twenty-First Century: Prospects for International Cooperation*, 378–398. New York: United Nations University Press.

Chatterjee, Pratap, and Matthias Finger. 1994. *The Earth Brokers: Power, Politics and World Development*. London: Routledge.

Cheru, Fantu. 1992. Structural Adjustment, Primary Resource Trade and Sustainable Development in Sub-Saharan Africa. *World Development* 20 (4): 497–512.

Clapp, Jennifer. 1997. Environmental Threats in an Era of Globalization: An End to State Sovereignty? In Ted Schrecker, ed., *Surviving Globalism*, 123–140. New York: St. Martin's Press.

Clapp, Jennifer. 1998. The Privatization of Global Environmental Governance: ISO 14000 and the Developing World. *Global Governance* 4 (3): 295–316.

Clapp, Jennifer. 2001. *Toxic Exports: The Transfer of Hazardous Wastes from Rich to Poor Countries*. Ithaca, NY: Cornell University Press.

Clapp, Jennifer. 2002a. Distancing of Waste: Overconsumption in a Global Economy. In Tom Princen, Ken Conca, and Michael Maniates, eds., *Confronting Consumption*, 155–177. Cambridge, MA: MIT Press.

Clapp, Jennifer. 2002b. What the Pollution Havens Debate Overlooks. *Global Environmental Politics* 2 (2): 11–19.

Clapp, Jennifer. 2003. Transnational Corporate Interests and Global Environmental Governance: Negotiating Rules for Agricultural Biotechnology and Chemicals. *Environmental Politics* 12 (4): 1–23.

参照文献

Clarke, Tony, and Maude Barlow. 1997. *MAI: The Multilateral Agreement on Investment and the Threat to Canadian Sovereignty.* Toronto: Stoddart.

Cleaver, Kevin, and Gotz Schreiber. 1992. Population, Agriculture and the Environment in Africa. *Finance and Development* 29 (2): 34–35.

Cobb, Clifford, Mark Glickman, and Craig Cheslog. 2001. *Genuine Progress Indicator 2000 Update.* Redefining Progress Issue Brief. Available at www.redefiningprogress.org/publications/2000_gpi_update.pdf.

Committee on World Food Security. 2001. *Assessment of the World Food Security Situation.* Available at www.fao.org/docrep/meeting/003/Y0147E/Y0147E00.htm#P79_3644.

Commoner, Barry. 1990. *Making Peace with the Planet.* New York: Pantheon Books.

Conca, Ken. 2000. The WTO and the Undermining of Global Environmental Governance. *Review of International Political Economy* 7 (3): 484–494.

Conca, Ken. 2001. Consumption and Environment in a Global Economy. *Global Environmental Politics* 1 (3): 56–57.

Conca, Ken, and Geoffrey D. Dabelko, eds. 1998. *Green Planet Blues: Environmental Politics from Stockholm to Kyoto.* 2nd ed. Boulder, CO: Westview Press.

Connelly, James, and Graham Smith. 1999. *Politics and the Environment: From Theory to Practice.* London: Routledge.

Corell, Elisabeth. 1999. Actor Influence in the 1993–97 Negotiations of the Convention to Combat Desertification. *International Negotiation* 4 (2): 197–223.

Corell, Elisabeth, and Michelle M. Betsill. 2001. A Comparative Look at NGO Influence in International Environmental Negotiations: Desertification and Climate Change. *Global Environmental Politics* 1 (4): 86–107.

Corporate Europe Observer. 2001. Industry's Rio + 10 Strategy: Banking on Feelgood PR. *CEO Quarterly Newsletter* 10 (December).

CorpWatch. 2002. *Greenwash + 10: The UN's Global Compact, Corporate Accountability and the Johannesburg Earth Summit.* Available at www.corpwatch.org/upload/document/gw10.pdf.

Costanza, Robert, John Cumberland, Herman Daly, Robert Goodland, and Richard Norgaard. 1997. *An Introduction to Ecological Economics.* Boca Raton, FL: St. Lucie Press.

Crosby, Alfred. 1986. *Ecological Imperialism: The Biological Expansion of Europe, 900–1900.* Cambridge: Cambridge University Press.

Dalby, Simon. 2004. Ecological Politics, Violence, and the Theme of Empire. *Global Environmental Politics* 4 (2): 1–11.

Daly, Herman. 1973. *Toward a Steady-State Economy.* San Francisco: W. H. Freeman.

Daly, Herman. 1993a. The Perils of Free Trade. *Scientific American* 269 (5): 50–57.

Daly, Herman. 1993b. The Steady-State Economy: Toward a Political Economy of Biophysical Equilibrium and Moral Growth. In Herman Daly and Kenneth Townsend, eds., *Valuing the Earth: Economics, Ecology, Ethics*, 324–356. Cambridge, MA: MIT Press.

Daly, Herman. 1996. *Beyond Growth: The Economics of Sustainable Development*. Boston: Beacon Press.

Daly, Herman. 1999. Globalization versus Internationalization—Some Implications. *Ecological Economics* 31 (1): 31–37.

Daly, Herman. 2002. Uneconomic Growth and Globalization in a Full World. *Natur and Kultur*. Available at www.puaf.umd.edu/faculty/papers/daly/unecon.pdf.

Daly, Herman, and John Cobb, Jr. 1989. *For the Common Good: Redirecting the Economy toward Community, the Environment, and a Sustainable Future*. Boston: Beacon Press.

D'Amato, Anthony, and Kirsten Engel. 1997. *International Environmental Law Anthology*. Cincinnati, OH: Anderson.

Dauvergne, Catherine. 2003. *Challenges to Sovereignty: Migration Laws for the 21st Century*. UN High Commission for Refugees New Issues in Refugee Research Working Paper Series, June.

Dauvergne, Peter. 1997a. A Model of Sustainable International Trade in Tropical Timber. *International Environmental Affairs* 9 (1): 3–21.

Dauvergne, Peter. 1997b. *Shadows in the Forest: Japan and the Politics of Timber in Southeast Asia*. Cambridge, MA: MIT Press.

Dauvergne, Peter. 1999. Asia's Environment After the 1997 Financial Meltdown: The Need of a Regional Response. *Asian Perspective: A Journal of Regional and International Affairs* 23 (3): 53–77.

Dauvergne, Peter. 2001a. *Loggers and Degradation in the Asia-Pacific: Corporations and Environmental Management*. Cambridge: Cambridge University Press.

Dauvergne, Peter. 2001b. The Rise of an Environmental Superpower? Evaluating Japanese Environmental Aid to Southeast Asia. In Javed Maswood, ed., *Japan and East Asian Regionalism*, 51–67. London: Routledge.

Davidson, Eric A. 2000. *You Can't Eat GNP: Economics as if Ecology Mattered*. Cambridge, MA: Perseus.

DeSimone, Livio, and Frank Popoff. 1997. *Eco-Efficiency: The Business Link to Sustainable Development*. Cambridge, MA: MIT Press.

DeSombre, Elizabeth R. 2002. *The Global Environment and World Politics*. London: Continuum.

DeSombre, Elizabeth R., and J. Samuel Barkin. 2002. Turtles and Trade: The WTO's Acceptance of Environmental Trade Restrictions. *Global Environmental Politics* 2 (1): 12–18.

Devlin, John, and Nonita Yap. 1994. Structural Adjustment Programmes and the UNCED Agenda: Explaining the Contradictions. In Caroline Thomas, ed., *Rio: Unravelling the Consequences*, 65–79. London: Frank Cass.

Dolšak, Nives, and Elinor Ostrom, eds. 2003. *The Commons in the New Millennium: Challenges and Adaptation.* Cambridge, MA: MIT Press.

Doran, Peter. 2002. *World Summit on Sustainable Development (Johannesburg) and Assessment for IISD.* IISD Briefing Paper, October 3. Available at www.iisd.org/pdf/2002/wssd_assessment.pdf.

Dornbusch, Rudiger, Stanley Fischer, and Gordon Sparks. 1993. *Marcroeconomics.* 4th Canadian ed. Toronto: McGraw-Hill Ryerson.

Downie, David, and Marc Levy. 2000. The UN Environment Programme at a Turning Point: Options for Change. In Pamela Chasek, ed., *The Global Environment in the Twenty-First Century: Prospects for International Cooperation*, 355–377. New York: UN University Press.

Downie, David Leonard, and Terry Fenge, eds. 2003. *Northern Lights against POPs: Combatting Toxic Threats in the Arctic.* Montreal/Kingston: McGill-Queen's University Press.

Dryzek, John. 1997. *The Politics of the Earth: Environmental Discourses.* Oxford: Oxford University Press.

Dryzek, John, and David Schlosberg, eds. 1998. *Debating the Earth: The Environmental Politics Reader.* Oxford: Oxford University Press.

Duraiappah, Anantha. 1998. Poverty and Environmental Degradation: A Review and Analysis of the Nexus. *World Development* 26 (12): 2169–2179.

Durbin, Andrea, and Carol Welch. 2001. Greening the Bretton Woods Institutions. *Foreign Policy in Focus* 5 (33). Available at www.foreignpolicyinfocus.org/briefs/vol5/v5n33bretton.html.

Easterbrook, Gregg. 1995. *A Moment on the Earth: The Coming Age of Environmental Optimism.* New York. Penguin.

Ecologist, The. 1993. *Whose Common Future? Reclaiming the Commons.* London: Earthscan.

Economic and Social Commission for the Asia Pacific (ESCAP) and the United Nations Center on Transnational Corporations (UNCTC). 1990. *Environmental Aspects of Transnational Corporation Activities in Pollution-Intensive Industries in Selected Asian and Pacific Developing Countries.* Bangkok: UN/ESCAP.

Ehrlich, Paul R. 1968. *The Population Bomb.* New York: Sierra Club–Ballantine.

Ehrlich, Paul R. 1981. An Economist in Wonderland. *Social Science Quarterly* 62 (1): 44–49.

Ehrlich, Paul R., and Anne H. Ehrlich. 1996. *Betrayal of Science and Reason: How Anti-Environmental Rhetoric Threatens Our Future.* Washington, DC: Island Press.

Ekins, Paul, Mayer Hillman, and Robert Hutchinson. 1992. *The Gaia Atlas of Green Economics.* New York: Anchor Books.

Elliot, Lorraine. 1994. *International Environmental Politics: Protecting the Antarctic.* London: Macmillan.

Elliot, Lorraine. 1998. *The Global Politics of the Environment*. New York: NYU Press.

Emberson-Bain, Àtu. 1994. De-Romancing the Stones: Gender, Environment and Mining in the Pacific. In Àtu Emberson-Bain, ed., *Sustainable Development or Malignant Growth? Perspectives of Pacific Island Women*, 91–110. Suva, Fiji: Marama Publications.

Esty, Daniel. 1994. *Greening the GATT: Trade, Environment and the Future*. Washington, DC: Institute for International Economics.

Esty, Daniel. 2000. Environment and the Trading System: Picking up the Post-Seattle Pieces. In J. J. Schott, ed., *The WTO After Seattle*, 243–253. Washington, DC: Institute for International Economics.

Esty, Daniel. 2001. Bridging the Trade-Environment Divide. *Journal of Economic Perspectives* 15 (3): 113–130.

Ezzati, Majid, Burton Singer, and Daniel Kammen. 2001. Towards an Integrated Framework for Development and Environment Policy: The Dynamics of Environmental Kuznets Curves. *World Development* 29 (8): 1421–1434.

Fairhead, James, and Melissa Leach. 1995. False Forest History, Complicit Social Analysis: Rethinking Some West African Environmental Narratives. *World Development* 23 (6): 1023–1053.

Fairman, David. 1996. The Global Environment Facility: Haunted by the Shadow of the Future. In Robert Keohane and Marc Levy, eds., *Institutions for the Earth*, 55–87. Cambridge, MA: MIT Press.

Fairman, David, and Michael Ross. 1996. Old Fads, New Lessons: Learning from Economic Development Assistance. In Robert Keohane and Marc Levy, eds., *Institutions for the Earth*, 29–51. Cambridge, MA: MIT Press.

Falkner, Robert. 2003. Private Environmental Governance and International Relations: Exploring the Links. In David Humphreys, Matthew Paterson, and Lloyd Pettiford, eds., *Global Environmental Governance for the Twenty-First Century: Theoretical Approaches and Normative Considerations*. Special issue of *Global Environmental Politics* 3 (2): 72–87.

Ferrantino, Michael. 1997. International Trade, Environmental Quality and Public Policy. *The World Economy* 20 (1): 43–72.

Filer, Colin, ed. 1997. *The Political Economy of Forest Management in Papua New Guinea*. London and Boroko: International Institute for Environment and Development and National Research Institute.

Finger, Matthias, and James Kilcoyne. 1997. Why Transnational Corporations Are Organizing to "Save the Global Environment." *The Ecologist* 27 (4): 138–142.

Finger, Matthias, and Ludivine Tamiotti. 1999. The Emerging Linkage between the WTO and the ISO: Implications for Developing Countries. Special issue on Globalisation and the Governance of the Environment, *IDS Bulletin* 30 (3): 8–16.

Ford, Lucy H. 2003. Challenging Global Environmental Governance: Social Agency and Global Civil Society. In David Humphreys, Matthew Paterson, and

Lloyd Pettiford, eds., *Global Environmental Governance for the Twenty-First Century: Theoretical Approaches and Normative Considerations*. Special issue of *Global Environmental Politics* 3 (2): 120–134.

Founex Report on Development and Environment. 1971. Available at www.southcentre.org/publications/conundrum/annex1.pdf.

Fox, Jonathan. 2000. The World Bank Inspection Panel: Lessons from the First Five Years. *Global Governance* 6 (3): 279–318.

Fox, Jonathan, and L. David Brown, eds. 1998. *The Struggle for Accountability: The World Bank, NGOs, and Grassroots Movements*. Cambridge, MA: MIT Press.

Frank, André Gunder. 1967. *Capitalism and Underdevelopment in Latin America*. New York: Monthly Review Press.

French, Hilary. 2000. *Vanishing Borders: Protecting the Planet in the Age of Globalization*. New York: Norton.

Frey, Scott. 1998. The Export of Hazardous Industries to the Peripheral Zones of the World System. *Journal of Developing Societies* 14 (1): 66–81.

Frey, Scott. 2003. The Transfer of Core-Based Hazardous Production Processes to the Export Processing Zones of the Periphery: The Maquiladora Centers of Northern Mexico. *Journal of World-Systems Research* 9 (2): 317–354.

Friedman, Thomas. 2002. Techno Logic. In *States of Discord*, A Debate between Thomas Friedman and Robert Kaplan. *Foreign Policy* 29 (March–April): 64–71.

Friends of the Earth (FOE), England, Wales and Northern Ireland. 1998. *A History of Attempts to Regulate the Activities of Transnational Corporations: What Lessons Can Be Learned?* Available at www.corporate-accountability.org/docs/FoE-US-paper-history_TNC-Regulation.doc.

Friends of the Earth (FOE), Environmental Defense, Sierra Club, International Rivers Network, and Rainforest Action Network. 2001. *Not in the Public Interest: The World Bank's Environmental Record*. Available at www.foe.org/res/pubs/pdf/wb.pdf.

Friends of the Earth International (FOEI). 1998. *Benchmarks for Mainstreaming the Environment: Environmental Reform Recommendations for the World Bank Group*. Available at www.foe.org/res/pubs/pdf/benchmarks.pdf.

Friends of the Earth International (FOEI). 1999. *The IMF: Selling the Environment Short*. Washington, DC: FOE. Available at www.foe.org/imf/index.html.

Friends of the Earth International (FOEI). 2002. *Towards Binding Corporate Accountability*. Available at www.foei.org/publications/corporates/accountability.html.

Ganzi, John, Frances Seymour, and Sandy Buffett (with Navroz Dubash). 1998. *Leverage for the Environment: A Guide to the Private Financial Services Industry*. Washington, DC: World Resources Institute.

Garcia-Johnson, Ronie. 2000. *Exporting Environmentalism: US Multinational Chemical Corporations in Brazil and Mexico*. Cambridge, MA: MIT Press.

Garrett, Geoffrey. 1998. *Partisan Politics in the Global Economy.* Cambridge: Cambridge University Press.

Gedicks, Al. 2001. *Resource Rebels: Native Challenges to Mining and Oil Corporations.* Boston: South End Press.

George, Susan. 1988. *A Fate Worse Than Debt.* London: Penguin.

George, Susan. 1992. *The Debt Boomerang.* London: Pluto.

Georgescu-Roegen, Nicholas. 1971. *The Entropy Law and the Economic Process.* Cambridge, MA: Harvard University Press.

Georgescu-Roegen, Nicholas. 1993. The Entropy Law and the Economic Problem. In Herman Daly and Kenneth Townsend, eds., *Valuing the Earth: Economics, Ecology, Ethics,* 37–49. Cambridge, MA: MIT Press.

Geradin, Damien. 2002. The European Community: Environmental Issues in an Integrated Market. In Richard Steinberg, ed., *The Greening of Trade Law: International Trade Organizations and Environmental Issues,* 117–154. Lanham, MD: Rowman and Littlefield.

Gladwin, Thomas. 1987. A Case Study of the Bhopal Tragedy. In Charles Pearson, ed., *Multinational Corporations, the Environment, and the Third World,* 223–239. Durham, NC: Duke University Press.

Gleckman, Harris. 1995. Transnational Corporations' Strategic Responses to "Sustainable Development." In Helge Ole Bergesen and Georg Parmann, eds., *Green Globe Yearbook,* 93–106. Oxford: Oxford University Press.

Gleick, Peter, William Burns, and Elizabeth Chalecki. 2002. *The World's Water 2002-2003: The Biennial Report on Freshwater Resources.* Washington, DC: Island Press.

Global Environment Facility (GEF). 2002. *GEF Replenishment.* Available at www.gefweb.org/Replenishment/replenishment.html.

Global Environment Management Initiative (GEMI). 1999. *Fostering Environmental Prosperity: Multinationals in Developing Countries.* Washington, DC: GEMI. Available at www.gemi.org/MNC_101.pdf.

Global Witness. 1999. *The Untouchables: Forest Crimes and Concessionaires—Can Cambodia Afford to Keep Them?* Briefing document, December. London: Global Witness.

Global, Witness. 2000. *Chainsaws Speak Louder Than Words.* Briefing document, May. London: Global Witness.

Glover, David. 1995. Structural Adjustment and the Environment. *Journal of International Development* 7 (2): 285–289.

Goldsmith, Edward. 1992. *The Way: An Ecological World-View.* London: Rider.

Goldsmith, Edward. 1997. Can the Environment Survive the Global Economy? *The Ecologist* 27 (6): 242–248.

Goldsmith, Edward, and Nicholas Hildyard. 1984. *The Social and Environmental Effects of Large Dams.* Wadebridge, UK: Wadebridge Ecological Centre.

Goldzimer, Aaron. 2003. Worse Than the World Bank? Export Credit Agencies—The Secret Engine of Globalization. *Food First Backgrounder* 9 (1). Available at www.foodfirst.org/pubs/backgrdrs/2003/w03v9n1.pdf.

Greenpeace Exposes "Corporate Criminal" Dow Chemical in South Africa. 2002. *World Finance Magazine*, August 29. Available at www.wfmagazine.com/News/wssd/greenpeaceexposescriminal.html.

Greenpeace International. 2001. *Safe Trade in the 21st Century: The Doha Edition*. Available at archive.greenpeace.org/politics/wto/doha_report.pdf.

Greenpeace International. 2002. *Corporate Crimes: The Need for an International Instrument on Corporate Accountability and Liability*. Amsterdam: Greenpeace International. Available at archive.greenpeace.org/earthsummit/docs/corpcrimes_1of3.pdf.

Greer, Jed, and Kenny Bruno. 1997. *Greenwash: The Reality Behind Corporate Environmentalism*. Penang: Third World Network; New York: Apex Press.

Grossman, Gene, and Alan Krueger. 1991. *Environmental Impact of a North American Free Trade Agreement*. Working Paper 3914. Cambridge, MA: National Bureau of Economic Research.

Grossman, Gene, and Alan Krueger. 1995. Economic Growth and the Environment. *Quarterly Journal of Economics* 110 (2): 353–377.

Grove, Richard. 1995. *Green Imperialism: Colonial Expansion, Tropical Island Edens and the Origins of Environmentalism, 1600–1860*. Cambridge: Cambridge University Press.

Grundmann, Reiner. 2001. *Transnational Environmental Policy: Reconstructing Ozone*. London: Routledge.

Gutner, Tamar L. 2002. *Banking on the Environment: Multilateral Development Banks and Their Environmental Performance in Central and Eastern Europe*. Cambridge, MA: MIT Press.

Haas, Peter. 1999. Social Constructivism and the Evolution of Multilateral Environmental Governance. In Aseem Prakash and Jeffrey Hart, eds., *Globalization and Governance*, 103–133. London: Routledge.

Haas, Peter, and Ernst B. Haas. 1995. Learning to Learn: Improving International Governance. *Global Governance* 1 (3): 255–285.

Haas, Peter, Robert Keohane, and Marc Levy, eds. 1993. *Institutions for the Earth: Sources of Effective International Environmental Protection*. Cambridge, MA: MIT Press.

Hall, Derek. 2002. Environmental Change, Protest and Havens of Environmental Degradation: Evidence from Asia. *Global Environmental Politics* 2 (2): 20–28.

Hammond, Ross. 1999. The Impact of IMF Structural Adjustment Policies on Tanzanian Agriculture. In the Development Gap and Friends of the Earth, eds., *The All-Too-Visible Hand: A Five-Country Look at the Long and Destructive Reach of the IMF*. Available at www.developmentgap.org/imftanzania.html.

Hardin, Garrett. 1968. The Tragedy of the Commons. *Science* 162: 1243–1248.

Hardin, Garrett. 1972. *Exploring New Ethics for Survival: The Voyage of the Spaceship Beagle.* Baltimore: Pelican.

Hardin, Garrett. 1974. Living on a Lifeboat. *Bioscience* 24 (10): 561–568.

Hardin, Garrett. 1985. *Filters against Folly: How to Survive Despite Economists, Ecologists, and the Merely Eloquent.* New York: Viking.

Hardin, Garrett. 1995. *Creative Altruism: An Ecologist Questions Motives.* Petoskey, MI: Social Contract Press.

Hardin, Garrett. 2000. *Living within Limits: Ecology, Economics, and Population Taboos.* Oxford: Oxford University Press.

Held, David, Anthony McGrew, David Goldblatt, and Jonathan Perraton. 1999. *Global Transformations: Politics, Economics, and Culture.* Stanford, CA: Stanford University Press.

Helleiner, Eric. 1994. *States and the Reemergence of Global Finance.* Ithaca, NY: Cornell University Press.

Helleiner, Eric. 2000. New Voices in the Globalization Debate: Green Perspectives on the World Economy. In Richard Stubbs and Geoffrey Underhill, eds., *Political Economy and the Changing Global Order,* 2nd ed., 60–69. Oxford: Oxford University Press.

Helleiner, Eric. 2002. Think Globally, Transact Locally: The Local Currency Movement and Green Political Economy. In Thomas Princen, Michael Maniates, and Ken Conca, eds., *Confronting Consumption,* 255–275. Cambridge, MA: MIT Press.

Helliwell, John F. 2002. *Globalization and Well-Being.* Vancouver, BC: UBC Press.

Hempel, Lamont C. 1996. *Environmental Governance: The Global Challenge.* Washington, DC: Island Press.

Hildyard, Nicholas. 1995. Liberation Ecology. In Helena Norberg-Hodge, Peter Goering, and Steven Gorelick, eds., *The Future of Progress: Reflections on Environment and Development,* 154–160. Foxhole, UK: Green Books.

Hill, Gladwin. 1969. Environment May Eclipse Vietnam as College Issue, *New York Times,* November 30: 1–2.

Hines, Colin. 2000. *Localization: A Global Manifesto.* London: Earthscan.

Hines, Colin. 2003. Time to Replace Globalization with Localization. *Global Environmental Politics* 3 (3): 1–7.

Hirst, Paul, and Grahame Thompson. 1999. *Globalization in Question: The International Economy and the Possibilities of Governance.* 2nd ed. Cambridge: Polity Press.

Hochstetler, Kathryn. 2002. After the Boomerang: Environmental Movements and Politics in the La Plata River Basin. *Global Environmental Politics* 2 (4): 35–57.

Hogenboom, Barbara. 1998. *Mexico and the NAFTA Environment Debate: The Transnational Politics of Economic Integration.* Utrecht, the Netherlands: International Books.

Hogg, Dominic. 1994. *The SAP in the Forest.* London: Friends of the Earth.

Holme, Richard, and Phil Watts. 2000. *Corporate Social Responsibility: Making Good Business Sense.* Geneva: World Business Council for Sustainable Development. Available at www.wbcsd.org/DocRoot/5mbU1sfWpqAgPpPpUqUe/csr2000.pdf.

Hoogvelt, Ankie. 1982. *The Third World in Global Development.* London: Macmillan.

Horta, Korinna. 1991. Multilateral Development Institutions Bear Major Responsibility for Solving Africa's Environmental Problems. In *Environmental Policies for Sustainable Growth in Africa.* Proceedings of the Fifth International Conference, Montclair State University, Upper Montelair, NJ. May 6: 21–28. Available at alpha.montclair.edu/~lebelp/CERAFConf1991.pdf.

Horta, Korinna, Robin Round, and Zoe Young. 2002. *The Global Environmental Facility: The First Ten Years—Growing Pains or Inherent Flaws?* Washington, D.C.: Environmental Defense and Halifax, NS: the Halifax Initiative, August. Available at www.environmentaldefense.org/documents/2265_First10YearsFinal.pdf.

Hough, Peter. 1998. *The Global Politics of Pesticides: Forging Consensus from Conflicting Interests.* London: Earthscan.

Houseman, Robert, and Durwood Zaelke. 1995. Mechanisms for Integration. In Robert Housman, Donald Goldberg, Brennan Van Dyke, and Durwood Zaelke, eds., *The Use of Trade Measures in Select Multilateral Environmental Agreements,* 315–328. Geneva: United Nations Environment Programme.

Hovi, Jon, Detlef F. Sprinz, and Arild Underdal. 2003. The Olso-Potsdam Solution to Measuring Regime Effectiveness: Critique, Response, and the Road Ahead. *Global Environmental Politics* 3 (3): 74–96.

Hufbauer, Gary, Daniel Esty, Diana Orejas, Luis Rubio, and Jeffrey Schott. 2000. *NAFTA and the Environment: Seven Years Later.* Washington, DC: Institute for International Economics.

Humphreys, David. 1996. Regime Theory and Non-Governmental Organizations: The Case of Forest Conservation. In David Potter, ed., *NGOs and Environmental Policies: Asia and Africa,* 90–115. London: Frank Cass.

Hurrell, Andrew, and Benedict Kingsbury. 1992. *The International Politics of the Environment.* Oxford: Oxford University Press.

Hutchinson, Moira. 1998. Beyond Best Practice: The Mining Sector. In Michelle Hibler and Rowena Beamish, eds., *Canadian Development Report 1998: Canadian Corporations and Social Responsibility,* 74–90. Ottawa: North South Institute.

Intergovernmental Panel on Climate Change (IPCC). 2001. *Climate Change 2001: The Scientific Basis.* Cambridge: Cambridge University Press.

International Development Association (IDA). 2002. *IDA, Grants and the Structure of Official Development Assistance.* Available at siteresources. worldbank.org/IDA/Resources/Seminar%20PDFs/grantsANDstructure.pdf.

International Forum on Globalization (IFG). 2002. *Alternatives to Economic Globalization: A Better World Is Possible.* San Francisco: Berrett-Koehler.

International Institute for Sustainable Development (IISD) and United Nations Environment Programme (UNEP). 2000. *Environment and Trade: A Handbook.* Winnipeg, MB: International Institute for Sustainable Development.

International Institute for Sustainable Development (IISD) and WWF Network. 2001. *Private Rights: Public Problems: A Guide to NAFTA's Controversial Chapter on Investor Rights.* Winnipeg, MB: International Institute for Sustainable Development.

International Monetary Fund (IMF). 2003. *IMF Quotas: A Factsheet.* Available at www.imf.org/external/np/exr/facts/quotas.htm.

International Organization for Standardization (ISO). 2003. *The ISO Survey Shows Continued Growth of ISO 9000 and ISO 14001 Certification.* Press release, 28 July. Available at www.iso.ch/iso/en/commcentre/pressreleases/2003/Ref864.html.

International Telecommunications Union (ITU). 2003. *Key Global Telecom Indicators for the World Telecommunication Service Sector.* Available at www.itu.int/ITU-D/ict/statistics/at_glance/KeyTelecom99.html.

International Union for Conservation of Nature and Natural Resources (IUCN). 1980. *World Conservation Strategy.* Geneva: IUCN, UNEP, WWF.

Jackson, Richard, and Glenn Banks. 2003. *In Search of the Serpent's Skin: The Story of the Porgera Gold Mine.* Brisbane: Boolorong Press.

Jacobson, Harold K., and Edith Brown Weiss. 1995. Strengthening Compliance with International Environmental Accords: Preliminary Observations from a Collaborative Project. *Global Governance* 1 (2): 119–148.

Jacott, Marisa, Cyrus Reed, and Mark Winfield. 2001. *The Generation and Management of Hazardous Wastes and Transboundary Hazardous Waste Shipments between Mexico, Canada, and the United States, 1990–2000.* Austin: Texas Center for Policy Studies. Available at www.texascenter.org/bordertrade/haznafta.htm.

Jasanoff, Sheila. 1997. NGOs and the Environment: From Knowledge to Action. *Third World Quarterly* 18 (3): 579–594.

Jasanoff, Sheila. 2001. Image and Imagination: The Formation of Global Environmental Consciousness. In Clark A. Miller and Paul N. Edwards, eds., *Changing the Atmosphere: Expert Knowledge and Environmental Governance*, 309–337. Cambridge: MIT Press.

Jermyn, Leslie. 2002. *Ecuadorian Oil, Debt and Poverty: A True Story.* Toronto: Global Aware Cooperative. August 19. Available at www.globalaware.org/Index_CD_eng.html.

Jordan, Andrew. 1994. Paying the Incremental Costs of Global Environmental Protection: The Evolving Role of GEF. *Environment* 36 (6): 13–20, 31–36.

Jordan, Andrew, Rüdiger K. W. Wurzel, and Anthony R. Zito. 2003. "New" Instruments of Environmental Governance: Patterns and Pathways of Change. *Environmental Politics* 12 (1): 3–24.

Joyner, Christopher C. 1998. *Governing the Frozen Commons: The Antarctic Regime and Environmental Protection.* Columbia: University of South Carolina Press.

Karliner, Joshua. 1994. The Environmental Industry. *The Ecologist* 24 (2): 59–63.

Karliner, Joshua. 1997. *The Corporate Planet, Ecology, and Politics in the Age of Globalization.* San Francisco: Sierra Club.

Kates, Robert. 2000. Population and Consumption: What We Know, What We Need to Know. *Environment* 42 (3): 10–19.

Keane, Fergal. 1998. Rain Forest Disaster Ignited by the Hand of Man. *Sunday Telegraph*, April 12.

Keck, Margaret, and Kathryn Sikkink. 1998. *Activists Beyond Borders: Advocacy Networks in International Politics.* Ithaca, NY: Cornell University Press.

Kennedy, Danny (with Pratap Chatterjee and Roger Moody). 1998. *Risky Business: The Grasberg Gold Mine.* Berkeley, CA: Project Underground. Available at www.moles.org/ProjectUnderground/downloads/risky_business.pdf.

Kent, Lawrence. 1991. *The Relationship between Small Enterprises and Environmental Degradation in the Developing World, with Special Emphasis on Asia.* Washington, DC: Development Alternatives, Inc.

Keohane, Robert, and Marc Levy, eds. 1996. *Institutions for Environmental Aid.* Cambridge, MA: MIT Press.

Khagram, Sanjeev. 2000. Toward Democratic Governance for Sustainable Development: Transnational Civil Society Organizing around Big Dams. In Ann Florini, ed., *The Third Force: The Rise of Transnational Civil Society*, 83–114. Washington, DC: Carnegie Endowment.

Kimerling, Judith. 2001. Corporate Ethics in the Era of Globalization: The Promise and Peril of International Environmental Standards. *Journal of Agricultural and Environmental Ethics* 14 (4): 425–455.

Klein, Naomi. 2000. *No Logo: Taking Aim at the Brand Bullies.* Toronto: Random House.

Kneen, Brewster. 1999. *Farmageddon.* Gabriola Island, BC: New Society.

Kobrin, Stephen. 1998. The MAI and the Clash of Globalizations. *Foreign Policy* 112 (Fall): 97–109.

Kolk, Ans. 1996. *Forests in International Environmental Politics: International Organisations, NGOs and the Brazilian Amazon.* Utrecht, the Netherlands: International Books.

Kollman, Kelly, and Aseem Prakash. 2001. Green by Choice? Cross National Variations in Firms' Responses to EMS-Based Environmental Regimes. *World Politics* 53 (3): 399–430.

Korten, David C. 1995. *When Corporations Rule the World*. West Hartford, CT: Kumarian Press; San Francisco: Berrett-Koehler.

Korten, David C. 1999. *The Post-Corporate World: Life After Capitalism*. West Hartford, CT: Kumarian Press; San Francisco: Berrett-Koehler.

Krasner, Stephen D. 1983. *International Regimes*. Ithaca, NY: Cornell University Press.

Krueger, Jonathan. 1999. *International Trade and the Basel Convention*. London: Earthscan.

Krugman, Paul. 1998. Saving Asia: It's Time to Get Radical. *Fortune* 135 (5): 74–80.

Krut, Riva, and Harris Gleckman. 1998. *ISO 14001: A Missed Opportunity for Global Sustainable Industrial Development*. London: Earthscan.

Kumar, Satish. 1996. Ghandi's Swadeshi: The Economics of Permanence. In Jerry Mander and Edward Goldsmith, eds., *The Case against the Global Economy and for a Turn Toward the Local*, 418–424. Sierra Club: San Francisco.

Kütting, Gabriela. 2000. *Environment, Society and International Relations: Towards More Effective International Environmental Agreements*. London: Routledge.

Kuznets, Simon. 1955. Economic Growth and Income Inequality. *American Economic Review* 45 (1): 1–28.

Laferrière, Eric. 2001. International Political Economy and the Environment: A Radical Ecological Perspective. In Dimitris Stevis and Valerie Assetto, eds., *The International Political Economy of the Environment: Critical Perspectives*, IPE Yearbook, vol. 12, 199–216. Boulder, CO: Lynne Reinner.

Lallas, Peter L. 2000–2001. The Role of Process and Participation in the Development of Effective International Environmental Agreements: A Study of the Global Treaty on Persistent Organic Pollutants. *UCLA Journal of Environmental Law and Policy* 19 (1): 83–152.

Layzer, Judith A. 2002. Science, Politics and International Environmental Policy. *Global Environmental Politics* 2 (4): 118–123.

Leach, Melissa, and Robin Mearns. 1996. *The Lie of the Land: Challenging Received Wisdom on the African Environment*. Westport, CT: Greenwood.

Lear, Linda. 1997. *Rachel Carson: The Life of the Author of Silent Spring*. New York: Holt.

Leaver, Erik, and John Cavanagh. 1996. Controlling Transnational Corporations. *Foreign Policy in Focus* 1 (6): 1–3.

Leighton, Michelle, Naomi Roht-Arriaza, and Lyuba Zarsky. 2002. *Beyond Good Deeds: Case Studies and a New Policy Agenda for Corporate Accountability*. Berkeley, CA: Nautilus Institute. Available at www.nautilus.org/cap/BeyondGoodDeedsCSRReportNautilusInstitute.pdf.

Leonard, H. Jeffrey. 1988. *Pollution and the Struggle for the World Product.* Cambridge: Cambridge University Press.

Le Prestre, Philippe. 1989. *The World Bank and the Environmental Challenge.* Selinsgrove, PA: Susquehanna University Press.

Levy, David. 1997. Business and International Environmental Treaties: Ozone Depletion and Climate Change. *California Management Review* 39 (3): 54–71.

Levy, David, and Daniel Egan. 1998. Capital Contests: National and Transnational Channels of Corporate Influence on the Climate Change Negotiations. *Politics and Society* 26 (3): 337–361.

Levy, David, and Peter Newell. 2000. Oceans Apart? Business Responses to Global Environmental Issues in Europe and the United States. *Environment* 42 (9): 8–20.

Levy, David, and Peter Newell. 2002. Business Strategy and International Environmental Governance: Toward a Neo-Gramscian Synthesis. *Global Environmental Politics* 2 (4): 84–101.

Lipschutz, Ronnie D. 1999. From Local Knowledge and Practice to Global Environmental Governance. In Martin Hewson and Timothy J. Sinclair, eds., *Approaches to Global Governance Theory,* 259–283. Albany, NY: SUNY Press.

Lipschutz, Ronnie D. 2001. Why Is There No International Forestry Law? An Examination of International Forestry Regulation, Both Public and Private. *UCLA Journal of Environmental Law and Policy* 19 (1): 155–182.

Lipschutz, Ronnie D. 2003. *Global Environmental Politics: Power, Perspectives, and Practice.* Washington, DC: Congressional Quarterly Press.

Lipschutz, Ronnie D. (with Judith Mayer). 1996. *Global Civil Society and Global Environmental Governance: The Politics of Nature from Place to Planet.* Albany, NY: SUNY Press.

Litfin, Karen, ed. 1998. *The Greening of Sovereignty in World Politics.* Cambridge, MA: MIT Press.

Logsdon, Jeanne, and Bryan Husted. 2000. Mexico's Environmental Performance under NAFTA: The First Five Years. *Journal of Environment and Development* 9 (4): 370–383.

Lohmann, Larry. 1993. Resisting Green Globalism. In Wolfgang Sachs, ed., *Global Ecology: A New Arena of Political Conflict,* 159–169. London: Zed Books.

Lomborg, Bjørn. 2001. *The Skeptical Environmentalist.* Cambridge: Cambridge University Press.

Lovelock, James. 1979. *Gaia: A New Look at Life on Earth.* Oxford: Oxford University Press.

Lovelock, James. 1995. *The Ages of Gaia: A Biography of Our Living Earth,* Rev. ed. New York: Norton.

Low, Patrick. 1993. The International Location of Polluting Industries and the Harmonization of Environmental Standards. In H. Munoz and R. Rosenberg, eds., *Difficult Liaison: Trade and the Environment in the Americas*, 21–50. London: Transaction.

Low, Patrick, and Alexander Yeats. 1992. Do "Dirty" Industries Migrate? World Bank Discussion Paper 159. In Patrick Low, ed., *International Trade and the Environment*, 89–104. Washington, DC: World Bank.

MacKenzie, Deborah. 2002. Fresh Evidence on Bhopal Disaster. *New Scientist* 176 (December 4): 6–7.

MacNeill, Jim, Pieter Winsemius, and Taizo Yakushiji. 1991. *Beyond Interdependence: The Meshing of the World's Economy and the Earth's Ecology*. New York: Oxford University Press.

Maddox, John. 1972. *The Doomsday Syndrome*. London: Macmillan.

Magno, Francisco. 2003. Human and Ecological Security: The Anatomy of Mining Disputes in the Philippines. In David Dewitt and Carolina Hernandez, eds., *Development and Security in Southeast Asia, Volume 1: The Environment*, 115–136. Aldershot, UK: Ashgate.

Malthus, Thomas Robert. 1798 (1st ed.); 1826 (6th ed.). *Essay on the Principle of Population*. Available at www.econlib.org/library/Malthus/malPlong.html.

Mander, Jerry, and Edward Goldsmith, eds. 1996. *The Case against the Global Economy: and for a Turn toward the Local*. San Francisco: Sierra Club.

Mani, Muthukumara, and David Wheeler. 1998. In Search of Pollution Havens? Dirty Industry in the World Economy, 1960–1993. *Journal of Environment and Development* 7 (3): 215–247.

Maniates, Michael F. 2001. Individualization: Plant a Tree, Buy a Bike, Save the World? *Global Environmental Politics* 1 (3): 31–52.

Maniates, Michael F., ed. 2003. *Encountering Global Environmental Politics: Teaching, Learning, and Empowering Knowledge*. Lanham, MD: Rowman and Littlefield.

Mann, Howard. 2001. *Private Rights, Public Problems: A Guide to NAFTA's Chapter on Investor Rights*. Winnipeg: IISD. Available at www.iisd.org/pdf/trade_citizensguide.pdf.

Marchak, M. Patricia. 1995. *Logging the Globe*. Montreal and Kingston: McGill-Queen's University Press.

Marland, G., T. A. Boden, and R. J. Andres. 2001. Global, Regional, and National CO_2 Emissions. In Carbon Dioxide Information Analysis Center, ed., *Trends: A Compendium of Data on Global Change*. Oak Ridge, TN: Carbon Dioxide Information Analysis Center, Oak Ridge National Laboratory, U.S. Department of Energy.

McKean, Margaret A. 1981. *Environmental Protest and Citizen Politics in Japan*. Berkeley: University of California Press.

McMurtry, John. 1999. *The Cancer Stage of Capitalism*. London: Pluto.

Meadows, Donella H. 1993. The Limits to Growth Revisited. In Paul Ehrlich and John P. Holdren, eds., *The Cassandra Conference: Resources and the Human*

Predicament, 257–269. College Station: Texas A&M University Press. Excerpted in Mark Zacher, ed., *International Political Economy of Natural Resources*, vol. 2, Cheltenham, UK: Edward Elgar, 1993.

Meadows, Donella H., Dennis L. Meadows, William W. Behrens, and Jørgen Randers. 1972. *The Limits to Growth*. New York: Club of Rome.

Meadows, Donella H., Dennis L. Meadows, and Jørgen Randers. 1992. *Beyond the Limits: Confronting Global Collapse, Envisioning a Sustainable Future*. White River Junction, VT: Chelsea Green.

Meeker-Lowry, Susan. 1996. Community Money: The Potential of Local Currency. In Jerry Mander and Edward Goldsmith, eds., *The Case against the Global Economy and for a Turn Toward the Local*, 446–459. San Francisco: Sierra Club Books.

Mehta, Sandeep. 2003. The Johannesburg Summit from the Depths. *Journal of Environment and Development* 12 (1): 121–128.

Meyer-Abich, Klaus M. 1992. Winners and Losers in Climate Change. In Wolfgang Sachs, ed., *Global Ecology: A New Arena of Political Conflict*, 68–87. London: Zed Books.

Mies, Maria, and Vandana Shiva. 1993. *Ecofeminism*. London: Zed Books.

Miles, Edward L., Arild Underdal, Steinar Andresen, Jørgen Wettestad, Jon Birger Skjærseth, and Elaine M. Carlin. 2001. *Environmental Regime Effectiveness: Confronting Theory with Evidence*. Cambridge, MA: MIT Press.

Mill, John Stuart. 1848. *Principles of Political Economy*.

Miller, Marian. 2001. Tragedy for the Commons: The Enclosure and Commodification of Knowledge. In Dimitris Stevis and Valerie Assetto, eds., *The International Political Economy of the Environment*, 111–134. Boulder, CO: Lynne Reinner.

Mink, Stephen. 1993. *Poverty, Population and the Environment*. World Bank Discussion Paper 189. Washington, DC: World Bank.

Mitchell, Ronald. 1994. *Intentional Oil Pollution at Sea: Environmental Policy and Treaty Compliance*. Cambridge, MA: MIT Press.

Mitchell, Ronald. 2002. A Quantitative Approach to Evaluating International Environmental Regimes. *Global Environmental Politics* 2 (4): 58–83.

Mol, Arthur. 2002. Ecological Modernization and the Global Economy. *Global Environmental Politics* 2 (2): 92–115.

Molina, David. 1993. A Comment on Whether Maquiladoras Are in Mexico for Low Wages or to Avoid Pollution Abatement Costs. *Journal of Environment and Development* 2 (1): 221–241.

Morehouse, Ward. 1994. Unfinished Business: Bhopal Ten Years After. *The Ecologist* 24 (5): 164–168.

Morse, Bradford. 1992. *Sardar Sarovar: Report of the Independent Review*. Ottawa: Resource Futures International.

Munasinghe, Mohan. 1999. Is Environmental Degradation an Inevitable Consequence of Economic Growth: Tunneling through the Environmental Kuznets Curve. *Ecological Economics* 29 (1): 89–109.

Murphy, Craig. 1983. What the Third World Wants: An Interpretation of the Development and Meaning of the New International Economic Order. *International Studies Quarterly* 27: 55–76.

Mushita, Andrew T., and Carol B. Thompson. 2002. Patenting Biodiversity? Rejecting WTO/TRIPS in Southern Africa. *Global Environmental Politics* 2 (1): 65–82.

Myers, Norman. 1979. *The Sinking Ark: A New Look at the Problem of Disappearing Species.* New York: Pergamon Press.

Myers, Norman. 1997. Consumption in Relation to Population, Environment and Development. *The Environmentalist* 17: 33–44.

Myers, Norman, and Richard P. Tucker. 1987. Deforestation in Central America: Spanish Legacy and North American Consumers. *Environmental Review* 11 (1): 55–71.

Najam, Adil. 1998. Searching for NGO Effectiveness. *Development Policy Review* 16 (3): 305–310.

Najam, Adil. 2003. The Case against a New International Environmental Organization. *Global Governance* 9 (3): 367–384.

Nash, Jennifer, and John Ehrenfeld. 1996. Code Green. *Environment* 37 (1): 16–45.

Nelson, Paul J. 1995. *The World Bank and NonGovernmental Organizations: The Limits of Apolitical Development.* London: Macmillan.

Neumayer, Eric. 2001. *Greening Trade and Investment: Environmental Protection without Protectionism.* London: Earthscan.

New Economics Foundation (NEF). 2002. *Chasing Shadows: Re-Imagining Finance for Development.* Available at www.jubileeresearch.org/analysis/reports/chasingshadows.pdf.

Newell, Peter, and Matthew Paterson. 1998. A Climate for Business: Global Warming, the State, and Capital. *Review of International Political Economy* 5 (4): 679–703.

Newell, Peter. 2000. *Climate for Change: Non-State Actors and the Global Politics of the Greenhouse.* Cambridge: Cambridge University Press.

Newell, Peter. 2001. New Environmental Architectures and the Search for Effectiveness. *Global Environmental Politics* 1 (1): 35–44.

Newell, Peter. 2003. Globalization and the Governance of Biotechnology. In David Humphreys, Matthew Paterson, and Lloyd Pettiford, eds., *Global Environmental Governance for the Twenty-First Century: Theoretical Approaches and Normative Considerations*, Special issue of *Global Environmental Politics* 3 (2): 56–71.

Norberg-Hodge, Helena. 1996. Shifting Direction: From Global Dependence to Local Interdependence. In Jerry Mander and Edward Goldsmith, eds., *The Case against the Global Economy and For a Turn toward the Local*, 393–406. San Francisco: Sierra Club Books.

Obi, Cyril. 1997. Globalization and Local Resistance: The Case of Ogoni versus Shell. *New Political Economy* 2 (1): 137–148.

O'Connor, James. 1998. *Natural Causes: Essays in Ecological Marxism*. New York: Guilford.

Ofreneo, Rene. 1993. Japan and the Environmental Degradation of the Philippines. In Michael Howard, ed., *Asia's Environmental Crisis*, 201–219. Boulder, CO: Westview Press.

O'Neill, Kate. 2000. *Waste Trading among Rich Nations: Building A New Theory of Environmental Regulation*. Cambridge, MA: MIT Press.

O'Neill, Kate. 2001. The Changing Nature of Global Waste Management for the 21st Century. *Global Environmental Politics* 1 (1): 77–98.

Ophuls, William. 1973. *Ecology and the Politics of Scarcity: Prologue to a Political Theory of the Steady State*. San Francisco: Freeman.

Organization for Economic Cooperation and Development (OECD). 2000. *The OECD Guidelines for Multinational Enterprises*. Available at www.oecd.org/dataoecd/56/36/1922428.pdf.

Osborn, Derek, and Tom Bigg. 1998. *Earth Summit II: Outcomes and Analysis*. London: Earthscan.

Ostrom, Elinor. 1990. *Governing the Commons: The Evolution of Institutions for Collective Action*. Cambridge: Cambridge University Press.

Our Durable Planet. 1999. *The Economist*. (Twentieth Century Survey) 352 (September 11): 29–31.

Oxfam, CAFOD, Christian Aid, and Eurodad. 2002. *A Joint Submission to the World Bank and IMF Review of HIPC and Debt Sustainability*. Available at www.oxfam.org.uk/what_you_can_do/campaign/educationnow/downloads/debt_sustainability_0802.doc.

Paarlberg, Robert. 2000. The Global Food Fight. *Foreign Affairs* 79 (3): 24–38.

Paehlke, Robert. 2003. *Democracy's Dilemma: Environment, Social Equity, and the Global Economy*. Cambridge, MA: MIT Press.

Parson, Edward A. 2002. *Protecting the Ozone Layer: Science, Strategy, and Negotiation in the Shaping of a Global Environmental Regime*. Oxford: Oxford University Press.

Paterson, Matthew. 1996. *Global Warming and Global Politics*. London: Routledge.

Paterson, Matthew. 2000a. Car Culture and Global Environmental Politics. *Review of International Studies* 26 (2): 253–270.

Paterson, Matthew. 2000b. *Understanding Global Environmental Politics: Domination, Accumulation, Resistance*. London: Palgrave Macmillan.

Paterson, Matthew. 2001a. Climate Policy as Accumulation Strategy: The Failure of COP 6 and Emerging Trends in Climate Politics. *Global Environmental Politics* 1 (2): 10–17.

Paterson, Matthew. 2001b. Risky Business: Insurance Companies in Global Warming Politics. *Global Environmental Politics* 1 (3): 18–42.

Paterson, Matthew, David Humphreys, and Lloyd Pettiford. 2003. Conceptualizing Global Environmental Governance: From Interstate Regimes to Counter-Hegemonic Struggles. In David Humphreys, Matthew Paterson, and Lloyd Pettiford, eds., *Global Environmental Governance for the Twenty-First Century: Theoretical Approaches and Normative Considerations*, Special issue of *Global Environmental Politics* 3 (2): 1–10.

Pearce, David, Neil Adger, David Maddison, and Dominic Moran. 1995. Debt and the Environment. *Scientific American* 272 (June): 52–56.

Pearce, David, and Jeremy Warford. 1993. *World without End: Economics, Environment and Sustainable Development*. New York: Oxford University Press.

Pearson, Charles. 1987. Environmental Standards, Industrial Relocation, and Pollution Havens. In Charles Pearson, ed., *Multinational Corporations, the Environment, and the Third World*, 113–128. Durham, NC: Duke University Press.

Pearson, Charles, ed. 1987. *Multinational Corporations, the Environment, and the Third World*. Durham, NC: Duke University Press.

Peluso, Nancy Lee, and Michael Watts, eds. 2001. *Violent Environments*. Ithaca, NY: Cornell University Press.

Pempel, T. J. 1998. *Regime Shift: Comparative Dynamics of the Japanese Political Economy*. Ithaca, NY: Cornell University Press.

Perkins, Nancy. 1998. *World Trade Organizations: United States—Import Prohibition of Certain Shrimp and Shrimp Products*. Available at American Society for International Law website: www.asil.org/ilm/nancy.htm.

Peterson, M. J. 1992. Whalers, Cetologists, Environmentalists and the International Management of Whaling. *International Organization* 46 (1): 147–186.

Pojman, Louis P. 2000. *Global Environmental Ethics*. Mountain View, CA: Mayfield.

Population Division of the Department of Economic and Social Affairs of the UN Secretariat. 2001. *World Population Prospects: The 2000 Revision* (Highlights). Available at www.un.org/esa/population/publications/wpp2000/highlights.pdf.

Porter, Gareth. 1999. Trade Competition and Pollution Standards: "Race to the Bottom" or "Stuck at the Bottom"? *Journal of Environment and Development* 8 (2): 133–151.

Porter, Gareth, Janet Welsh Brown, and Pamela S. Chasek. 2000. *Global Environmental Politics*. 3rd ed. Boulder, CO: Westview Press.

Potter, Lesley. 1993. The Onslaught on the Forests in South-East Asia. In Harold Brookfield and Yvonne Byron, eds., *South-East Asia's Environmental Future: The Search for Sustainability*, 103–123. Tokyo: United Nations University Press; Melbourne: Oxford University Press.

Pounds, J. Alan, and Robert Puschendorf. 2004. Clouded Futures. *Nature* 427 (January 8): 107–108.

Prakash, Aseem. 2000. *Greening the Firm: The Politics of Corporate Environmentalism*. Cambridge: Cambridge University Press.

Princen, Thomas. 1994. NGOs: Creating a Niche in Environmental Diplomacy. In Thomas Princen and Matthias Finger, eds., *Environmental NGOs in World Politics: Linking the Local and the Global*, 29–47. London: Routledge.

Princen, Thomas. 1997. The Shading and Distancing of Commerce: When Internalization Is Not Enough. *Ecological Economics* 20 (3): 235–253.

Princen, Thomas. 2001. Consumption and Its Externalities: Where Economy Meets Ecology. *Global Environmental Politics* 1 (3): 11–30.

Princen, Thomas. 2002. Distancing: Consumption and the Severing of Feedback. In Thomas Princen, Michael Maniates, and Ken Conca, eds., *Confronting Consumption*, 103–131. Cambridge, MA: MIT Press.

Princen, Thomas, and Matthias Finger, eds. 1994. *Environmental NGOs in World Politics: Linking the Local and the Global*. London: Routledge.

Princen, Thomas, Michael Maniates, and Ken Conca, eds. 2002. *Confronting Consumption*. Cambridge, MA: MIT Press.

Project Underground. 1998. *Drilling to the Ends of the Earth*. Available at moles.org/ProjectUnderground/motherlode/drilling/intro.html.

Rajan, S. Ravi. 2001. Toward a Metaphysic of Environmental Violence: The Case of the Bhopal Gas Disaster. In Nancy Lee Peluso and Michael Watts, eds., *Violent Environments*, 380–398. Ithaca, NY: Cornell University Press.

Rangan, Haripriya. 1996. From Chipko to Uttaranchal: Development, Environment and Social Protest in the Gharhwal Himalayas, India. In Richard Peet and Michael Watts, eds., *Liberation Ecologies: Environment, Development, Social Movements*, 205–226. New York: Routledge.

Rapley, John. 2002. *Understanding Development*. Boulder, CO: Lynne Reinner.

Raynolds, Laura. 2000. Re-embedding Global Agriculture: The International Organic and Fair Trade Movements. *Agriculture and Human Values* 17 (1): 297–309.

Reardon, Thomas, and Stephen Vosti. 1995. Links between Rural Poverty and the Environment in Developing Countries: Asset Categories and Investment Poverty. *World Development* 23 (9): 1495–1506.

Reed, David. 1997. The Environmental Legacy of the Bretton Woods: The World Bank. In Oran K. Young, ed., *Global Governance: Drawing Insights from the Environmental Experience*, 227–245. Cambridge, MA: MIT Press.

Reed, David, ed. 1992. *Structural Adjustment and the Environment*. Boulder, CO: Westview Press.

Rees, William E. 2002. Globalization and Sustainability: Conflict or Convergence? *Bulletin of Science, Technology and Society* 22 (4): 249–268.

Rees, William E., and Laura Westra. 2003. When Consumption Does Violence: Can There Be Sustainability and Environmental Justice in a Resource-Limited World? In Julian Agyeman, Robert Bullard, and Bob Evans, eds., *Just Sustainabilities: Development in an Unequal World*, 99–124. London: Earthscan.

Repetto, Robert. 1994. *Trade and Sustainable Development*. UNEP Environment and Trade Series No. 1. Geneva: United Nations Environment Programme.

Repetto, Robert, William McGrath, Michael Wells, Christine Beer, and Fabrizio Rossini. 1989. *Wasting Assets: Natural Resources in the National Income and Product Accounts*. Washington, DC: World Resources Institute.

Ricardo, David. 1817. *On the Principles of Political Economy and Taxation*. Available at www.econlib.org/library/Ricardo/ricP.html.

Rich, Bruce. 1994. *Mortgaging the Earth: The World Bank, Environmental Impoverishment, and the Crisis of Development*. London: Earthscan.

Rich, Bruce. 2000. Exporting Destruction. *Environmental Forum* (September–October): 32–40.

Richards, Paul. 1985. *Indigenous Agricultural Revolution*. London: Unwin Hyman.

Rifkin, Jeremy. 2002. *The Hydrogen Economy: The Creation of the Worldwide Energy Web and the Redistribution of Power on Earth*. New York: Tarcher/Putnam.

Robbins, Richard H. 2002. *Global Problems and the Culture of Capitalism*, 2nd ed. Boston: Allyn and Bacon.

Roberts, Joseph. 1998. Multilateral Agreement on Investment. *Monthly Review* 50 (5): 23–32.

Rodney, Walter. 1972. *How Europe Underdeveloped Africa*. Dar es Salaam: Tanzania Publishing House.

Rogers, Adam. 1993. *The Earth Summit: A Planetary Reckoning*. Los Angeles: Global View Press.

Roht-Arriaza, Naomi. 1995. Shifting the Point of Regulation: The International Organization for Standardization and Global Law-Making on Trade and the Environment. *Ecology Law Quarterly*, 22 (3): 479–539.

Roodman, David Malin. 1998. *The Natural Wealth of Nations: Harnessing the Market for the Environment*. New York: Norton.

Rosendal, G. Kristin. 2001. Impact of Overlapping International Regimes: The Case of Biodiversity. *Global Governance* 7 (2): 95–117.

Rowell, Andrew. 1996. *Green Backlash: Global Subversion of the Environment Movement*. London: Routledge.

Rowland, Wade. 1973. *The Plot to Save the World*. Toronto: Clarke, Irwin and Company.

Rowlands, Ian. 1995. *The Politics of Global Atmospheric Change*. Manchester: Manchester University Press; New York: St. Martin's Press.

Rowlands, Ian. 2000. Beauty and the Beast? BP's and Exxon's Position on Global Climate Change. *Environment and Planning C: Government and Policy* 18 (3): 339–354.

Ruitenbeek, Jack, and Cynthia Cartier. 1998. *Rational Exploitations: Economic Criteria and Indicators for Sustainable Management of Tropical Forests*. Occasional Paper No. 17, November. Bogor, Indonesia: Center for International Forestry Research.

Runge, C. Ford, and Benjamin Senauer. 2000. A Removable Feast. *Foreign Affairs* 79 (3): 39–51.

Rutherford, Paul. 2003. "Talking the Talk": Business Discourse at the World Summit on Sustainable Development. *Environmental Politics* 12 (2): 145–150.

Ryan, John, and Alan Durning. 1997. *Stuff: The Secret Lives of Everyday Things.* Seattle: Northwest Environment Watch.

Sachs, Wolfgang. 1999. *Planet Dialectics: Explorations in Environment and Development.* London: Zed Books.

Sachs, Wolfgang, ed. 1993. *Global Ecology: A New Arena of Political Conflict.* London: Zed Books.

Schafer, Kristin S. 2002. Ratifying Global Toxics Treaties: The United States Must Provide Leadership. *SAIS Review* 22 (1): 169–176.

Scherr, Sara. 2000. A Downward Spiral? Research Evidence on the Relationship between Poverty and Natural Resource Degradation. *Food Policy* 25 (1): 479–498.

Schmidheiny, Stephan (with the World Business Council for Sustainable Development). 1992. *Changing Course: A Global Business Perspective on Development and the Environment.* Cambridge, MA: MIT Press.

Schmidheiny, Stephan, and Federico Zorraquin. 1996. *Financing Change: The Financial Community, Eco-Efficiency and Sustainable Development.* Cambridge, MA: MIT Press.

Scholte, Jan Aart. 1997. The Globalization of World Politics. In John Baylis and Steve Smith, eds., *The Globalization of World Politics: An Introduction to International Relations*, 13–30. Oxford: Oxford University Press.

Scholte, Jan Aart. 2000. *Globalization: A Critical Introduction.* New York: St. Martin's Press.

Schor, Juliet. 1998. *The Overspent American: Upscaling, Downshifting, and the New Consumer.* New York: Basic Books.

Schreurs, Miranda A. 2002. *Environmental Politics in Japan, Germany, and the United States.* Cambridge: Cambridge University Press.

Schumacher, E. F. 1973. *Small Is Beautiful: Economics as if People Mattered.* New York: Harper and Row.

Selin, Henrik, and Noelle Eckley. 2003. Science, Politics, and Persistent Organic Pollutants: Scientific Assessments and Their Role in International Environmental Negotiations. *International Environmental Agreements: Politics, Law and Economics* 3 (1): 17–42.

Selin, Henrik, and Stacy D. VanDeveer. 2003. Mapping Institutional Linkages in European Air Pollution Politics. *Global Environmental Politics* 3 (3): 14–46.

Sen, Amartya. 1981. *Poverty and Famines: An Essay on Entitlement and Deprivation.* Oxford: Oxford University Press.

Sen, Gita. 1994. Women, Poverty and Population: Issues for the Concerned Environmentalist. In Wendy Harcourt, ed., *Feminist Perspectives on Sustainable Development*, 215–225. London: Zed Books.

Shiva, Mira. 1994. Environmental Degradation and Subversion of Health. In Vandana Shiva, ed., *Close to Home: Women Reconnect Ecology, Health and Development Worldwide*, 60–77. Gabriola Island, BC: New Society.

Shiva, Vandana. 1989. *Staying Alive: Women, Ecology and Development*. London: Zed Books.

Shiva, Vandana. 1992. *The Violence of the Green Revolution*. London: Zed Books.

Shiva, Vandana. 1993a. GATT, Agriculture and Third World Women. In Maria Mies and Vandana Shiva, eds., *Ecofeminism*, 231–245. London: Zed Books.

Shiva, Vandana. 1993b. The Greening of the Global Reach. In Wolfgang Sachs, ed., *Global Ecology: A New Arena of Political Conflict*, 149–156. London: Zed Books.

Shiva, Vandana. 1993c. *Monocultures of the Mind: Perspectives on Biodiversity and Biotechnology*. London: Zed Books.

Shiva, Vandana. 1997. *Biopiracy: The Plunder of Nature and Knowledge*. Toronto: Between the Lines.

Shiva, Vandana. 2000. *Stolen Harvest: The Hijacking of the Global Food Supply*. Cambridge, MA: South End Press.

Simon, Julian L. 1981. *The Ultimate Resource*. Princeton, NJ: Princeton University Press.

Simon, Julian L. 1990. *Population Matters*. New Brunswick, NJ: Transaction.

Simon, Julian L. 1996. *The Ultimate Resource 2*. Princeton, NJ: Princeton University Press.

Singer, Peter. 1977. Famine, Affluence, and Morality. In William Aiken and Hugh LaFollette, eds., *World Hunger and Moral Obligation*, 572–581. Englewood Cliffs, NJ: Prentice Hall.

Sizer, Nigel. 1995. *Backs to the Wall in Surinam: Forest Policy in a Country in Crisis*. Washington, DC: World Resources Institute.

Skjærseth, Jon Birger, and Tora Skodvin. 2001. Climate Change and the Oil Industry: Common Problems, Different Strategies. *Global Environmental Politics* 1 (3): 18–42.

Sklair, Leslie. 1993. *Assembling for Development*. San Diego: Center for U.S.–Mexican Studies, University of California.

Sklair, Leslie. 2001. *The Transnational Capitalist Class*. London: Blackwell.

Smith, Adam. 1776. *An Inquiry into the Nature and Causes of the Wealth of Nations*. Available at www.adamsmith.org/smith/won-index.htm.

Soroos, Marvin S. 1997. *The Endangered Atmosphere*. Columbia: University of South Carolina Press.

Soroos, Marvin S. 2001. Global Climate Change and the Futility of the Kyoto Process. *Global Environmental Politics* 1 (2): 1–9.

Speer, Lawrence. 1997. From Command-and-Control to Self-Regulation: The Role of Environmental Management Systems. *International Environment Reporter* 20 (5): 227–228.

Steinberg, Paul F. 2001. *Environmental Leadership in Developing Countries: Transnational Relations and Biodiversity Policy in Costa Rica and Bolivia.* Cambridge, MA: MIT Press.

Stern, David, Michael Common, and Edward Barbier. 1996. Economic Growth and Environmental Degradation: The Environmental Kuznets Curve and Sustainable Development. *World Development* 24 (7): 1151–1160.

Stevis, Dimitris, and Valerie Assetto, eds. 2001. *The International Political Economy of the Environment: Critical Perspectives.* Boulder, CO: Lynne Reinner.

Stevis, Dimitris, and Stephen Mumme. 2000. Rules and Politics in International Integration: Environmental Regulation in NAFTA and the EU. *Environmental Politics* 9 (4): 20–42.

Stilwell, Matthew, and Richard Tarasofsky. 2001. *Towards Coherent Environmental and Economic Governance: Legal and Practical Approaches to MEA-WTO Linkages.* Gland, Switzerland: WWF Network. Available at www.ciel.org/Publications/Coherent_EnvirEco_Governance.pdf.

Stoett, Peter J. 1997. *The International Politics of Whaling.* Vancouver: UBC Press.

Stokke, Olav Schram, and Øystein B. Thommessen, eds. 2003. *Yearbook of International Co-operation on Environment and Development.* London: Earthscan. Available at www.greenyearbook.org.

Streck, Charlotte. 2001. The Global Environment Facility—A Role Model for International Governance? *Global Environmental Politics* 1 (2): 71–94.

Strong, Maurice. 2000. *Where on Earth Are We Going?* Toronto: Knopf.

Suri, Vivek, and Duane Chapman. 1998. Economic Growth, Trade and Energy: Implications for the Environmental Kuznets Curve. *Ecological Economics* 25 (2): 195–208.

Susskind, Lawrence. 1992. New Corporate Roles in Global Environmental Treaty-Making. *Columbia Journal of World Business* 27 (3/4): 62–73.

Susskind, Lawrence. 1994. *Environmental Diplomacy: Negotiating More Effective Global Agreements.* Oxford: Oxford University Press.

Switzer, Jacqueline Vaughn. 2004. *Environmental Politics: Domestic and Global Dimensions.* Belmont, CA: Thompson/Wadsworth.

Tabb, William. 2000. After Seattle: Understanding the Politics of Globalization. *Monthly Review* 51 (10): 1–18.

Tamiotti, Ludivine, and Matthias Finger. 2001. Environmental Organizations: Changing Roles and Functions in Global Politics. *Global Environmental Politics* 1 (1): 56–76.

Taylor, Bron Raymond, ed. 1995. *Ecological Resistance Movements: The Global Emergence of Radical and Popular Environmentalism.* Albany, NY: SUNY/Press.

Thomas, Chris, Alison Cameron, Rhys Green, Michel Bakkenes, Linda Beaumont, Yvonne C. Collingham, Barend Erasmus, Marinez Ferriera de Siqueira, Alan Grainger, Lee Hannah, Lesley Hughes, Brian Huntley, Albert Van Jaarsveld, Guy Midgley, Lera Miles, Miguel Ortega-Huerta, A. Townsend Peterson, Oliver Phillips, and Stephen Williams. 2004. Extinction Risk from Climate Change. *Nature* 427 (January 8): 145–148.

Thomas, Vinod, and Tamara Belt. 1997. Growth and the Environment: Allies or Foes? *Finance and Development* (June): 22–24.

Thompson, Peter, and Laura A. Strohm. 1996. Trade and Environmental Quality: A Review of the Evidence. *Journal of Environment and Development* 5 (4): 365–390.

Tidsell, Clem. 1993. *Environmental Economics. Policies for Environmental Management and Sustainable Development.* Cheltenham, UK: Edward Elgar.

Tidsell, Clem. 2001. Globalization and Sustainability: Environmental Kuznets Curve and the WTO. *Ecological Economics* 39 (2): 185–196.

Tierney, John. 1990. Betting the Planet. *New York Times Magazine* (December 2): 52–81.

Tietenberg, Thomas. 1992. *Environmental and Natural Resource Economics.* 3rd ed. New York: HarperCollins.

Tokar, Brian. 1997. *Earth for Sale: Reclaiming Ecology in the Age of Corporate Greenwash.* Boston: South End Press.

Tolba, Mostafa K., and Iwona Rummel-Bulska. 1998. *Global Environmental Diplomacy: Negotiating Environmental Agreements for the World 1973–1992.* Cambridge, MA: MIT Press.

Toye, John. 1991. Ghana. In Paul Mosley, Jane Harrigan, and John Toye, eds., *Aid and Power,* vol. 2, *Case Studies,* 151–200. London: Routledge.

Turaga, Uday. 2000. Damming Waters and Wisdom: Protest in the Narmada River Valley. *Technology in Society* 22: 237–253.

Union of International Associations. 1999. *Yearbook of International Organizations 1998–1999.* Brussels: Union of International Associations. Available at www.uia.org.

United Nations (UN). 1945. *Charter of the United Nations.* Available at www.unhchr.ch/pdf/UNcharter.pdf.

United Nations (UN). 1992. *Agenda 21: The United Nations Programme of Action from Rio.* New York: United Nations.

United Nations (UN). 2002. *Johannesburg Declaration on Sustainable Development.* Available at www.johannesburgsummit.org/html/documents/summit_docs/1009wssd_pol_declaration.doc.

United Nations (UN). 2003. *UNDP Budget Estimates for the* Biennium 2004–2005, DP/2003/28. Available at www.undp.org/execbrd/pdf/dp03-28e.pdf.

参照文献

United Nations (UN). No date. *Rules of the Governing Council.* Available at www.unep.org/Documents/Default.asp?DocumentID=77&ArticleID=1157.

United Nations Conference on Trade and Development (UNCTAD). 2000. *The Least Developed Countries 2000 Report.* Geneva: United Nations Conference on Trade and Development.

United Nations Conference on Trade and Development (UNCTAD). 2001. *World Investment Report 2001: Promoting Linkages.* Available at www.unctad.org/en/docs/wir01ove_a4.en.pdf.

United Nations Conference on Trade and Development (UNCTAD). 2002. *World Investment Report 2002: Transnational Corporations and Export Competitiveness.* New York: United Nations. (Also used data from the 1990, 1995, and 2000 *Reports.*)

United Nations Conference on Trade and Development (UNCTAD), Program on Transnational Corporations. 1993. *Environmental Management in Transnational Corporations: Report on the Benchmark Corporate Environmental Survey.* Environment Series No. 4. New York: United Nations.

United Nations Development Programme (UNDP). 1998. *Human Development Report 1998: Consumption for Human Development.* Oxford: Oxford University Press.

United Nations Development Programme (UNDP). 1999. *Human Development Report 1999: Globalization with a Human Face.* Oxford: Oxford University Press.

United Nations Development Programme (UNDP). 2001. *Human Development Report 2001: Making New Technologies Work for Human Development.* Oxford: Oxford University Press.

United Nations Development Programme (UNDP). 2003. *Human Development Report 2003: Millennium Development Goals: A Compact Among Nations to End Human Poverty.* Oxford: Oxford University Press.

United Nations Development Programme (UNDP) and United Nations Fund for Population Activities (UNFPA). 2002. *Executive Board of UNDP and UNFPA.* Available at www.undp.org/execbrd/pdf/eb-overview.PDF.

United Nations Environment Programme (UNEP). 2000. *Action on Ozone.* Available at www.unep.ch/ozone/pdf/ozone-action-en.pdf.

United Nations Environment Programme (UNEP). 2001a. *International Environmental Governance: Report of the Executive Director to the Open-Ended Intergovernmental Group of Ministers or Their Representatives on International Environmental Governance.* First meeting: New York, April 18, 2001. Available at www.unep.org/IEG/docs/working%20documents/reportfromED/IGM_1_2.E.doc.

United Nations Environment Programme (UNEP). 2001b. News Release 01/40; *World Water Day 2001: Water for Health.* Available at www.unep.org/Documents/Default.asp?DocumentID=193&ArticleID=2801.

United Nations Environment Programme (UNEP). 2002a. *Capacity Building for Sustainable Development: An Overview of UNEP Environmental Capacity Development Activities.* Geneva: United Nations Environment Programme.

United Nations Environment Programme (UNEP). 2002b. *Global Environment Outlook 3*. London: Earthscan.

United Nations Environment Programme (UNEP). No date. *UNEP Resource Mobilization*. Available at www.unep.org/rmu/.

United Nations Fund for Population Activities (UNFPA). 2001. *The State of the World Population 2001. Footprints and Milestones: Population and Environmental Change*. New York: United Nations Fund for Population Activities. Available at www.unfpa.org/swp/2001/english/index.html.

United Nations Transnational Corporations and Management Division, Department of Economic and Social Development. 1992. *World Investment Report 1992*. New York: United Nations.

VanDeveer, Stacy D., and Geoffrey D. Dabelko. 2001. It's Capacity, Stupid: International Assistance and National Implementation. *Global Environmental Politics* 1 (2): 18–29.

Victor, David, Kal Raustiala, and Eugene Skolnikoff, eds. 1998. *The Implementation and Effectiveness of International Environmental Commitments: Theory and Practice*. Cambridge, MA: MIT Press.

Vogel, David. 2000. International Trade and Environmental Regulation. In Norman J. Vig and Michael E. Kraft, eds., *Environmental Policy: New Directions for the Twenty-First Century*, 4th ed., 371–389. Washington, DC: CQ Press.

Vogler, John. 2000. *The Global Commons: Environmental and Technological Governance*. 2nd ed. New York: Wiley.

Vogler, John. 2003. Taking Institutions Seriously: How Regime Analysis Can Be Relevant to Multilevel Environmental Governance. In David Humphreys, Matthew Paterson, and Lloyd Pettiford, eds., *Global Environmental Governance for the Twenty-First Century: Theoretical Approaches and Normative Considerations*. Special issue of *Global Environmental Politics* 3 (2): 25–39.

von Moltke, Konrad. 2001. The Organization of the Impossible. *Global Environmental Politics* 1 (1): 23–28.

Wackernagel, Mathis, and William Rees. 1996. *Our Ecological Footprint: Reducing Human Impact on the Earth*. Gabriola Island, BC: New Society.

Wackernagel, Mathis, Niels B. Schulz, Diana Deumling, Alejandro Callejas Linares, Martin Jenkins, Valerie Kapos, Chad Monfreda, Jonathan Loh, Norman Myers, Richard Norgaard, and Jørgen Randers. 2002. Tracking the Ecological Overshoot of the Human Economy. *Proceedings of the National Acadamy of Sciences* 99 (14): 9266–9271.

Wade, Robert. 1997. Greening the Bank: The Struggle over the Environment, 1970–1995. In John Lewis and Richard Webb, eds., *The World Bank: Its First Half Century*, vol. 2, 611–735. Washington, DC: Brookings Institution Press.

Wade, Robert. 2001. Global Inequality: Winners and Losers. *The Economist* (April 28): 72–74.

Wallach, Lori, and Michelle Sforza. 1999. *Whose Trade Organization? Corporate Globalization and the Erosion of Democracy*. Washington, DC: Public Citizen.

Wapner, Paul. 1996. *Environmental Activism and World Civic Politics*. Albany, NY: SUNY Press.

Wapner, Paul. 2002. Horizontal Politics: Transnational Environmental Activism and Global Cultural Change. *Global Environmental Politics* 2 (2): 37–62.

Wapner, Paul. 2003. World Summit on Sustainable Development: Toward a Post-Jo'burg Environmentalism. *Global Environmental Politics* 3 (1): 1–10.

Waring, Marilyn. 1999. *Counting for Nothing: What Men Value and What Women Are Worth*. Toronto: University of Toronto Press.

Watts, Phil, and Richard Holme. 1999. *Corporate Social Responsibility: Meeting Changing Expectations*. Geneva: World Business Council for Sustainable Development.

Weinstein, Michael, and Steve Charnovitz. 2001. The Greening of the WTO. *Foreign Affairs* 80 (6): 147–156.

Weiss, Edith Brown, and Harold K. Jacobson, eds. 1998. *Engaging Countries: Strengthening Compliance with International Environmental Accords*. Cambridge, MA: MIT Press.

Weiss, Linda. 1998. *The Myth of the Powerless State*. Ithaca, NY: Cornell University Press.

Welford, Richard. 1997. *Hijacking Environmentalism: Corporate Responses to Sustainable Development*. London: Earthscan.

Wenz, Peter S. 2001. *Environmental Ethics Today*. Oxford: Oxford University Press.

Wettestad, Jörgen. 1999. *Designing Effective Environmental Regimes: The Key Conditions*. Cheltenham, UK: Edward Elgar.

Whalley, John, and Ben Zissimos. 2001. What Could a World Environmental Organization Do? *Global Environmental Politics* 1 (1): 29–34.

Wheeler, David. 2001. Racing to the Bottom? Foreign Investment and Air Pollution in Developing Countries. *Journal of Environment and Development* 10 (3): 225–245.

Wheeler, David. 2002. Beyond Pollution Havens. *Global Environmental Politics* 2 (2): 1–10.

Willetts, Peter. 2001. Transnational Actors and International Organizations in Global Politics. In John Bayliss and Steve Smith, eds., *The Globalization of World Politics: An Introduction to International Relations*, 356–383. Oxford: Oxford University Press.

Williams, Edward. 1996. The Maquiladora Industry and Environmental Degradation in the United States–Mexico Borderlands. *St. Mary's Law Journal* 27 (4): 777–779.

Williams, Marc. 1994. International Trade and the Environment: Issues, Perspectives, and Challenges. In Caroline Thomas, ed., *Rio: Unravelling the Consequences*, 80–97. Ilford, UK: Frank Cass.

Williams, Marc. 2001. In Search of Global Standards: The Political Economy of Trade and the Environment. In Dimitris Stevis and Valerie Assetto, eds., *The International Political Economy of the Environment: Critical Perspectives*, 39–61. Boulder, CO: Lynne Reinner,

Wilson, Edward O. 2002. *The Future of Life*. New York: Vintage Books.

World Bank. 1992. *World Development Report 1992*. New York: Oxford University Press.

World Bank. 1994. *Adjustment in Africa: Reforms, Results and the Road Ahead*. Oxford: Oxford University Press.

World Bank. 1995. *Mainstreaming the Environment: The World Bank Group and the Environment Since the Rio Earth Summit*. Washington, DC: World Bank.

World Bank. 1999. *Greening Industry: New Roles for Communities, Markets and Governments*. Oxford: Oxford University Press. Available at www.worldbank/org/nipr/greening.

World Bank. 2001a. *Adjustment Lending Retrospective: Final Report, Operations Policy and Country Services*. Available at lnweb18.worldbank.org/ext/language.nsf/0a70c4735d4fc79e852566390063b35c/eec155910a2720a885256ae30076a40c/$FILE/alretro.pdf.

World Bank. 2001b. *Making Sustainable Commitments: An Environment Strategy for the World Bank*. Washington, DC: World Bank. Available at www.worldbank.org/environment/index.htm.

World Bank. 2003a. *Global Development Finance*. Washington, DC: World Bank.

World Bank. 2003b. *World Development Report 2003. Sustainable Development in a Dynamic World: Transforming Institutions, Growth, and Quality of Life*. Washington, DC: World Bank.

World Business Council for Sustainable Development (WBCSD). 2000. *Building a Better Future: Innovation, Technology and Sustainable Development*. Available at www.wbcsd.org/DocRoot/xPV0RGh50wmrkQHs1oik/Building.pdf.

World Business Council for Sustainable Development (WBCSD). 2002. *The Business Case for Sustainable Development: Making a Difference toward the Johannesburg Summit 2002 and Beyond*. Geneva: World Business Council for Sustainable Development.

World Commission on Environment and Development (WCED). 1987. *Our Common Future*. Oxford: Oxford University Press.

World Health Organization (WHO). 2002. *Swedish Conference Seeks to Reduce Mortality of Babies and Young Children*. March 15. Available at www.europaworld.org/issue73/swedishconference15302.htm.

World Meteorological Organization (WMO). 1997. *Comprehensive Assessment of the Freshwater Resources of the World*. Geneva: WMO.

World Resource Institute (WRI). 1997. *The Last Frontier Forests: Ecosystems and Economies on the Edge*. Washington, DC: WRI.

World Trade Organization (WTO). 1998a. *Understanding the WTO*. Available at www.wto.org/english/thewto_e/whatis_e/tif_e/tif_e.htm.

World Trade Organization (WTO). 1998b. *The WTO, The Uruguay Round: Module 1 FAQs*. Available at www.wto.org/english/thewto_e/whatis_e/eol/e/default.htm.

World Trade Organization (WTO). 1999. WTO, Trade and Environment. Special Studies 4. Geneva: World Trade Organization.

World Trade Organization (WTO). 2001. International Trade Statistics 2001. Available at www.wto.org/english/res_e/statis_e/its2001_e/chp_2_e.pdf.

World Trade Organization (WTO). 2003. *WTO Secretariat Budget for 2003*. Available at www.wto.org/english/thewto_e/secre_e/budget03_e.htm.

Worldwatch Institute. 2003. *State of the World 2003*. Washington, DC: Worldwatch. Summary at www.worldwatch.org/press/news/2003/01/09.

WWF Network. 2002. *Living Planet Report 2002*. Gland, Switzerland: WWF–World Wide Fund for Nature. Available at www.panda.org/downloads/general/LPR_2002.pdf.

Yoder, Andrew J. 2003. Lessons from Stockholm: Evaluating the Global Convention on Persistent Organic Pollutants. *Indiana Journal of Global Legal Studies* 10 (Summer): 113–156.

Young, Oran R. 1989. *International Cooperation: Building Regimes for Natural Resources and the Environment*. Ithaca, NY: Cornell University Press.

Young, Oran R. 1994. *International Governance: Protecting the Environment in a Stateless Society*. Ithaca, NY: Cornell University Press.

Young, Oran R. 2001. Evaluating the Effectiveness of International Environmental Regimes. *Global Environmental Politics* 1 (1): 99–121.

Young, Oran R. 2002. *The Institutional Dimensions of Environmental Change: Fit, Interplay, and Scale*. Cambridge, MA: MIT Press.

Young, Oran R., ed. 1999. *The Effectiveness of International Environmental Regimes: Causal Connections and Behavioral Mechanisms*. Cambridge, MA: MIT Press.

Young, Zoe. 2003. *A New Green Order: The World Bank and the Politics of the Global Environment Facility*. London: Pluto Press.

Zarsky, Lyuba. 2002. APEC: The "Sustainable Development" Agenda. In Richard Steinberg, ed., *The Greening of Trade Law: International Trade Organizations and Environmental Issues*, 221–247. Lanham, MD: Rowman and Littlefield.

Zuckerman, Ben. 2004. Nothing Racist about It. *Globe and Mail* (January 28): A17.

訳者あとがき

　本書は Jennifer Clapp and Peter Dauvergne, *Paths to a Green World: The Political Economy of the Global Environment*, The MIT Press, 2005 の全訳である。ジェニファー・クラップ氏はカナダのウォータールー大学環境学部教授，ピーター・ドーヴァーニュ氏はカナダのブリティッシュ・コロンビア大学政治学部教授である。原書には，Paul Wapner, Karen Litfin, Ronnie Lipschutz といったアメリカでよく知られた環境学者が推薦文を寄せている。クラップ氏は，Centre for International Governance Innovation というシンクタンクのチェア，さらに *Global Environmental Politics* 誌の共編者などを勤め，多数の論文，共著のある若手の学者である。訳者とのEメールでのやり取りは，クラップ氏が多くを引き受けてくれた。一方，ドーヴァーニュ氏は以前日本に2年半間住んでいたという知日家である。ドーヴァーニュ氏から彼の著書である *Shadows in the Forest* (MIT Press, 1997) という本も紹介されたが，日本に関係する内容でもあり，興味のある方は一読をお勧めする (*Shadows in the Forest* は，北米の国際関係学会 ISA から1998年に国際環境問題に関する最良の本として Sprout 賞を受賞している)。なお，ドーヴァーニュ氏の *The Shadows of Consumption* という本も MIT Press から近く刊行される予定である。この2人は，*Development and Security in Southeast Asia* : volume I (edited by David B. Dewitt and Carolina G Hernandez, Ashgate, 2003) でも共同で論文を書いている。

　本書の中の，（　）は原著者がつけたもので，〔　〕は訳者がつけたものである。原文での local は，文脈に応じ，地方，地域，地元，現地，ローカルと使い分けている。条約等に関しては，大沼保昭（編集代表）『国際条約集（2007年版）』（有斐閣，2007年）から多く引用した。

　本書は，環境問題へのアプローチを比較したものである。基本的に，市場自由主義者，制度主義者，生物環境主義者，ソーシャル・グリーン主義者と大き

く4つのカテゴリーに分け，人口問題などは別として，概ね市場自由主義者と制度主義者の連合と，生物環境主義者とソーシャル・グリーン主義者の連合が対峙するということを述べている。

　市場自由主義者は，経済成長こそが貧困を取り除き，豊かになることで環境をきれいにすることができるのだと主張し〔環境クズネッツ曲線を使う〕，規制を少なくし，国際経済を発展させることこそ重要だと考える。制度主義者は，市場自由主義者の見解に概ね賛成しながらも，国際協力，レジーム，予防原則などを語る。これに対し，生物環境主義者は人口増加こそが環境悪化の原因であるから，教育を施したりすることで，人口増加を抑えることが重要だと語る。著者は，生物環境主義者の中にエコロジー経済学者も含めてもいる〔エコロジー経済学者は生物環境主義者とソーシャル・グリーン主義者のどちらかのカテゴリーに含まれると著者は言う〕。これに対し，ソーシャル・グリーン主義者は，マルクス主義者やグラムシ主義者からヴァンダナ・シヴァまで1つのカテゴリーに括られているのだが，グローバル化が貧困と不公平，不平等を拡大し，こういう公平さを欠く世界こそ，環境にとって危険であると考える。但し，人口問題は女性から選択権を奪うことになるから，この問題では生物環境主義者とは相容れない関係にある。人口問題に関しては，市場自由主義者も資源不足にはならないだろうと考えるので，人口問題を大きな問題とは考えていない。制度主義者はこの点で，人口問題は環境悪化と結びついていると考える。

　本書は，それぞれの立場が，それなりに一本筋が通っていることを認めており，環境問題に対しどのアプローチが最善であるとは述べていないが，現状では制度主義者が徐々に優勢になりつつあることを書いている。これまでの大きな国際環境会議は，市場自由主義者と制度主義者の連合と，生物環境主義者とソーシャル・グリーン主義者の連合が対立してきたが，どちらの側に対してもそれなりに配慮するという妥協的な立場をとってきた。しかしながら，これまでの状勢は市場自由主義者と制度主義者の連合がやはり優勢であってきたことを著者は述べている。それぞれの主義者の解決策は第8章に書かれてある。本書は，どのアプローチが，あるいはどれとどれの組み合わせが最善なのかは，読者に任せている。従って，読者が迷うように書かれてあるのだが，環境問題

は正に人類の英知を傾けなければならない問題といってもよいのだから，安易な考え方を著者は拒んでいるということだろう。

　地球環境問題は，幅が広く，かつ奥の深い領域で，すべて知るのは不可能といった思いがする。そういう訳で，誤訳があれば，この場を借りて著者及び読者にお詫び申し上げる。

　今回もまた，法律文化社編集部の小西英央氏にお世話になった。さらに今回は，同編集部の山科典世氏にもお世話になった。厚くお礼申し上げる。

　2008年4月

仲野　　修

■ 著者紹介

ジェニファー・クラップ（Jennifer Clapp）
ウォータールー大学（カナダ）環境学部教授
http://www.fes.uwaterloo.ca/u/jclapp/
【著　書】
Paths to a Green World: The Political Economy of the Global Environment (Cambridge, MA: MIT Press, 2005).
Toxic Exports: The Transfer of Hazardous Wastes from Rich to Poor Countries (Ithaca: Cornell University Press, 2001).
Adjustment and Agriculture in Africa : Farmers, the State, and the World Bank in Guinea (International Political Economy Series) (New York: St. Martins Press, 1997).

ピーター・ドーヴァーニュ（Peter Dauvergne）
ブリティッシュ・コロンビア大学（カナダ）政治学部教授
http://www.politics.ubc.ca/index.php?id=2450
【著　書】
The Shadows of Consumption: Consequences for the Global Environment (MIT Press, forthcoming 2008).
Historical Dictionary of Environmentalism (Scarecrow Press, forthcoming 2009).
Paths to a Green World: The Political Economy of the Global Environment (Cambridge, MA: The MIT Press, 2005).
(editor) *Handbook of Global Environmental Politics* (Cheltenham, UK: Edward Elgar Publishing, 2005).
Loggers and Degradation in the Asia-Pacific: Corporations and Environmental Management (Cambridge: Cambridge University Press, 2001).
(editor) *Weak and Strong States in Asia-Pacific Societies* (Allen and Unwin, 1998).
Shadows in the Forest: Japan and the Politics of Timber in Southeast Asia (Cambridge, MA: The MIT Press, 1997).

■ 訳者紹介

仲野　修（Nakano Osamu）
北海道工業大学准教授
【著書等】
『グローバル時代の民主化──その光と影』（訳書，法律文化社，2006 年）
『暴走するアメリカの世紀──平和学は提言する』（共訳，法律文化社，2003 年）
『環境の地球政治学』（共訳，法律文化社，2001 年）
『国家を超える視角──次世代の平和』（共著，法律文化社，1997 年）

2008年8月10日　初版第1刷発行

地球環境の政治経済学
―グリーンワールドへの道―

著　者　ジェニファー・クラップ
　　　　ピーター・ドーヴァーニュ

訳　者　仲野　修

発行者　秋山　泰

発行所　株式会社 法律文化社
〒603-8053　京都市北区上賀茂岩ヶ垣内町71
電話 075(791)7131　FAX 075(721)8400
URL:http://www.hou-bun.co.jp/

© 2008 Osamu Nakano Printed in Japan
印刷：㈱太洋社／製本：㈱藤沢製本
装幀　石井きよ子
ISBN 978-4-589-03096-2